电网设备金属部件制造工艺及检测技术

主　编　王欣欣

副主编　何　成　魏燕定

内容提要

本书介绍了电网设备常用金属材料基础知识、电网设备加工制造时主要工艺和常用检测技术，在此基础上，结合具体的电网设备金属部件，包括导电触头、GIS壳体、紧固件、钢构件、铁附件、金具、箱体和弹簧等，分别从金属材料性能、生产制造工艺、各类缺陷的产生和检测方法等方面进行了系统的论述与分析，最后介绍了部分新材料和新技术在电网设备中的应用前景。

本书可供从事电网设备金属部件制造及检测的相关人员，特别对非机械类专业从事电网设备金属部件制造及电网金属检测技术监督的工作人员学习与参考。

图书在版编目（CIP）数据

电网设备金属部件制造工艺及检测技术／王欣欣主编. —北京：中国电力出版社，2022.4（2022.10重印）

ISBN 978-7-5198-4985-6

Ⅰ.①电… Ⅱ.①王… Ⅲ.①电网－电气设备－金属材料－零部件－制造 ②电网－电气设备－金属材料－零部件－检测 Ⅳ.①TM7

中国版本图书馆CIP数据核字（2020）第178461号

出版发行：中国电力出版社
地　　址：北京市东城区北京站西街19号（邮政编码100005）
网　　址：http：//www.cepp.sgcc.com.cn
责任编辑：周秋慧（010-63412627）
责任校对：黄　蓓　王海南
装帧设计：郝晓燕
责任印制：石　雷

印　　刷：三河市万龙印装有限公司
版　　次：2022年4月第一版
印　　次：2022年10月北京第二次印刷
开　　本：710毫米×1000毫米　16开本
印　　张：14.75
字　　数：237千字
印　　数：1001—1500册
定　　价：80.00元

编 委 会

前　言

为强化基建工程的质量监督，减少因材质不良或设备质量缺陷造成的事故隐患，国家电网公司于2016年开始统一部署开展输变电设备金属专项技术监督工作。自工作开展以来，国家电网公司各省公司严把输变电设备金属材质和制造工艺关，提升了设备本质安全。但目前工作主要集中设备到货后的质量检测中，对设备生产制造工艺及各类缺陷产生的原因，未进行系统的总结。

本书对电网设备常用金属部件制造工艺及检测技术进行了系统的论述与整理。全书共分五章，第1章介绍了电网设备常用金属材料基础知识；第2章介绍了电网设备加工制造时用到的主要工艺，包括金属切削、铸造、焊接、热处理工艺和表面防护；第3章分别介绍了金相检验、材质分析、材料力学性能试验、无损检测技术和金属表面防护质量检测技术；在此基础上，第4章结合具体的电网设备金属部件，包括导电触头、GIS壳体、紧固件、钢构件、铁附件、电力金具、户外密封箱体和弹簧等，分别从金属材料性能、生产制造工艺、各类缺陷的产生和检测方法等方面进行了系统的论述与分析；第5章介绍了部分新材料和新技术在电网设备中的应用前景。

本书由国网新疆电力有限公司电力科学研究院组织编写，读者对象是从事电网设备金属部件制造及检测的相关人员，特别对非机械类专业从事电网设备金属部件制造及电网金属检测技术监督工作人员。通过本书的学习，使得从业者在具有一定的理论知识的同时，还能培养其分析和解决实际问题的能力，是一本通俗易懂的工程技术培训用书。

本书在编写过程中参考了大量国内外文献，在此对其作者表示衷心感谢，同时也感谢中国电力出版社和编者所在单位给予的大力支持。

由于时间与编者的水平有限，难免存在不妥之处，诚恳地欢迎广大专家和读者批评指正。

编者

2021年12月

目 录

第 1 章　电网设备常用金属材料

1.1　金属材料概述

金属材料是以过渡族金属为基础的纯金属及含有金属、半金属或非金属的合金。通常情况下可将金属材料分为黑色金属材料和有色金属材料两大类，黑色金属材料包括铁、锰、铬等金属及其合金，有色金属材料包括铝、镁、铜、锌、金、银、钛、钒等金属及其合金。金属材料一般具有良好的物理性能、化学性能、力学性能和工艺性能，随着科学研究的深入，一系列新的合金材料不断被研制生产出来，金属材料的种类越来越多，性能越来越好，这使得金属材料成为机械、建筑、电力等行业中应用最广泛的材料。

在电网设备及部件中，金属材料的用量占比很大，主要有钢铁材料、铝及铝合金材料、铜及铜合金材料。其中，钢铁材料具有良好的综合性能，主要应用于起支撑、传动、紧固作用的电网设备结构部件中，如输电铁塔、开关设备的传动机构、各类紧固件等；铝及铝合金材料具有良好的导电、导热性能和耐大气腐蚀性能，主要应用于起传输电流作用的导电功能部件中，如输电线路中的各种铝合金绞线；铜及铜合金具有优良的导电性能，主要应用于较为关键的载流部位，如隔离开关的触指、设备线夹等。

金属材料的正常服役是电网设备及部件正常工作、电网安全可靠运行的基础保证。对于电力技术人员而言，深入了解和研究电网设备常用的金属材料及其性能是有必要的，这有助于更系统、合理地开展电网设备金属部件从设计制造、验收服役到检修维护整个过程中的工作，以及更有效地分析处理电网设备金属部件失效事故，从而推动电网设备金属检测监督工作的开展。

1.2　金属材料的性能

金属材料的性能可分为使用性能和工艺性能两类。使用性能指金属材料在服役过程中所表现出的性能，包括物理性能、化学性能和力学性能，使用性能决定了金属材料的使用范围与使用寿命；工艺性能指在加工制造过程中所表现出的性能，表征金属材料在制造过程中加工成型的适应能力。

1.2.1 金属材料的物理性能

金属材料的物理性能是指在不发生化学反应时表现出的对外界的各种本征性能，包括在力学、热学、电学、磁学、光学、声学和原子物理等方面的性能指标，是材料基本特性在这些方面量值化的表现。金属材料的物理性能是确保产品安全和使用寿命的重要依据，并在保证产品质量、合理选择材料、优化材料应用等方面起到重要作用。

金属材料常见的物理性能主要包括密度、比热容、熔点、热膨胀系数（常用线膨胀系数表示，也可用面或体膨胀系数表示）、热导率、电阻率、电导率、导电率、电阻温度系数、磁导率等，详见表1–1。

表1–1 金属材料物理性能

名称	符号	常用单位	含义
密度	ρ	kg/m^3	材料单位体积的质量
比热容	c	J/（kg·K）	单位质量材料在温度升高1K时所吸收的热量或在温度降低1K时所释放的热量，又称质量热容
熔点	—	K	材料由固态转变（熔化）为液态时的温度
线膨胀系数	α_1	μm/（m·K）	单位温度变化时材料长度的变化量与原长度的比值
热导率	λ	W/（m·K）	单位温度梯度下通过其梯度方向的热流密度，又称导热系数
电阻率	ρ	Ω·m	单位长度、单位截面积导体的电阻值，表征材料的电阻特性
电导率	K	S/m	电阻率的倒数，表征导体材料中电荷流动的难易程度
导电率	—	%IACS	表示物质传输电流能力强弱的一种测量值
电阻温度系数	α	1/K	温度每升高或降低1K时，电阻值的相对变化
磁导率	μ	H/m	材料中磁感应强度与磁场强度的比值，表征材料的导磁性能

根据用途的不同，各种电网设备及部件对金属材料物理性能的要求也有所不同。如远距离输电导线一般外层采用导电性能良好、密度较小的铝及铝合金材料，芯部采用强度更高的钢铁材料；隔离开关触指等较为关键的载流部位，基体一般采用导电率达到96.6% IACS（International Annealed Copper Standard，国际退火铜标准）以上的纯铜制造，并在接触部位镀上导电性能更好的银。

1.2.2　金属材料的化学性能

金属材料的化学性能是指金属材料在与环境介质接触时抵抗发生化学反应或电化学反应的性能，也即金属材料的耐腐蚀性。腐蚀是金属材料在使用过程中受周围环境影响而被破坏的常见现象，其造成的危害是多方面的，不仅会引发各种灾难性事故，而且会耗费大量的资源和能源，造成巨大的经济损失。由于电网设备及部件大多工作在户外环境中，因此在设计制造、服役检修过程中，需充分考虑金属材料的腐蚀问题。

表 1-2 按腐蚀机理和腐蚀形态两种分类方法列出了金属材料腐蚀的各种类型。

表 1-2　金属材料腐蚀的形式

分类方法	名称	含义
腐蚀机理	化学腐蚀	金属与环境介质直接发生化学反应，并且在反应过程中没有电流产生。常见的化学腐蚀形式是气体腐蚀，如金属的氧化过程、金属在高温下与SO_2或水蒸气等介质的化学作用。单纯的化学腐蚀是比较少见的
	电化学腐蚀	金属与电解质溶液（多为水溶液）发生电化学反应，在反应过程中有电流产生。电化学腐蚀是最常见的腐蚀形式，在自然环境如大气、海水、土壤及在化工、冶金生产过程中，多数金属的腐蚀具有电化学性质。此外，电化学腐蚀比化学腐蚀强烈得多，其造成的危害和损失也更为严重
	物理腐蚀	金属因物理溶解作用而产生的腐蚀破坏
	生物腐蚀	金属表面受某些微生物生命活动产物的影响所产生的腐蚀破坏
腐蚀形态	全面腐蚀	分布于金属的整个表面，使金属整体减薄

续表

分类方法	名称	含义
腐蚀形态	局部腐蚀	集中分布在某些位置、使金属快速破坏的腐蚀。局部腐蚀的破坏形态种类多样，可分为接触腐蚀、点蚀、缝隙腐蚀、晶间腐蚀、剥蚀、丝状腐蚀等主要类型。局部腐蚀在工业生产中最为常见，其对金属结构的危害性较大
	应力腐蚀	应力作用下的腐蚀，腐蚀形态包括应力腐蚀断裂、氢脆和氢致开裂、腐蚀疲劳、磨损腐蚀、空泡腐蚀等种类，其特点是有突发性、危害性大、易造成灾难性事故

电网常用的钢铁材料中：工业纯铁、碳钢、部分铸铁在大气、水、土壤等自然环境中的耐腐蚀性能差，需要采取一些防腐蚀措施；对于低合金钢，由于加入了合金元素，其表面在浸蚀过程中可产生附着性好且结构致密的保护性锈层，能阻滞腐蚀的发展，具有较好的耐腐蚀性能；不锈钢在自然环境和中性电解质溶液中具有比普通钢更优异的耐腐蚀性能，但并不是在任何情况下都耐腐蚀，需要根据实际环境条件进行判断。

铝的钝化能力很强，在大气、水、中性和弱酸性溶液中都能在表面形成一定厚度的致密的Al_2O_3或$Al_2O_3 \cdot nH_2O$保护膜，因此铝及铝合金材料均具有很好的耐腐蚀性能。但在酸性或碱性条件下，其表面的氧化物保护膜会被溶解，耐腐蚀性能变差。此外，铝的纯度越高，耐腐蚀性能越好，当铝中含有Cu、Fe等金属杂质时，其耐腐蚀性能会显著下降。

对于铜及铜合金材料，由于其热力学稳定性较高，长期暴露在大气中表面会生成由碱式碳酸铜$CuCO_3 \cdot Cu(OH)_2$组成的天然孔雀石型保护膜，因此铜及铜合金也具有一定的耐腐蚀性能。

1.2.3 金属材料的力学性能

金属材料的力学性能指材料对外界载荷的抵抗能力。外界载荷形式不同，金属材料表现出的力学性能不同，如在静载荷下表现出的硬度、强度、塑性性能，动载荷下表现出的韧性、疲劳强度性能。力学性能是金属材料作为结构材料所需的主要性能，也是电网设备及部件在设计和选材时的重要依据。

1.硬度

硬度指金属材料表面抵抗硬质物体压入的能力，即金属材料抵抗局部变形的能力。工程上用于衡量硬度的指标包括布氏硬度（HBW）、洛氏硬度（HRA、HRB、HRC）和维氏硬度（HV）。需注意，不同硬度指标的数值范围差别较大，只有同种硬度指标值才可以进行比较，不同硬度指标可使用硬度换算表进行换算。

2.强度

强度指金属材料在外界载荷作用下抵抗变形和断裂的能力。按外界载荷作用方式的不同，强度可分为抗拉强度、抗压强度、抗弯强度、抗剪强度、抗扭强度等，其中以抗拉强度最为常用。

3.塑性

塑性指金属材料在外力作用下产生永久变形而不发生断裂破坏的性能。塑性较好的金属材料能适用于各种变形加工，同时也能防止零件在工作时发生脆断。材料塑性的大小通常用拉伸试验获得的伸长率δ和断面收缩率Ψ来表征，数值越大，材料的塑性越好。一般将$\delta \geqslant 5\%$的材料称为塑性材料，将$\delta < 5\%$的材料称为脆性材料。常用的金属材料中，铸铁是典型的脆性材料，低碳钢是黑色金属中塑性最好的材料，铝及铝合金、铜及铜合金均具有良好的塑性。

4.韧性

韧性指材料在塑性变形和断裂过程中吸收能量的能力，包括冲击韧性和断裂韧性。冲击韧性指金属材料对抗外来冲击负荷的能力，许多机器零件如飞机起落架、蒸汽锤的锤杆等，在工作时会受到瞬时冲击载荷的作用，因此需要使用冲击韧性较大的材料。断裂韧性指金属材料在有缺陷时抵抗发生脆性断裂的能力，金属材料内本身可能存在夹杂物、气孔等缺陷，在使用过程中也会产生裂纹缺陷，因此材料的断裂韧性值对于设备维护及寿命估计具有重要的意义。

5.疲劳强度

工程上许多机械零件如弹簧、轴、连杆、齿轮等，在工作时经常承受大小或方向周期性变化的交变应力，即使交变应力的幅值低于材料的屈服强度，零件也可能在长时间运行后突然发生断裂破坏，这种破坏被称为疲劳破坏。金属结构设计不合理导致出现应力集中，以及材料本身存在的夹杂物、气孔、加工刀痕等缺陷，是产生疲劳破坏的主要原因。

1.2.4 金属材料的工艺性能

金属材料的工艺性能指利用某种工艺方法对金属材料进行成型、加工、处理使其达到所要求的形状、尺寸和性能的难易程度，是材料的物理性能、化学性能、力学性能在加工过程中的综合反映。按照加工工艺的不同，金属材料的工艺性能可分为铸造性能、锻造性能、焊接性能、切削加工性能、热处理性能等。工艺性能的好坏直接影响了金属零件的加工质量和生产成本，因此在设计零件和选择工艺方法时，需要充分考虑材料的工艺性能。

1.铸造性能

铸造指将高温液态金属浇铸到与零件的形状和尺寸相适应的铸型型腔中，待其冷却凝固后获得毛坯或零件的成型方法。铸造性能指金属材料在铸造过程中获得外形准确、性能合格的铸件的难易程度。铸造性能是铸造工艺及铸件结构设计过程中的重要依据，通常使用金属流动性、收缩率、偏析倾向等参数衡量金属材料的铸造性能，其中金属流动性和收缩率是影响成型工艺及铸件质量的两个重要因素。

在常用金属材料中：铸铁具有良好的铸造性能；钢的铸造性能较差，一般需要采取较为复杂的工艺措施来保证铸钢件的质量；铸造铝合金具有良好的铸造性能，且可通过热处理进一步提高材料性能；铸造铜合金包括铸造黄铜和铸造青铜两类，都具有较好的铸造性能。

2.锻造性能

锻造指利用锻压机械对金属坯料施加压力，使其产生塑性变形而得到具有一定机械性能、形状和尺寸锻件的加工方法。锻造性能（又称可锻性）指在锻造过程中获得合格锻件的难易程度。一般从金属材料的塑性和变形抗力两个角度来衡量锻造性能的优劣，材料的塑性越好，变形抗力越小，则锻造性能越好。

金属材料的锻造性能受材料的性质（内因）和加工条件（外因）两方面因素的影响。纯金属的锻造性能比合金好；碳钢中碳质量分数越低，锻造性能越好；钢中铬、钼、钨等合金元素会与碳结合形成碳化物导致锻造性能显著下降。金属材料的加工条件一般包括金属的变形温度、变形速度、变形方式等，提高金属变形时的温度是改善金属锻造性能的有效措施，但温度过高也可能会导致锻件报废。

3.焊接性能

金属材料的焊接性能是指在一定的焊接方法、焊接材料、工艺参数、结构形式等工艺条件下获得优质焊接接头的难易程度，用于评价金属材料对焊接加工的适应能力。焊接性能包括两个方面：一是焊接时产生裂纹缺陷的倾向性，即工艺焊接性；二是焊成的焊接接头在使用条件下的可靠性，即使用焊接性。

钢是焊接加工的重要材料，钢中的化学成分对焊接性能影响很大。钢中碳质量分数越大，焊接性能越差；合金钢、铸铁的焊接性均较差；低合金结构钢在焊接结构中应用最多，常用于建筑结构和工程结构，如压力容器、桥梁、船舶和车辆等。

铝及铝合金材料、铜及铜合金材料的焊接性能较差。

4.切削加工性能

金属材料的切削加工性能指一定切削条件下被切削加工的难易程度。切削加工性能常用允许切削速度、已加工表面质量、切屑控制或断屑难易程度、刀具磨损速度等指标来衡量。

金属材料的力学性能和物理性能对切削加工性能的影响较大，一般可以通过金属材料的硬度、塑性、导热性等指标大致判断出切削加工性能。金属材料的强度、硬度、塑性越高，越难切削，切削加工性能越差；金属材料的导热性差，切削热不易散失，切削加工性能也较差。生产中可通过适当的热处理工艺来改善金属材料的切削加工性能。

5.热处理性能

热处理是指将金属材料放在一定介质中加热、保温、冷却以改变其内部或表面的金相组织，从而获得所需性能的工艺方法。常用的热处理工艺有退火、正火、淬火、回火、表面淬火、化学热处理等。常见的热处理性能包括淬透性、晶粒长大倾向、淬裂敏感性、脱碳敏感性、回火脆性等。

1.3 电网设备常用金属材料

金属材料中的钢铁材料、铝及铝合金材料、铜及铜合金材料是构成电网设备及部件的主要材料。根据性能的不同，各类材料分别被应用在不同的场合中：

钢铁材料由于具有良好的综合性能和较低的成本被大量用于结构支承、传动、紧固等场合中；铝及铝合金材料、铜及铜合金材料由于具有良好的导电性能而被用于电流传输场合。

1.3.1 钢铁材料

钢铁材料是指以铁和碳为主要组成元素的合金，它是现代工业中应用范围最广、用量最多的金属材料。根据含碳量的不同，钢铁材料可分为纯铁、铸铁、钢三类。

纯铁指碳质量分数低于0.0218%的铁碳合金。纯铁的熔点为1538℃，沸点为3070℃，常温下密度为7870kg/m^3，具有良好的铁磁性、导热性、导电性，其塑性好、变形能力强，但强度和硬度较低，因此一般不作为结构材料使用，而是作为磁性材料用于电磁仪器、电机、电器零部件等设备仪器中。

铸铁是指碳质量分数高于2.11%并含有一定量的硅、锰、硫、磷等元素的铁碳合金，其中大部分碳是以游离的石墨状态存在的，常用铸铁的碳质量分数为2.5%~4.0%。铸铁的强度、塑性和韧性与钢相比较差，脆性大，不宜锻造，但具有良好的铸造性能、减磨耐磨性能、减振性能、切削加工性能和较低的缺口敏感性。铸铁的生产工艺简便、成本低，一般用于制造重型、形状复杂或承受动载荷的机械零件，如农业机具、机床床身、内燃机汽缸等。

钢是指碳质量分数为0.0218%~2.11%的铁碳合金，由于具有良好的综合性能而被广泛应用。按照化学成分的不同，钢可分为碳素钢与合金钢两大类，均广泛用于电网设备中。下面分别介绍这两类钢铁材料。

1.3.1.1 碳素钢

碳素钢是指除铁、碳及少量的杂质元素以外不含有其他合金元素的钢。碳素钢易冶炼和加工成型，适应性强，并具有良好的力学性能，可以满足大部分场合下的使用要求，加之价格低廉，在工业中应用十分广泛。

碳素钢的性能主要取决于所含碳的质量分数，其值越大，材料的强度和硬度越大，而塑性、韧性和焊接性能下降。此外，碳素钢冶炼生产过程中带入的锰、硅、硫、磷等杂质元素对其性能也有一定的影响：锰是有益元素，适量的锰能降低脆性、提高强度和硬度；硅也是有益元素，适量的硅能溶于铁素体使之强化，提高强度、硬度，但降低塑性、韧性；硫是有害元素，使得钢材在热加工时易发生开裂现象（热脆）；磷也是有害元素，会导致钢的焊接性能变差，还会使钢材在低温时易发生脆化现象（冷脆），从而降低钢材的冷加工性能。因此，碳素钢中硫、磷的含量需要严格控制。

碳素钢可以分别按碳的质量分数、冶金质量（主要依据为有害杂质元素硫、磷的质量分数）、用途进行分类，具体见表1–3。

表1–3　碳钢的分类

分类方法	类别名称	类别特点
按碳的质量分数	低碳钢	$\omega_C<0.25\%$
	中碳钢	$0.25\%\leqslant\omega_C<0.6\%$
	高碳钢	$\omega_C\geqslant0.6\%$
按冶金质量	普通质量钢	$0.035\%\leqslant\omega_S<0.050\%$，$0.035\%\leqslant\omega_P<0.045\%$
	优质钢	$\omega_S<0.035\%$，$\omega_P<0.035\%$
	高级优质钢	$0.020\%\leqslant\omega_S<0.030\%$，$0.025\%\leqslant\omega_P<0.030\%$
按用途	碳素结构钢	用于制造各种结构件（如桥梁、船舶等）和机器零件（如齿轮、轴、连杆、螺栓螺母等），一般属于低碳钢和中碳钢
	碳素工具钢	用于制造各种刀具、模具、量具，一般属于高碳钢

注　ω_C、ω_S、ω_P分别指钢材中碳、硫、磷的质量分数。

在电网设备中，碳素钢主要作为结构件以承受载荷，如输电铁塔、变电设备构架、开关设备的操纵传动机构、各种螺栓螺母、连接钢板等。电网设备中广泛使用的碳素钢可分为两种，即碳素结构钢和硫、磷质量分数较低的优质碳素结构钢。

1.碳素结构钢

碳素结构钢中碳的质量分数一般为0.05%～0.60%，有害杂质硫、磷的质量分数相对较高，但其冶炼容易、加工简便、价格低廉，且力学性能能满足普通机械零件和工程结构件的要求，因此成为工程中应用最多的钢种，其用量约占钢材总用量的70%～80%。

碳素结构钢的牌号由“屈”字的拼音首字母Q和材料最低屈服强度值（单位MPa）两部分组成，如牌号Q235钢代表最低屈服强度值为235MPa的碳素结构钢。

在电网设备中，如金具、铁塔、连接件、支架、铁附件等常用的碳素结构钢的牌号为Q235、Q345、Q390、Q420和Q460，牌号数值越大，屈服强度越大，性能越好，材料价格相对也更高。

2.优质碳素结构钢

优质碳素结构钢中碳的质量分数一般为0.05%～0.90%，有害杂质硫、磷及其他夹杂物含量较少，强度、塑性和韧性都比较高，因此性能普遍优于普通碳素结构钢，多被用于制造机械产品中较为重要的零部件。对于优质碳素结构钢，一般会进行热处理以充分发挥其性能潜力。

优质碳素结构钢的牌号为两位数字或是两位数字后附加元素符号组合而成，其中两位数字表示碳的平均质量分数（以万分数表示）。如牌号45钢代表碳平均质量分数为0.45%的优质碳素结构钢；牌号45Mn表示锰元素质量分数较高（可达0.7%～1.2%）的优质碳素结构钢。

在电网设备中，35、45和65是比较常用的优质碳素结构钢，如悬垂线夹中的连接板用35钢，轴类、齿轮等多用45钢，而制造弹簧的钢多用65钢。

1.3.1.2 合金钢

在户外电网设备中，重载荷、高温高压、低温、腐蚀磨损等苛刻恶劣的服役环境较为常见，此时碳素钢往往不能满足使用需求，需选用性能更好的合金钢。合金钢是指在铁碳合金中有目的地加入一种或多种锰、铬、硅、镍、钨、钒、钛、硼、铝和稀土等合金元素所获得的钢种。

钢中加入的合金元素与铁碳之间会发生相互作用，并改变钢的内部组织结构，从而使合金钢的使用性能和工艺性能得到提高和改善。使用性能方面，合金钢在低温时有较高韧性，高温时有较高的强度、硬度和抗氧化性，在酸、碱、盐等介质环境中有良好的耐腐蚀性能。工艺性能方面，其淬透性、回火稳定性、可焊接性能、切削加工性能等得到改善。需要注意的是，合金元素的含量需要控制在合适的范围内才能获得良好的改善效果。

合金钢的种类繁多，分类方法也不尽相同：

（1）按合金元素总质量分数的高低分类，可分为低合金钢（$\omega_{Me}<5\%$）、中合金钢（$5\%<\omega_{Me}<10\%$）和高合金钢（$\omega_{Me}>10\%$）。

（2）按用途的不同分类，可分为合金结构钢（包括合金调质钢、弹簧钢、轴承钢等）、合金工具钢（包括刃具钢、模具钢、量具钢等）、特殊性能钢（包括不锈钢、耐热钢、耐磨钢等）、特殊专用钢。

（3）按主要合金元素种类的不同分类，可分为锰钢、铬钢、硼钢、铬锰钢等。

（4）按金相组织的不同分类，如按正火组织可分为珠光体钢、贝氏体钢、马氏体钢和奥氏体钢。

在电网输变电设备中，有一种特殊性能钢的使用量很大，即不锈钢。不锈钢是指在自然环境或酸、碱、盐水溶液等腐蚀性介质中具有较高化学稳定性的一类钢。在不锈钢中，因铬或镍合金元素的含量较高，使其基体电极电位升高，并在表面形成一层致密的氧化膜（如Cr_2O_3等）隔绝了周围介质，从而减慢了钢材的电化学腐蚀过程。需要注意，不锈钢并不是绝对抗腐蚀，只是腐蚀速度相对较慢。同种不锈钢在不同的介质中腐蚀速度不相同；同种介质中不同种类不锈钢的腐蚀速度亦不相同。因此在选用不锈钢时，需要分析工作介质的特点来正确选择钢种。

在电网设备中，在某些场合需要材料具有特殊性能，如北方持续大风区，需要金具悬垂线夹的连接件具有更好的耐磨性，就可将35钢改为35CrMo钢等。

1.3.2　铝及铝合金

铝是地壳中含量最多的金属元素，约占7.73%，但由于铝的化学性质活泼，因而其提取成本高、价格昂贵，因此铝在很长一段时间内未被广泛使用。直到19世纪末，由法国的Heroult和美国的Hall分别独立地发现了一种经济的电解提取铝的方法之后，铝的产量才迅速增加，并逐渐成为一种常用的金属材料。目前，铝的产量仅次于钢铁产量，广泛应用于航空航天、机械电气、建筑装饰、石油化工等行业中，成为国民经济发展中不可或缺的重要金属材料。

1.纯铝

纯铝一般指纯度不小于99.0%的铝，包括纯度为99.0%～99.9%的工业纯铝及纯度更高的高纯铝。我国工业纯铝的牌号为1000系列，一般根据最后两位数字确定这个系列的最低铝含量，如1050系列的工业纯铝的铝含量最低为99.5%。

纯铝的密度约为2700kg/m^3，仅为铁密度的35%左右。其导电、导热性能好，仅次于银、铜、金。铝在空气中能与氧结合在表面产生一层致密、牢固的Al_2O_3保护膜，这层保护膜只有在较强的酸、盐碱性环境下才会被溶解，因此铝具有较好的耐腐蚀性能。

纯铝的塑性好，可加工成板、箔、带及挤压制品等。纯铝的强度较低，退火状态抗拉强度值仅为80MPa，因此在电网设备中，纯铝一般不用于制作承受较大载荷的结构件，而是用于制作电线、电缆等。

为提高铝的力学性能，可以通过冷加工使其强度提高一倍以上，或者通过添加镁、锌、铜、锰、硅等元素进行合金化，再经过热处理方法进一步强化，最终可以制得一系列铝合金材料，从而扩大了铝的应用范围。这种铝合金材料不仅保持了纯铝密度小、导电导热性能好、耐腐蚀性能好等优点，而且其力学性能得到大幅度提高，甚至可与优质合金钢媲美。

根据铝合金的成分和生产工艺特点，铝合金通常可分为变形铝合金和铸造铝合金两大类。

2.变形铝合金

变形铝合金是指经过冲压、挤压、弯曲、轧制等压力加工方法使其组织和形状发生变化而成型的铝合金。变形铝合金具有比强度高、耐腐蚀等优点，是现代工业中重要的结构材料。

变形铝合金的分类方法有多种，目前通常按以下三种方法分类：

（1）按热处理特点可分为不可热处理强化铝合金和可热处理强化铝合金两类。前者不能通过热处理来进行强化，如纯铝、Al–Mn、Al–Mg、Al–Si系合金，这类铝合金一般为防锈铝合金，耐腐蚀性能好，具有适中的强度、良好的塑性和焊接性；可热处理强化铝合金是指能通过固溶处理、时效处理等热处理方法进行强化的变形铝合金，如Al–Mg–Si、Al–Cu、Al–Zn–Mg系合金，这类铝合金的强度是相对较高的。

（2）按性能和用途可分为工业纯铝、切削铝合金、耐腐蚀铝合金、耐热铝合金、低强铝合金、中强铝合金、高强铝合金（硬铝）、超高强铝合金（超硬铝）、锻造铝合金等。

（3）按加入的主要合金元素成分的不同可分为工业纯铝、Al–Cu合金、Al–Mn合金、Al–Si合金、Al–Mg合金、Al–Mg–Si合金、Al–Zn–Mg–Cu合金、Al–Li合金及备用合金组。

在工业生产中，大多数国家按照第三种方法进行分类，我国现行的铝合金分类体系也采用该种方法，其牌号编号规则也基于这种分类方案。变形铝合金牌号编号格式一般为××××，其中第1位为阿拉伯数字，表示铝及铝合金体系的组别；第2位为大写英文字母或数字，为字母时表示原始材料（A）或改型材料（B～Y），为数字时表示对杂质范围的修改，0表示杂质范围为生产中的正常范围；第3、4位为阿拉伯数字，用以标识同一组中不同的铝合金或表示铝的纯度。不同的变形铝合金的牌号及其特点见表1-4。

表1-4　不同的变形铝合金的牌号及其特点

合金体系	代号	特点
工业纯铝	1×××	铝的质量分数不低于99.0%
Al-Cu	2×××	以铜为主要合金元素，含量为3%～5%，硬度较高
Al-Mn	3×××	以锰为主要合金元素，含量为1%～1.5%，耐腐蚀性能较好
Al-Si	4×××	以硅为主要合金元素，含量为4.5%～6%，熔点低、耐腐蚀性能好，通常用作机械零件锻造用材或焊接材料
Al-Mg	5×××	以镁为主要合金元素，含量为3%～5%，密度低、抗拉强度高、延伸率高、疲劳强度高，但不可进行热处理强化
Al-Mg-Si	6×××	以镁、硅为主要合金元素，集中了4000系和5000系合金的优点
Al-Zn-Mg-Cu	7×××	以锌、镁、铜为主要合金元素，属于超硬铝合金，有良好的耐磨性和焊接性，耐腐蚀性能较差
其他	8×××	以锂及其他元素为主要合金元素
备用	9×××	备用组

在电网设备中，变形铝合金材料得到了广泛应用，如气体绝缘金属封闭开关设备（GIS）的壳体往往采用5系铝合金板材焊接而成。但也应注意，由于加入的主要合金元素成分的不同，各系铝合金性能差别也很大，例如气体绝缘互感器的充气接头不应采用2系和7系铝合金。在合金元素未知时，可以使用X射线荧光光谱分析仪进行金属材质检测。

3. 铸造铝合金

铸造铝合金具有流动性较高，收缩性较小，缩孔、疏松倾向小等良好的铸造性能，可使用铸造成型工艺直接获得零件。常用的铸造铝合金主要有纯铝、铝硅系、铝铜系、铝镁系、铝锌系和铝稀土系合金。

铸造铝合金牌号由铸的拼音首字母Z、基体金属铝化学元素符号Al、主要合金化学元素符号及表明合金化元素最低质量分数的数字组成，如牌号ZAl99.5表示铝元素质量分数不低于99.5%的铸造纯铝，牌号ZAlSi7Mg表示含有质量分数不低于7%的硅元素及较少量的镁元素的铸造铝合金。

铸造铝合金的牌号一般较长，不方便使用和记忆，因此在一些非正式场合使用代号命名铸造铝合金。铸造铝合金代号由字母ZL和3位数字表示：其中字母ZL表示铸铝；后部3位数字中第1位表示合金类别（如1表示Al-Si系、2表示Al-Cu系、3表示Al-Mg系、4表示Al-Zn系等），第2、3位数字是顺序号。此外，末尾带字母A时表示优质铝合金。

在电网设备中，铸造铝合金材料也得到了广泛应用，如气体绝缘金属封闭开关设备（GIS）形状较复杂的壳体，以及各类金具。

1.3.3 铜及铜合金

铜是人类最早利用的一种金属，至今已有四千多年的生产和应用历史，在人类的生产生活和社会发展中具有重要地位。直至今日，铜及铜合金由于具有高导电率和导热率、耐磨、易成型、可铸造、可焊接等一系列优良的特性，仍广泛应用于电力电子、机械交通、建筑装饰、国防军工等行业领域，其产量仅次于钢铁和铝。其中，电力行业是铜及铜合金最大的应用领域，其铜材的消费量已超过全部铜材消费量的50%，使用铜材的设备及零部件包括发电设备、输变电设备、电线电缆、开关、接插元件等。

铜及铜合金的种类繁多，按合金系分类可分为工业纯铜、黄铜、青铜和白铜四类。铜及铜合金的牌号命名是以铜的种类代号加上合金元素符号及其含量或顺序号来表示的，其中工业纯铜代号为T，黄铜代号为H，青铜代号为Q，白铜代号为B。

1.工业纯铜

工业纯铜又称紫铜，呈玫瑰红色，表面形成氧化铜薄膜后又呈现紫色。工业纯铜按杂质含量可分为T1、T2、T3，数字越大表示杂质含量越高，见表1-5。

表 1–5　　工业纯铜牌号、导电率及用途

牌号	含铜量	导电率 IACS	用途
T1	99.95%	102.3%	导电材料和配制高纯度合金
T2	99.90%	101.5%	导电材料，制作电线，电缆、电气设备重要载流部件等
T3	99.70%	100.6%	一般用铜材，电气设备一般载流部件

纯铜的导电性能优异，其导电性仅次于银、金，但相比于后者，铜的储量丰富很多，因此应用更为广泛。在电网设备中，纯铜通常用于载流部位，如电力汇流排（又称母线、铜排）、变压器的初级线圈和次级线圈、开关及断路器的电触头、隔离开关的触指等。另外，纯铜具有良好的导热性，可用于制作热交换器、导热管等换热器材。

在大气中，铜表面可以形成一层由碱式碳酸铜组成的保护膜并阻断铜的进一步氧化，因此铜的耐大气腐蚀性能极好；在海水及一些酸碱环境中铜也有一定的耐腐蚀性。

纯铜的塑性很好但强度较低，冷变形可以提高强度但会降低塑性，因此纯铜一般不作为结构材料使用。纯铜容易进行变形加工，可进行锻造、挤压、拉伸、弯折、轧制等，可被加工成板、带、箔、管、棒、线等形状。纯铜的铸造性能、焊接性能、电镀性能均比较好，但切削加工性能较差。

2. 黄铜

黄铜是以锌为主要添加元素的铜合金，呈黄色。按化学成分的不同，黄铜可分为普通黄铜和特殊黄铜两类。

普通黄铜是指未添加其他元素，仅由铜和锌组成的二元合金。改变黄铜中锌的含量会影响黄铜的力学性能，含锌量越高，黄铜的强度会增大，但塑性会降低。含锌量低于 32% 时的普通黄铜塑性好，具有良好的冷热加工性能；含锌量高于 32% 时适用于热压力加工。工业上黄铜含锌量一般不能超过 45%，否则会产生脆性，降低合金性能。

普通黄铜根据组织类型还可进一步分为单相黄铜和双相黄铜，一般单相黄铜适宜于冷加工，双相黄铜只能热加工。常用的单相黄铜牌号有 H96、H90、H85、H80、H70、H68 等，H 为黄铜的汉语拼音字首，数字表示平均含铜量。它

们的组织为 α 相，α 相具有面心立方晶格，塑性很好，可进行冷、热压力加工，适于制作冷轧板材、冷拉线材、管材及形状复杂的深冲零件。而常用双相黄铜的牌号有H62、H59等，退火状态组织为 α+β'相，β'相是以电子化合物CuZn为基的有序固溶体，具有体心立方晶格，性能硬而脆，低温区对应的是 β'相，而高温区对应的是 β 相，当Zn＞32%后，组织中出现 β'相由于室温 β'相较脆，冷变形性能差，而高温 β 相塑性好，因此双相黄铜需要进行热加工变形，通常热轧成棒材、板材，再经机加工制造成各种零件。

特殊黄铜指在黄铜中加入少量的硅、铝、锰、锡、铅、镍等合金元素，以改善黄铜的某种性能。比如在黄铜中添加适量铝能提高黄铜的强度、硬度和耐腐蚀性，并使塑性降低；添加适量锰则能提高黄铜的力学性能、热稳定性和耐腐蚀性；添加适量锡能显著改善黄铜抗海水和海洋大气腐蚀的能力，还能改善黄铜的切削加工性能；添加铅则能改善黄铜的切削加工性和耐磨性。

在电网设备中，如隔离开关、电流互感器、电压互感器、电抗器和电容器的接线端子等以铜合金制造的金具，依据GB/T 2314—2008《电力金具通用技术条件》，其铜含量应不低于80%，检测依据DL/T 991—2006《电力设备金属光谱分析技术导则》。

3.青铜

青铜原指铜锡合金，后来逐渐把其他一些元素的铜基合金也称为青铜。按合金元素名称的不同，青铜可分为锡青铜、铝青铜、铍青铜、锰青铜、铬青铜、硅青铜等。

锡青铜除主要合金元素锡外，还含有一定量的锌、镍、铅、磷等元素。锡青铜的耐腐蚀性能和耐磨性强，力学性能较好，工艺性能也很好。锡青铜主要用于制造轴承、轴套等耐磨零件及耐蚀、抗磁零件等。

铝青铜的耐腐蚀性能好，在大气、海水及多数酸性环境中的耐腐蚀性能均比黄铜和锡青铜好。铝青铜的耐磨性也较好，其力学性能比黄铜和锡青铜要高，铸造性能也非常好，但焊接性能较差。一般用于制造承受高载荷高摩擦的齿轮、轴套、涡轮等零件。

铍青铜有良好的导电性和导热性，并有耐寒、受冲击时不产生火花等优点。铍青铜的弹性极限、疲劳极限都很高，其耐腐蚀性能和耐磨性能优异，一定质量分数的铍能显著提高铍青铜的力学性能。铍青铜的工艺性能较好，可进行冷热加工和铸造成型，一般用于制作弹性元件及钟表齿轮、电焊机电极等重要零件。

锰青铜常用于制造垫片、齿轮、锯片等消振零件；铬青铜通常用于制造电机整流子、电焊机电极等零部件；硅青铜常用于制造弹簧、涡轮、蜗杆等耐蚀耐磨零件。

青铜由于具有较好的铸造性能，在电网设备中，如10kV户外跌落式熔断器，采用青铜铸件材质，依据Q/GDW 11257—2014《10kV户外跌落式熔断器选型技术原则和检测技术规范》，要求其含铜量大于90%，在设备到货验收阶段现场采用便携式X射线荧光光谱仪进行铜铸件材质检测。

4. 白铜

白铜是指以镍为主要合金元素的铜合金，根据元素成分，白铜可分为普通白铜和复杂白铜。

普通白铜仅含有铜和镍两种元素，镍元素使得其强度、耐腐蚀性能、热电性能显著提高。普通白铜电阻率较高，具有较好的塑性，能进行冷热变形加工。主要用于制作船舶仪器、医疗器械等。

复杂白铜指在普通白铜中添加锌、锰、铁等元素后形成的铜镍合金。复杂白铜中的锰白铜是制造精密电工仪器、精密电阻、热电偶等的常用材料。

第2章 电网设备主要制造工艺

2.1 概述

工艺过程指通过改变工件的形状、尺寸、相对位置和性质等，使其成为成品或者半成品的制造过程。电网设备的主要制造工艺包括金属切削、铸造、焊接、锻造等成型工艺过程，以及材料热处理、金属表面防护等用于改善零件的力学性质和耐腐蚀性的工艺过程。

制造工艺的质量对电网设备的安全性、可靠性有着直接的影响。例如因焊接缺陷造成的线夹断裂，变电站构架焊缝撕裂造成倾倒，隔离开关传动销加工精度不足造成转动卡涩，户外金属箱体表面防护质量不佳造成的锈蚀等。

综上所述，为减少电网设备因制造工艺问题造成的故障与事故，深入了解电网设备的各种制造工艺是十分有必要的。

2.2 金属切削

金属切削加工指使用刀具从工件上切除多余材料，从而获得形状、尺寸及表面质量等满足要求的零件的加工过程，属于减材加工方法，是目前的机械制造领域的主要加工方法。金属切削加工可分为机械加工和钳工：机械加工指基于机械设备的加工方法，如车、铣、刨、磨、钻、镗等，不同加工方法的切削运动方式、适用加工形状、刀具、加工精度和生产效率有所不同；钳工指手动操作工具的加工方法，包括划线、锯、锉、刮、研、铰孔、攻螺纹、套螺纹等。

2.2.1 切削加工设备

1.金属切削机床

金属切削机床是用切削、磨削或特种加工的方法将金属毛坯加工成具有一定几何形状、尺寸精度和表面质量的零件的机器。它是制造机器的机器，所以又称为工作母机。

按加工性质和所用刀具的不同，机床可分为12大类，各类机床代号见表2-1。

表2-1　　机床类别及代号

类别	车床	钻床	镗床	磨床	齿轮加工机床	螺纹加工机床	铣床	刨床	拉床	切断机床	特种加工机床	其他机床
代号	C	Z	T	M	Y	S	X	B	L	G	D	Q
读音	车	钻	镗	磨	牙	丝	铣	刨	拉	割	电	其

几种常用的机床及其特点与应用范围：

（1）车床。车刀做纵、横向直线运动，工件做旋转运动。主要加工中、小型零件，以回转面为主，如内外圆柱（锥）面、回转成形面等，也可加工零件端面。

（2）摇臂钻床。钻头做旋转主运动和直线进给运动，工件固定不动。主要加工零件的孔，加工方式包括钻孔、扩孔、铰孔、锪孔等。

（3）铣床。铣刀做旋转主运动，工件或铣刀做进给运动。主要用于铣削平面、斜面、沟槽（如T行槽、燕尾槽、平键槽）等。

（4）磨床。砂轮做高速旋转及直线进给运动，工件做旋转运动（加工圆柱表面时）或直线往复运动（加工平面时）。主要用于磨削圆柱（锥）面、孔，也可用于磨削平面、斜面、孔端面等。

2.刀具种类与构造

在切削加工中，刀具直接与金属材料发生接触，是切削加工的核心环节。切削刀具种类繁多，如车刀、钻头、刨刀、铣刀等，它们形状各异，复杂程度不等，简要分类介绍如下：

（1）车刀。主要用于加工各种内、外回转表面，包括外圆车刀、端面车刀、内孔车刀、切断车刀、成型车刀等。

（2）孔加工刀具。主要用于在实体材料加工孔或对已有孔进行再加工，包括麻花钻、中心钻、深孔钻、扩孔钻、锪钻、铰刀、镗刀等。

（3）铣刀。常用来加工平面、台阶面、沟槽、切断及成形表面等，包括圆柱铣刀、面铣刀、立铣刀、成形铣刀等。

（4）拉刀。常用在拉床上加工工件内外表面，拉削各种形状的通孔和外表面，按拉削表面不同分内拉刀和外拉刀。

（5）螺纹刀具。主要用于加工各种各样的螺纹，包括螺纹车刀、丝锥、板牙、错丝板、滚丝轮等。

（6）齿轮刀具。主要用于加工各种齿轮、涡轮、链轮的齿廓，包括滚刀、插齿刀、剃齿刀等。

（7）磨具。主要用于回转表面和平面的精加工和超精加工，包括砂轮、砂带、油石等。

2.2.2 切削加工工艺

在零件的整个制造过程中，切削加工所占工时比例往往最大，加工成本往往也是最高的。在对零件进行切削加工时，不仅要正确选择各表面的加工方法、所用机床及刀具等，而且需要合理安排各表面的加工顺序，因而要制订零件的切削加工工艺过程。

切削加工工艺过程由一系列工序组成，每一个工序又可包括若干个安装、工位、工步和走刀。

拟定工艺路线是制订工艺过程的一项重要工作，主要包括选择定位基准、选择加工方法、划分加工阶段、确定工序的集中和分散程度、确定工序内容和加工顺序。

切削加工工序的安排主要遵循以下几个原则：

（1）基准面先行。先把精基准面加工出来，再以它为基准加工其他表面。

（2）先主后次。先安排主要表面加工，再把次要表面加工工序插入其中。主要表面一般是指装配基面、工作表面等，次要表面一般是指键槽、紧固用的螺孔和光孔、轴上无须配合的外圆表面。

（3）先面后孔。对于既有平面，又有孔或孔系的零件（如箱体、支架等），一般先加工好平面，再以平面定位加工孔。

（4）先粗后精。一个零件的切削加工过程，总是先进行粗加工，再进行半精加工，最后进行精加工和光整加工。

2.3 铸造

金属铸造指将液态熔融金属浇铸到铸型里，经冷却凝固、清整处理后得到符合预定形状、尺寸和性能要求的铸件的制作过程。铸造具有对铸件形状和尺寸适应性强、对材料适应性强、成本低工艺灵活的特点，是制造电网设备金属部件时常用的加工成型技术。

2.3.1 铸造基础理论

金属铸造工艺是一个诸多工序集成的复杂过程，一般包含金属熔炼、浇铸、凝固、收缩等工序。

1.铸件的凝固机理

在浇铸过程中，铸型与金属液之间存在着机械、化学、物理、热等作用。在凝固过程中，铸件将热量传到铸型，并通过铸型进一步散失到周围环境中。在浇铸后，液态金属充满铸型，铸件的温度随时间、位置的不同而变化，形成了温度场。沿铸件长度方向的温度场分布影响铸件的凝固顺序，垂直铸件长度方向分布的温度场影响铸件的凝固方式，控制铸件的凝固顺序和凝固方式对获得高质量的铸件非常重要。

铸件的凝固过程中，存在三个区域，即液相区、固相区、固液两相区，这三个区域的范围大小与铸件温度梯度和合金的结晶温度范围有关系。铸件的凝固方式可分为逐层凝固方式、体积凝固方式和中间凝固方式等三种。

2.铸件的收缩过程

在浇铸后，金属液温度逐渐降低，金属液的体积也在逐渐减小。铸造合金体积随温度的降低而减小的性能称为铸造合金的收缩特性。铸造合金的收缩特性对铸件的缩孔、裂纹、变形等缺陷的形成具有重大影响。根据凝固过程中状态的变化，铸造合金的收缩可以分为三类，即液态收缩、凝固收缩和固态收缩。

铸件的成形过程中存在的凝固收缩和固态收缩会导致铸件的外形体积缩小，另外还可能导致出现内缩孔和缩松等缺陷，如图 2-1 所示。

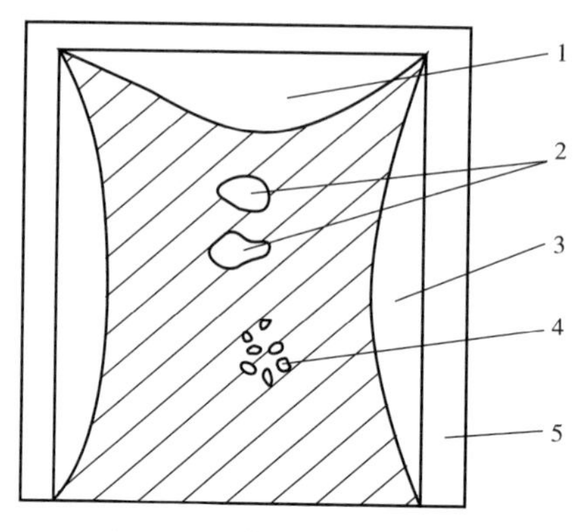

图2-1 铸件的收缩缺陷

1—外缩孔；2—内缩孔；3—缩凹；4—缩松；5—外形体积缩小

2.3.2 铸造的分类

依据铸型材料和浇铸方法的不同，现代工业技术广泛采用的铸造工艺方法可分为砂型铸造和特种铸造两类，其中特种铸造又可根据造型材料的不同进一步划分，如图2-2所示。

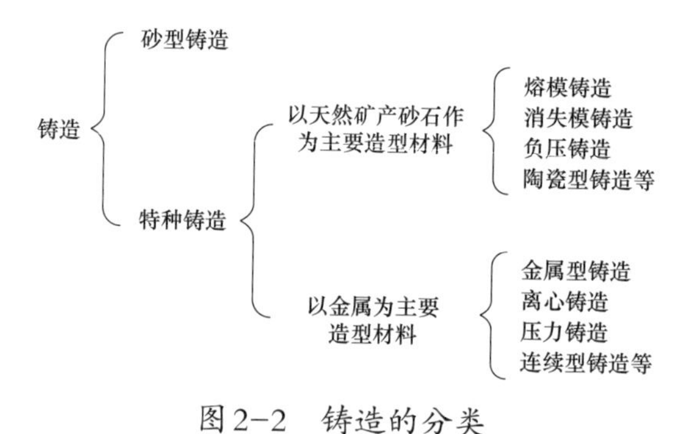

图2-2 铸造的分类

下面重点介绍几种在电网设备生产过程中常用到的铸造技术。

1.砂型铸造

砂型铸造是目前应用最广泛的铸造方法，可用于不同合金、不同结构和尺寸铸件的铸造过程。造型材料以较细的砂粒为主体，加入黏结剂和其他添加剂，形成具有一定流动性的型砂。在铸件模样周围填充型砂，并在冲击、振动等外力作用下制作出紧密、复杂的铸型，也称为砂型。砂型铸造可采用手工进行造型，而在大批量生产中也可采用自动生产线进行连续造型和铸件浇铸。砂型一般是一次性的，每个砂型只能浇铸一次铸件。

砂型铸造造型材料价廉易得，铸型制造简便，铸造合金种类、铸件结构及大小和生产批量等几乎不受限制，既可以铸造外形和内腔十分复杂的铸件，如各种箱体、车身、机架等，也可以生产几克到几百吨的铸件。

2.金属型铸造

金属型铸造指使用金属材料铸型的铸造方式。由于金属具有较高的导热能力，可以提高铸件凝固的冷却速率。有的金属铸型还可以通水冷却，进一步提高铸型的导热能力。

金属型通常由两个到多个半型构成，半型之间的结合面称为分型面。每完成一个铸件的铸造后，可以沿分型面打开，去除铸件后，重新合型进行再次浇铸，故金属型能够重复使用，又被称为永久性铸造。

相比砂型铸造，金属型铸造冷却过程较快，有激冷效果，使铸件晶粒细化，力学性能提高。另外，金属型尺寸准确，表面光洁，可使铸件的尺寸精度和表面质量提高。不足之处是金属铸型的制作周期长，成本较高。

3.消失模铸造

消失模铸造指使用易气化轻质材料作为模样，并利用型砂制作铸型，在负压条件下浇铸，模型气化后金属液充满模样所占据的空间，进而得到所需铸件的铸造方法。

消失模铸造过程中无须起模、下芯与合箱操作，给工艺操作带来极大的便利。但由于实体模样的存在使液态金属充型流动的前端存在着十分复杂的物理与化学反应，由此带来铸件的各种铸造缺陷。另外泡沫塑料模样强度低、易变形，影响铸件尺寸精度，且模型气化产生的气体对环境有一定的污染，需要增设废气收集装置。

4.压力铸造

压力铸造简称压铸，该方法通过对合金液加压，使其在高压下几乎以喷射的方式进入铸型，快速地充型和凝固。由于其充型时间短，充型速度高，因此特别适用于薄壁壳体类铸件的铸造。

在压铸工艺中，液态金属填充铸型的速度可达每秒十几米甚至上百米，压力最高可达数百兆帕。由于铸型必须承受高压，因此压铸所用铸型均为金属型。使用压铸工艺可以得到薄壁、形状复杂且轮廓清晰的铸件，且铸件加工余量少，组织致密，具有较好的力学性能。压铸也存在不足之处，由于金属液充填速度极快，型腔内的空气难以完全排出，导致铸件中易出现气孔缺陷。另外，压铸工艺难以制造尺寸较大的铸件，且压铸使用的材料局限于锌、铝、镁等低熔点的金属或合金。

2.3.3 常见铸件的缺陷与控制

在铸造的过程中，常常会出现各类缺陷，发现和分析铸件形成缺陷的原因，并采取相应的措施，提高铸件的质量，见表2-2。

表2-2 铸件缺陷与防治措施

缺陷类型	防治措施
气孔	提高浇铸温度，浇铸前静置金属液；烘干炉料，并除锈、去油污；型砂紧实度应适中；浇冒口设计应避免卷气
缩陷、缩松、缩孔	设计冒口以提供足够的金属液补缩；合理设计浇铸系统和冒口的大小、位置以及与铸件的合理连接；提高铸型刚度，在型砂中加入足够的黏结剂，提高铸型紧实度
冷裂和热裂	铸件壁厚均匀，厚壁与薄壁之间应自然过渡；提高合金液的熔炼质量，降低杂志含量；在型砂中加入木屑或采用有机黏结剂，以提高铸型的溃散性
冷隔、夹砂结疤	提高浇铸温度，合理布置浇铸系统；在型砂中加入煤粉、沥青、重油、木屑等以减少型砂膨胀力；湿型砂使用优质膨润土以提高湿型强度
黏砂、夹杂	降低浇铸温度，减少金属液与铸型的作用时间；选用高耐火度的造型材料；提高型砂的紧实度

2.4 焊接

金属焊接是一种永久性连接金属材料的加工方法，其本质是指通过物理或化学方法使两个工件的接触面形成原子间的结合及扩散，从而将两个工件连接为一体。焊接出现的时间较早，已有数千年的历史，随着现代科技的发展，焊接技术得到了极大的提升，各种焊接技术层出不穷。

作为一种自由度极高的连接工艺，随着适应性、精度、焊接质量的提高，许多原来使用铸造、锻造方法生产的零件改为由焊接拼接制作，以降低制造成本。在机械制造、造船、海洋开发、汽车制造、航空航天、电力、建筑等方面具有广泛的应用，电网设备中如GIS筒体、输电线路铁塔、隔离开关支架、线夹、各类控制柜箱体等均依赖焊接技术。

2.4.1 焊接的分类

本质上，焊接的原理是使工件之间产生原子间的结合力，以达到连接的目的。基于这一原理，对材料施加较大的压力或是加热至高温均可以实现焊接。

由此，根据焊接过程中母材是否熔化以及对母材是否施加压力分类，可以把焊接方法分为熔焊、压焊和钎焊三大类。

1.熔焊

熔焊指将被焊工件贴在一起，并通过对接触面施加高温，使工件之间形成连接的焊接方式。熔焊的整个过程可以分成三个部分，即焊接热过程、焊接化学冶金过程、熔池金属的凝固及相变过程。

（1）焊接热过程。整个焊接过程中，在焊接的热源作用下金属的局部被加热与熔化，同时热量在金属工件内传导和分布，这种现象称之为焊接热过程。焊接热现象直接影响着其他的焊接物理化学过程的发生和发展，对焊接的质量起到了主导的影响作用。

（2）焊接化学冶金过程。在熔化焊接时，由于高温的作用，焊接范围内的各种物质会发生一系列的物理化学变化，这种高温下物质之间的相互作用称之为焊接化学冶金过程，对焊缝金属的各方面参数都有着很大的影响。

焊接化学冶金过程可大致分为两部分，一是发生在熔池内熔融液体金属的剧烈运动，二是气体和熔渣与熔融金属的化学反应。二者在焊接热过程中会对焊缝的质量造成极其大的影响，控制好化学冶金过程，对于改善焊缝金属组织、保证焊缝质量具有重要意义。

（3）熔池金属的凝固及相变过程。在焊接过程中，随着热源的移动，熔池失去了热量来源，温度下降，熔池内的液态金属开始向固态转变。转变的一次结晶称为焊接熔池的凝固，主要表现为金属液体转换为金属固体。从微观角度上来说，是熔池内出现金属晶粒，并且慢慢长大直到相互接触停止生长。在一次结晶的过程中，由于熔池金属的分布不均匀，容易出现偏析现象，这是焊缝产生热裂纹的主要原因之一。

在熔池金属凝固后，温度会继续降低，继而发生的就是二次结晶。主要过程为金属的固态相变，对焊缝的性能影响也较大。

2.压焊

压焊指在加热或者不加热情况下对被连接的工件的接触面施加一定压力，使工件接触面两侧材料产生原子间结合力而被连接的焊接方法。压焊的具体类型包括电阻焊、锻焊、接触焊、点焊等。

压焊一般通过外部施加的高压来迫使被连接工件连接，绝大部分的压焊方法都没有发生熔融的过程，所以压焊的过程中一般不存在有益合金元素与其他化合物或者空气中的成分发生反应而损失的情况，也不会出现某些不良元素渗入焊缝的情况。这一特性在一定程度上改善了焊接的条件和焊接过程，避免了焊缝质量变差。同时，某些熔化温度较高的材料，例如钨，难以采用普通的方式熔化，可以采用压焊的方式进行连接。压焊的金属连接处耐热疲劳和抗腐蚀能力也高于其他传统的焊接方法，同时减少焊缝在使用过程中的剥落和龟裂现象，有效地提高工件的使用寿命。

3.钎焊

钎焊不同于前两种焊接方法，其特点是使用低于母材熔点的材料，在施加一定温度后，熔化的钎料浸润填充需要连接的两工件之间的缝隙，待钎料凝固后，工件便被连接在一起。相对于熔焊，钎焊的母材并不会熔化，能在一定程度上保护母材，且一般不对母材施加压力，避免母材出现较大的形变。

钎焊的特点决定了钎焊的变形较小，接头光滑美观，不会产生较大形变，工件尺寸精确。钎焊适用于焊接精密、复杂或者由不同材料组成的部件。主要用于制造精密仪表、电气零件、异种金属构件以及复杂的薄板结构，如夹层构件、蜂窝结构等。不适用于钢结构和重载、动载机的焊接。

2.4.2 焊接工艺及常见问题

2.4.2.1 焊接接头

焊前准备主要包括坡口加工、接头形式选择、焊件清理、预热处理等步骤。焊接产品的好坏，很大程度上取决于焊前准备的好坏。

（1）焊接接头形式及焊接位置。接头形式主要根据被焊工件的相对几何位置确定。常见接头形式见表2–3。

表2-3　　　　焊接接头形式

接头形式	描述	样例
对接接头	两工件端面相对平行的接头	
角接接头	两焊件端面间构成大于30°，小于135°的接头	
T形接头	一焊件端面与另一焊件端面构成直角或近似直角的接头	
搭接接头	两焊件部分重叠构成的接头	

（2）坡口加工。坡口是为保证焊接时能焊透，同时方便调节焊件和填充金属在焊缝中的融合比而在工件的待焊部位开出的沟槽。常用坡口形式有I形、V形、U形、X形等，如图2-3所示。坡口形式及尺寸主要由工件的厚度、结构形式、使用条件等决定。

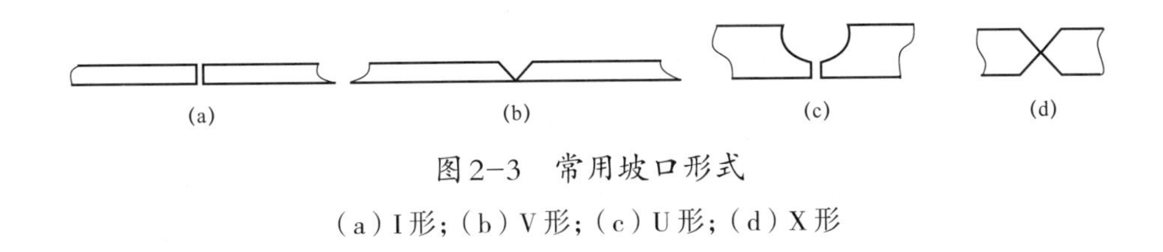

图2-3　常用坡口形式

（a）I形；（b）V形；（c）U形；（d）X形

（3）焊件清理。焊件清理指将工件坡口及其附近区域的油、油漆、水、铁锈等清除干净，避免这些物质在焊接过程中与熔化的金属产生冶金作用而影响焊接质量。

（4）预热处理。某些焊接工艺需要进行预热处理，即对焊件整体或局部预先进行适当的加热，目的在于减小焊接后的冷却速度，避免产生淬硬组织、减小焊接应力和变形，从而提高焊缝质量。

2.4.2.2 焊接常见问题

1.焊接应力与变形

焊接应力可分为两种，一种是焊接接头在加热和冷却的过程中产生的焊接瞬时应力，另一种是焊接后存在于焊接接头中的焊接残余应力。每种焊接应力根据产生原因又可分为热应力、相变应力和塑变应力。

在焊接应力作用下，焊件产生形状、尺寸的变化称为焊接变形。由于焊接接头形式、工件的形状和尺寸及焊缝长度及位置不同，焊接时可能会出现不同形式的变形，大体上可分为收缩变形、挠曲变形、角变形、波浪变形及扭曲变形等，如图2-4所示。

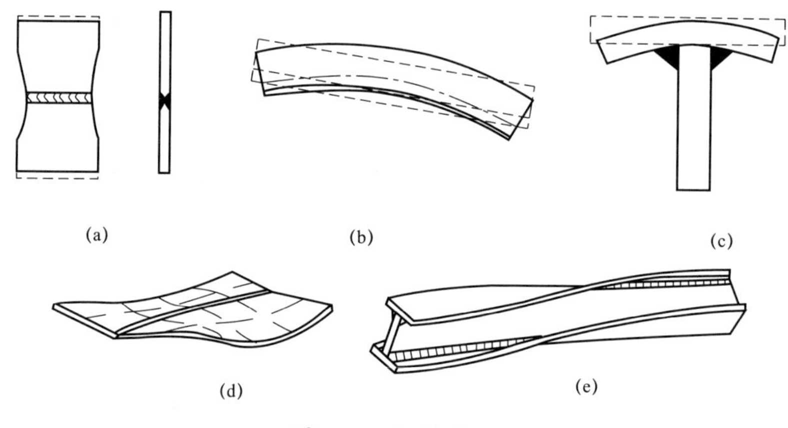

图2-4 焊接变形

（a）收缩变形；（b）挠曲变形；（c）角变形；（d）波浪变形；（e）扭曲变形

焊接应力与变形主要与接头设计和焊接工艺有关，可以从设计和工艺两方面来进行预防。设计方面的措施包括合理选择焊缝的尺寸和形式、尽可能减少不必要的焊缝和合理安排焊缝位置等。工艺方面的措施包括反变形法、刚性固定法、合理设计焊接方法和工艺参数等。

2.焊接缺陷

焊接缺陷是指焊接接头中，不符合设计或工艺要求，影响接头使用性能的不连续性、不均匀性等缺陷。焊接缺陷可分为两种，一种是通过肉眼或者低倍放大镜观察就能发现的外部缺陷。另一种则是需要通过一定的检查手段才能发现的位于焊接接头内部的内部缺陷。

（1）外部缺陷。外部缺陷位于焊缝表面，主要包括咬边、弧坑、焊瘤、内凹、未填满、焊穿、错边、表面气孔、严重飞溅等，如图2–5所示。

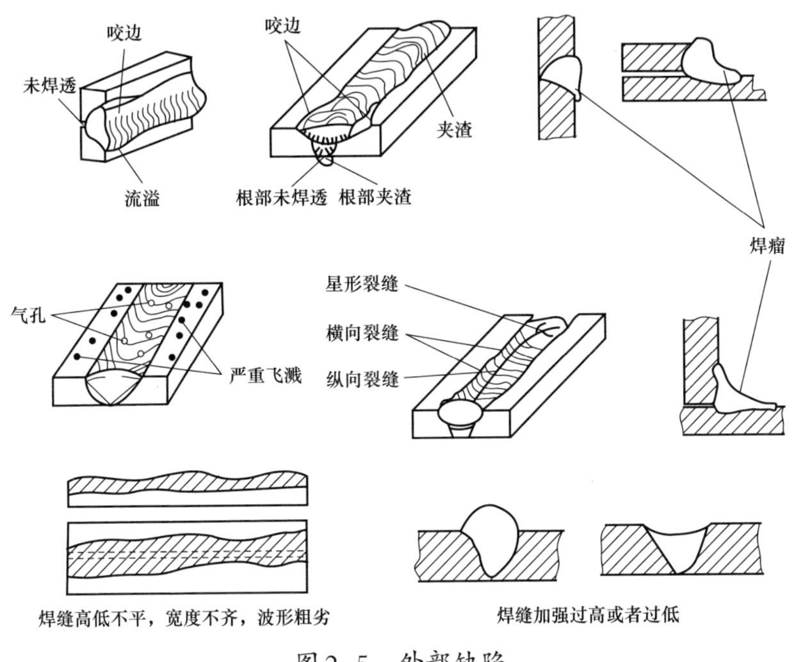

图 2–5　外部缺陷

外部缺陷主要通过选用合理的焊接材料、合理的焊接工艺参数来解决。例如，消除焊缝中的气孔主要包括减轻氢、氮和其他反应性气体的影响，焊前的焊条的烘干和防潮处理等。

（2）内部缺陷。内部缺陷种类大致可以分为四种，即焊缝成分偏析和夹杂、焊缝中的气孔、焊接热裂纹以及未焊透和未融合，见表2–4。

表2–4　内部缺陷种类

内部缺陷	具体描述	相应解决办法
焊缝成分偏析和夹杂物	偏析是熔融的焊缝金属在不平衡结晶中快速冷却造成的合金元素不均匀分布现象。夹杂物则是由于杂质在熔融的金属中未能及时浮出而残留在焊缝中的现象。二者都容易导致焊接热裂纹缺陷	正确选用焊接材料，适当改善焊接工艺，同时还可以适当降低焊接速度

续表

内部缺陷	具体描述	相应解决办法
焊缝中的气孔	某些气体来不及逸出而残存在焊缝中容易形成焊缝中的气孔。气孔不仅削弱焊缝的有效工作断面，也会带来应力集中等问题	消除气体来源，焊接材料的防潮与烘干处理，正确选用焊接工艺
焊接的热裂纹和冷裂纹	热裂纹在焊接过程中沿晶开裂而造成现象。冷裂纹是焊接接头局部区域金属原子结合力遭到破坏而形成新界面所产生的缝隙	焊接裂纹是焊接结构最严重的工艺缺陷。主要方法还是严格控制焊接材料的选择和控制焊接工艺
未焊透及未熔合	未熔合指焊缝和金属之间、多道焊时焊缝金属之间没有完全熔合的现象。未焊透指接头根部未完全熔透的现象。 二者都会减少焊接接头的有效截面积，引起应力集中和严重降低疲劳强度	选择合适的焊接参数，如焊接电流、焊接速度和正确的焊接规范

2.4.3 电网常用材料的焊接工艺

电网设备金属部件加工成型过程中广泛使用了各类焊接技术，焊接所用的金属材料包括低碳钢、铝及铝合金、铜及铜合金等。

1.低碳钢焊接

低碳钢的定义为碳质量分数小于0.25%的钢材，锰、硅等其他合金元素含量较少。低碳钢的焊接性能较好，几乎可以采用所有的焊接方法进行焊接。焊接时不需特殊处理，一般不会产生严重硬化的组织和淬火组织，焊接完成后接头处的塑性和冲击韧性也较好，不需要通过热处理来改善组织及性能。

对于低碳钢焊接，目前广泛采用焊条电弧焊方法，根据低碳钢的强度等级选用相应的结构钢焊条。碱性和酸性焊条也会对焊缝金属产生不同缝影响。常用低碳钢焊接时焊条的选用见表2-5。

低碳钢焊接工艺是最简单也是最成熟的，电网设备中大部分结构件的焊接都属于低碳钢焊接，如线路上的铁塔焊缝，开放式变电站构架焊缝、变压器油箱焊缝等。

表2-5　　常用低碳钢焊条的选用

钢材牌号	一般焊接结构		重要焊接结构及低温下焊接		焊接条件
	焊条牌号	焊条型号	焊条牌号	焊条型号	
Q235	J241、J422、J423、J424、J425	E4313、E4303、E4301、E4320、E4311	J426、J427、（J506、J507）	E4316、E4315（E5016、E5015）	正常情况无需预热
Q275	J506、J507	E5016、E5015	506、J507	E5016、E5015	厚板结构需要预热到150℃以上
08、10、15、20	J422、J423、J424、J425	E4303、E4301、E4320、E4311	J426、J427、（J506、J507）	E4316、E4315、（E5016、E5015）	正常情况无需预热
25、30	J426、J427	E4316、E4315	J506、J507	E5016、E5015	厚板结构需要预热到150℃以上
20g、22g	J422、J423	E4303、E4301	J426、J427（J506、J507）	E4316、E4315、（E5016、E5015）	正常情况无需预热
20R	J422、J423	E4303、E4301	J426、J427、（J506、J507）	E4316、E4315、（E5016、E5015）	正常情况无需预热

2.铝及铝合金焊接

铝及其铝合金具有熔点低、导热快、热膨胀系数大、易氧化、高温强度低等特点，且由于其他的一些物理化学因素，其焊接过程有一定的困难。

铝和氧的化学结合力很强，常温下铝会被氧化而在表面生成一层致密的氧化膜，其熔点可达2050℃。在焊接过程中，这层难熔的氧化膜易在焊缝中形成夹渣，影响焊缝质量。另外，液态铝及铝合金溶解氢的能力强，在焊接高温下熔池中会溶入大量的氢，加之铝的导热性好，熔池凝固快，因此气体来不及析出而易形成氢气孔，这也会对焊缝质量造成较大的影响。

铝和铝合金熔点低，高温强度低（铝在370℃时强度仅为10MPa），且发生融化时没有显著的颜色变化，焊接时往往因未察觉到温度过高而发生塌陷现象。为防止塌陷，可在焊件坡口下面放置垫板，同时控制好焊接工艺参数。

铝及铝合金焊接方法可选钨极氩弧焊、熔化极氩弧焊和脉冲氩弧焊。焊丝可选用与焊件金属化学成分相同的焊丝或切条，具体选用见表2–6。

表2–6　　铝及铝合金焊丝的牌号、型号、化学成分及用途

名称	牌号	型号	化学成分（%）	熔点（℃）	用途
纯铝焊丝	HS301	SAL–3	ω（Al）≥99.5	660	焊接纯铝或要求不高的铝合金
铝硅合金焊丝	HS311	SALSi–1	ω（Si）≈4.5～6	580～610	通用焊丝，焊接除铝镁合金以外的铝合金
铝锰合金焊丝	HS321	SALMn	ω（Mn）≈1.0～1.5 ω（Al）余量	643～654	焊接铝锰及其他铝合金，焊缝要求有良好的耐腐蚀性及一定强度
铝镁合金焊丝	HS331	SALMg–5	ω（Mg）≈4.7～5.7 ω（Al）余量	638～660	焊接铝镁及其他铝合金，焊缝要求有良好的耐腐蚀性和力学性能

铝合金在焊接前一般需要进行预热，采用较大的焊机规范，可以降低焊接应力，防止气孔和热裂纹产生。在采用气焊焊接铝及铝合金时，为了防止熔化金属表面的氧化，必须使用熔剂（钾、钠、锂、钙的氯化物和氟化物粉末混合物）去除氧化膜。

等离子弧焊接常常被用于铝及铝合金的焊接，该种焊接方法以钨极作为电极，等离子弧为热源，氩气作为等离子气体的保护气体，采用直流反接或交流。具体参数见表2–7。

表2–7　　铝合金直流等离子弧焊的参数

板厚（mm）	接头形式	非转移弧电流（A）	喷嘴与工件间电流（A）	离子气流量［Ar/（L·min^{-1}）］	保护气流量［He/（L·min^{-1}）］	喷嘴孔径（mm）	电极直径（mm）	填充金属	点固焊
0.4	卷边	4	6	0.4	0	0.8	1.0	无	无
0.5	平对接	4	10	0.5	0	1.0	1.0	无	无
0.8	平对接	4	10	0.5	9	1.0	1.0	有	有
1.6	平对接	4	20	0.7	9	1.2	1.0	有	有

续表

板厚（mm）	接头形式	非转移弧电流（A）	喷嘴与工件间电流（A）	离子气流量［Ar/（L·min^{-1}）］	保护气流量［He/（L·min^{-1}）］	喷嘴孔径（mm）	电极直径（mm）	填充金属	点固焊
2	平对接	4	25	0.7	12	1.2	1.0	有	有
3	平对接	20	30	1.2	15	1.6	1.6	有	有
2	外脚接	4	20	1.0	12	1.2	1.0	有	有
2	内角接	4	25	1.6	12	1.2	1.0	有	有
5	内脚接	20	80	25	15	1.6	1.6	有	有

3.铜及铜合金焊接

铜的导热系数大，热容量也较大，在焊接时，热量会迅速从加热区传导出去，导致母材和填充金属的熔化时间较短，难以充分熔合。因此铜材料在焊接时需要使用大功率、高热量密度的热源，必要时可以辅以一些预热措施。

在焊接时，铜会与材料中的一些杂质形成低熔点共晶，分布在晶界容易引起热裂纹。而且熔融状态下的铜对氢的溶解能力极强，温度降低时溶解能力又急剧下降，因此焊接时容易形成气孔。

铜及铜合金最常用的方法有氩弧焊、气焊和焊条电弧焊。需根据母材成分、焊接方法，选择相应的焊条或者焊丝，常用的焊条和焊丝见表2–8。

表2–8　　铜材料焊接常用焊条和焊丝

焊条/焊丝	牌号	名称/类型	熔覆金属主要化学成分（%）	用途
焊丝	HS201	特制紫铜焊丝	Sn≈1.1，Si≈0.4，Mn≈0.4，Cu余量	紫铜氩弧焊及气焊
	HS202	低磷铜焊丝	P≈0.3，Cu余量	紫铜氩弧焊及气焊
	HS221	锡黄铜焊丝	Cu≈59，Si≈1，Zn余量	黄铜氩弧焊和气焊及钎焊铜、白铜、灰口铸铁等

续表

焊条/焊丝	牌号	名称/类型	熔覆金属主要化学成分（%）	用途
焊条	T107	低氢型	Cu>99	在大气及海水中具有良好的耐腐蚀性，用于焊接脱氧或无氧铜构件
	T207	低氢型	Sn<1.5，Si≈3，Mn<1.5，Cu余量	适用于紫铜、硅黄铜及青铜的焊接
	T227	低氢型	Sn≈8，P≤0.3，Cu余量	适用于紫铜、黄铜、磷青铜的焊接及堆焊磷青铜轴衬等

因为铜及铜合金焊接时具有较大热裂纹倾向和严重的气孔倾向，所以焊前预处理的要求比较严格。同时，焊接前的铜材料工件一般也需要进行预热处理，有利于焊缝与母材的熔合，降低冷却速度，有利于防止气孔的产生。

2.5 金属材料热处理

2.5.1 钢的热处理基础

钢铁是生产量最大的金属材料，由于各类钢材中含有占比不等的碳及其他元素，其具有多变且复杂的显微组织结构，热处理对其性能的影响程度较大，因此钢的热处理是金属材料热处理的主要内容。另外，铝、铜、镁、钛等及其合金同样可以通过热处理改变其力学、物理和化学性能，以获得不同的使用性能。

钢的热处理指按一定的速率改变固态钢材的温度，以此改变其内部组织结构，进而获得所需性能的工艺方法。钢的热处理工艺一般包括加热、保温和冷却三个阶段，温度和时间是决定热处理工艺的主要因素，因此热处理工艺可以用温度—时间曲线来表示，也称为钢的热处理工艺曲线，如图2-6所示。通过适当的热处理，不仅可以提高钢的使用性能，改善钢的工艺性能，而且能够充分发挥钢的性能潜力，提高机械产品的产量、质量和经济效益。据统计，在机床制造中有60%～70%的零部件要经过热处理；在汽车、拖拉机制造中有70%～90%的零部件需要经过热处理；滚动轴承及各种手工工具则100%要经过热处理。

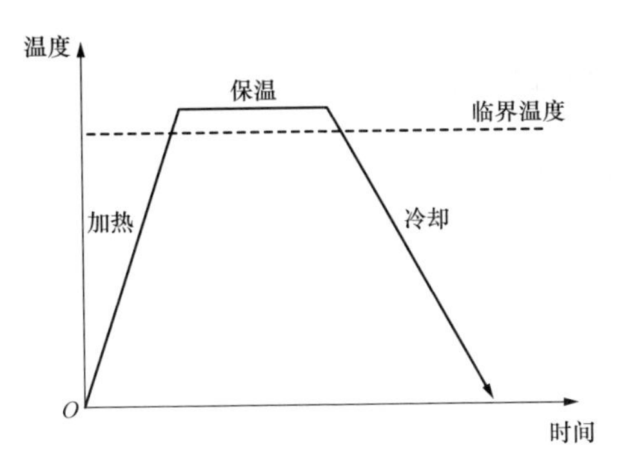

图2-6　热处理工艺曲线

热处理工艺区别于其他加工工艺（如切削、铸造、锻造、焊接等）的特点是不改变工件的形状，只改变材料的组织结构和性能。热处理工艺只适用于固态下能发生组织转变的材料，无固态相变的材料则不能进行热处理。

钢在加热时，组织会发生转变，加热是热处理的一个重要阶段，其目的是使钢奥氏体化。钢在加热保温后获得细小的、成分均匀的奥氏体，然后以不同的方式和速度进行冷却，以得到不同的产物。在钢的热处理工艺中，奥氏体化后的冷却方式通常有等温冷却和连续冷却两种，如图2-7所示，图中虚线为等温冷却，实线为连续冷却。

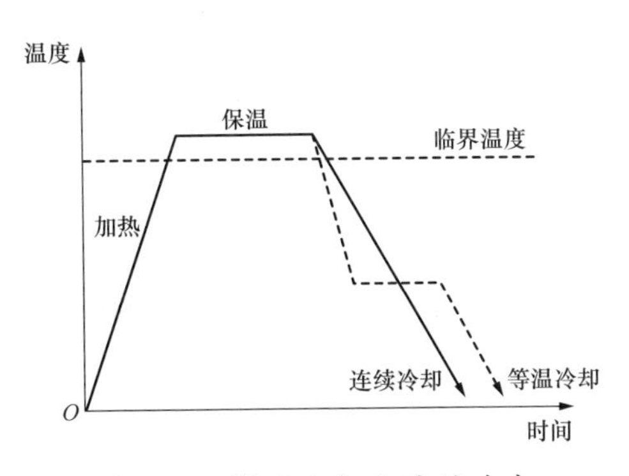

图2-7　等温冷却和连续冷却

铁碳合金的基本组织有铁素体（F）、奥氏体（A）、渗碳体（Fe_3C）、珠光体（P）、莱氏体（Ld）、贝氏体（B）、马氏体（M）和魏氏组织（W）等。

2.5.2 钢的热处理方式

钢的热处理工艺可分为整体热处理和表面热处理两大类：整体热处理主要包括退火、正火，淬火，回火和调质等；表面处理主要包括表面淬火和化学热处理等。

1.钢的退火

钢的退火处理指将钢加热到适当温度，保温一定时间，然后进行缓慢冷却（炉内冷却）的热处理工艺。钢的退火主要用于铸、锻、焊毛坯的预备热处理，以及改善机械零件毛坯的切削加工性能，也可用于性能要求不高的机械零件的最终热处理。退火使钢的内部组织达到或接近平衡状态，获得良好的工艺性能和使用性能，常作为淬火的预处理工序。退火工艺可分为完全退火、等温退火、球化退火及去应力退火等，其各自的加热温度范围和工艺曲线如图2-8所示。

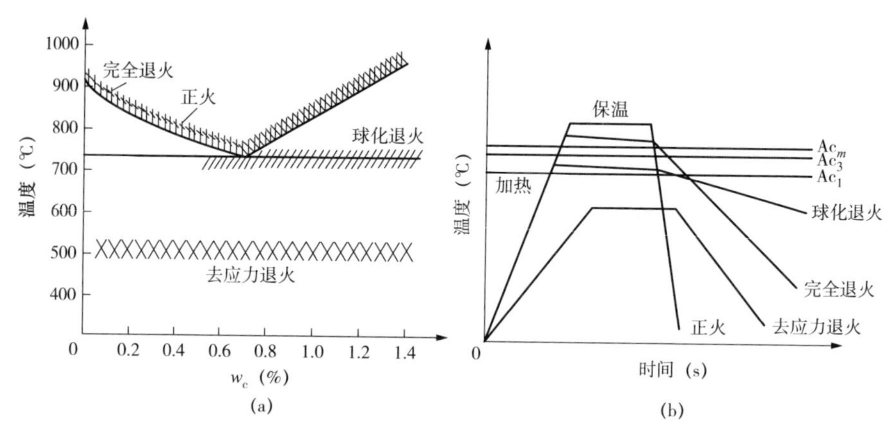

图2-8 钢的退火与正火加热温度范围和工艺曲线

（a）加热温度范围；（b）工艺曲线

（1）完全退火。完全退火工艺特点是将钢加热至Ac_3以上30～50℃，使之完全奥氏体化，然后随炉缓慢冷却，获得接近平衡的组织。完全退火主要用于亚共析成分的各种碳钢和合金钢的铸、锻件及热轧型材，有时也用于焊接结构。一般常作为一些不重要工件的最终热处理，或作为某些工件的预先热处理。

（2）等温退火。等温退火是用来代替完全退火的新的退火方法，等温退火工艺周期较短，退火后沿截面分布组织与硬度均匀一致，特别适合于大型合金钢铸锻件。等温退火的奥氏体化温度一般与完全退火相同，对于某些高合金钢大型铸锻件可适当提高加热温度。保温一定时间使奥氏体转变为珠光体组织，然后在空气中冷却，等温退火的保温时间应包括完成组织转变所需的时间与钢材截面均温透冷到等温温度的时间。

（3）球化退火。球化退火将钢加热到 Ac_1 以上 20 ~ 30℃，保温一段时间，然后缓慢冷却到略低于 Ac_1 的温度，并停留一段时间，使组织转变完成，得到在铁素体基体上均匀分布的球状或颗粒状碳化物的组织。球化退火主要用于过共析的碳钢及合金工具钢（如制造刃具、量具和模具所用的钢种），其主要目的在于降低硬度，改善切削加工性，并为以后淬火做好准备。

（4）去应力退火。去应力退火是将工件加热到 Ac_1 以下的适当温度，保温一定时间后逐渐缓慢冷却的工艺方法。去应力退火主要用来去除由于机械加工、变形加工、铸造、锻造、热处理及焊接后等产生的残余应力。如果这些应力不予消除，将会引起钢件在一定时间以后，或在随后的切削加工过程中产生变形或裂纹。

2. 钢的正火

正火是一种改善钢材韧性的热处理方法。正火是将钢材或各种金属机械零件加热到临界点 Ac_3 或 Ac_m 以上的适当温度，保温一定时间后在空气中冷却，得到珠光体基体组织。正火的特点是冷却速度快于退火而低于淬火，这种稍快的冷却可使钢材的结晶晶粒细化，不但可得到满意的强度，而且可以明显提高韧性，降低构件的开裂倾向。正火的目的与退火相似，可以消除过共析钢的网状渗碳体，对于亚共析钢正火可细化晶格，提高综合力学性能，对要求不高的零件用正火代替退火工艺是比较经济的。退火与正火同属于钢的预备热处理，它们的工艺及作用有许多相似之处，因此在实际生产中有时两者可以相互替代。

3. 钢的淬火

钢的淬火是将钢加热到临界温度 Ac_3（亚共析钢）或 Ac_1（过共析钢）以上温度，保温一段时间，使之全部或部分奥氏体化，然后以大于临界冷却速度的冷速获得马氏体组织或贝氏体组织的热处理工艺。

通过淬火与不同温度的回火配合，可以大幅度提高金属的强度、韧性及疲劳强度，并可获得这些性能之间的配合（综合机械性能）以满足不同的使用要求。另外，淬火还可使一些特殊性能的钢获得一定的物理化学性能，如淬火使永磁钢增强其铁磁性，不锈钢提高其耐蚀性等。

碳钢的淬火加热温度可根据Fe–Fe_3C相图来确定，如图2–9所示，亚共析钢适宜的淬火温度是Ac_3+（30～100）℃，共析钢和过共析钢适宜的淬火温度为Ac_1+（30～70）℃。一般合金钢淬火加热温度为Ac_1或Ac_3+（30～70）℃，高速钢、高铬钢及不锈钢应根据要求合金碳化物溶入奥氏体的程度选定。低碳马氏体钢淬透性较低，应提高淬火温度以增大淬硬层；中碳钢及中碳合金钢应适当提高淬火温度来减少淬火后片状马氏体的相对含量，以提高钢的韧性；高碳钢采用低温淬火或快速加热可限制奥氏体固溶碳量，减少淬火钢的脆性。

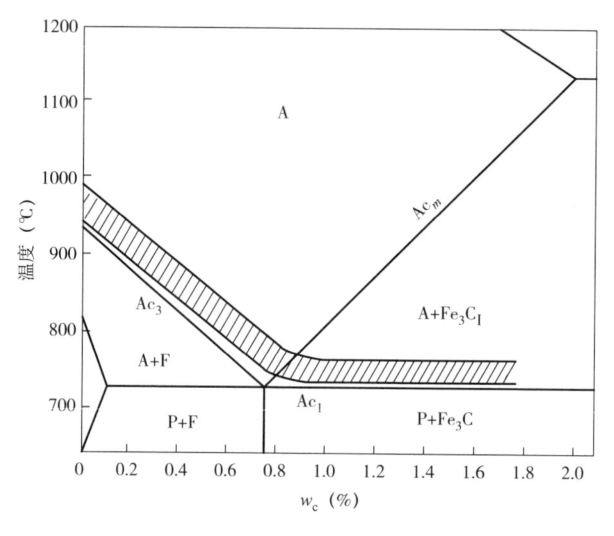

图2–9　碳钢的淬火加热温度

钢件在进行淬火冷却时使用的介质称为淬火介质，淬火介质是影响淬火工艺及零件质量的关键因素，理想的淬火介质应具备的条件是使工件既能生成马氏体，又不致引起太大的淬火应力。常用的淬火介质有水、水溶液、矿物油、熔盐、熔碱等，尤其是水和油最为常用。根据冷却方法，淬火工艺分为单介质淬火法、双介质淬火法、分级淬火法和等温淬火法。

钢件经淬火后虽然具有较高的硬度和强度，但脆性较大，并存在较大的淬火应力，一般情况下必须经过适当的回火后才能使用。

4.钢的回火

钢的回火指将淬火后工件加热到A_1以下的某一温度，保温一定时间，然后冷却到室温的热处理工艺。回火的目的是稳定组织，消除淬火应力，提高钢的塑性和韧性，找到强度/硬度和塑性/韧性的平衡点，以满足不同工件的性能要求。淬火钢回火后的组织和性能主要取决于回火温度。根据回火温度的不同，可以将回火分为低温、中温和高温回火，分别得到回火马氏体、屈氏体和索氏体。

（1）低温回火。低温回火又称消除应力回火，回火温度范围为150～250℃，回火后的组织为回火马氏体。回火一般不单独使用，在零件淬火处理后进行回火，主要目的是消除淬火应力，得到回火马氏体，其硬度一般为58～64HRC。低温回火主要用于刃其、址具、冷作模具、滚动轴承、渗碳淬火件等。

（2）中温回火。中温回火的温度为350～500℃，中温回火后的组织为回火托氏体，其硬度一般为35～50HRC。中温回火得到较高的弹性和屈服点，适当的韧性。回火后得到回火屈氏体，指马氏体回火时形成的铁素体基体内分布着极其细小球状碳化物的复相组织。中温回火主要用于弹性零件及热锻模具等。

（3）高温回火。高温回火指工件在500～650℃以上进行的回火，高温回火后得到的组织为回火索氏体，其硬度一般为220～330HBS。回火索氏体是马氏体回火时形成的铁素体基体内分布着细小球状碳化物（包括渗碳体）的复相组织，具有强度、塑性和韧性都较好的综合力学性能。高温回火广泛用于各种较重要的受力结构件，如连杆、螺栓、齿轮及轴类零件等。

5.钢的调质

调质处理是指一种用于改善钢铁材料综合力学性能的热处理工艺。钢的调质处理就是指在淬火后再经高温回火处理，高温回火是指在500～650℃之间进行回火。其目的在于使钢铁零部件获得强度与韧性的良好配合，既有较高的强度，又有优良的韧性、塑性、切削性能等。一些合金钢或低合金钢必须经调质后才可获得良好综合性能，这些钢也可称为调质钢。调质可以使钢的性能，材质得到很大程度的调整，其强度、塑性和韧性都较好，具有良好的综合机械性能。

在电网设备中的一些重要零部件，如轴类零件，一般都需要经过调质处理，大量应用的高强螺栓如8.8级以上螺栓都需要经过调质处理。

6.表面淬火

钢的表面淬火是一种不改变钢的表层化学成分，通过表面淬火改变钢表层组织的热处理工艺，常用于轴类、齿轮类等零件。钢的表面淬火热处理工艺利用快速加热的方法使工件表层奥氏体化，然后立即淬火使表层组织转变为马氏体，提高工件表面的硬度、耐磨性和疲劳强度，同时保证工件心部仍具有较高的韧性。表面淬火根据加热方法不同，可分为感应加热表面淬火、火焰加热表面淬火、电接触加热表面淬火、电解液加热表面淬火等，其中以前两种方法应用最广。

7.表面化学热处理

化学热处理是一种利用化学反应和物理方法改变钢件表层化学成分及组织结构的金属热处理工艺。化学热处理工艺将钢工件置于活性介质中加热和保温，介质中的活性原子渗入工件表层，改变工件表面的化学成分和组织结构，提高钢件的性能。化学热处理使钢件表层的化学成分和组织同时改变，比表面淬火方法效果更好，经化学热处理后的钢件心部为原始成分的钢，表层则是渗入了合金元素的材料，心部与表层之间是紧密的晶体型结合。化学热处理根据渗入元素不同，可分为渗碳、渗氮和渗硼等。钢件的渗碳可获得高碳马氏体硬化表层，合金钢件采用渗氮方法可以获得金氮化物的弥散硬化表层。近年来发展起来的多元共渗工艺，如氧氮渗，硫氮共渗和碳氮共渗等，能同时形成高硬度的扩散层和抗黏或减磨薄膜，有效提高钢件的耐磨性和疲劳强度。

2.6 金属表面防护

2.6.1 金属腐蚀

1.金属腐蚀原理及特点

金属腐蚀指金属材料在腐蚀介质及外界因素共同作用下发生化学反应或电化学反应，导致材料发生变质或损坏的现象。金属在发生腐蚀后，被腐蚀的金属进入离子状态，使得材料的力学性能显著降低，电学和光学等物理性能恶化，设备的使用寿命明显缩短。金属的腐蚀现象非常普遍，日常生活中常见的有铁制品生锈（生成物化学成分 $Fe_2O_3 \cdot xH_2O$，下同）、铜制品出现铜锈［$Cu_2(OH)_2CO_3$］、银器表面失去光泽变黑（Ag_2S，Ag_2O）等。铁制品的用量最大，其腐蚀现象也最为常见。

金属腐蚀的特点有以下几个方面：

（1）金属腐蚀都是起自金属表面，循序渐进地向内部深入发展。

（2）金属腐蚀是一种自发进行的反应，是趋向于稳态的过程。

（3）金属腐蚀是将金属由单质转化为化合态，是冶金的逆过程。

（4）金属腐蚀会对材料的使用性能造成影响，乃至使其失效。

2.金属腐蚀分类及影响因素

金属腐蚀是一个复杂的过程，其腐蚀原理、形态、介质类别、环境特征等具有多样性，因此对金属腐蚀有多种不同的分类方式，见表2–9。

表2–9　金属腐蚀分类

分类方法	腐蚀类别
依据腐蚀原理	化学腐蚀，电化学腐蚀
依据腐蚀形态	全面腐蚀，局部腐蚀
依据环境类别	大气腐蚀，海水腐蚀，土壤腐蚀，微生物腐蚀等
依据环境温度	高温腐蚀，常温腐蚀
依据环境湿度	干腐蚀，湿腐蚀

由于金属腐蚀类型的多样性，不同因素对金属腐蚀的影响机制各不相同，因此金属腐蚀研究较为困难性并存在争议性。目前分析金属腐蚀影响因素的主流观点可以总结如下：

（1）腐蚀介质的影响。腐蚀介质中如果包含氯离子或溶有二氧化碳及二氧化硫等腐蚀性介质会加速对金属的腐蚀。腐蚀介质中酸碱盐会影响水膜电解质浓度及氢离子的浓度，导致腐蚀加速。此外介质的pH值也对腐蚀过程有一定的影响。

（2）金属材料种类。不同金属的化学性质各不相同，在特定的腐蚀环境中其表现出的耐腐蚀性也有较大差异。例如304不锈钢在一般环境中其耐腐蚀性优良，但是暴露在含氯离子的环境中就极易产生腐蚀。而加入一定量Mo的316不锈钢则在此环境拥有较好的耐蚀性。

（3）环境温度。在对金属腐蚀进行分类时，存在以环境温度为依据的分类方式，可见环境温度对金属腐蚀过程有较大的影响。通常而言，金属在较高的温度下腐蚀较快。其中如果由于温差过大使得金属表面产生水膜，则更会加剧金属的腐蚀。

（4）在供氧充足的环境下，湿度是影响金属腐蚀速度的决定性因素之一。大气湿度一旦达到或超过临界相对湿度，金属腐蚀会很快发生并快速的发展。通常钢铁在大气中的临界相对湿度为75%。

（5）生产过程中的影响因素。在金属生产过程中油污、洗涤液、人汗、金属切削液等都会导致腐蚀的加剧。

（6）受力状况。金属材料在不同的应力状态下其耐蚀性存在一定的差异。例如焊接件经热处理改善其应力状况后能够大大改善其耐蚀性。

3.金属典型腐蚀形态

（1）点蚀。点蚀也称孔蚀，是一种集中于金属表面很小的范围并深入到金属内部的腐蚀形态。点蚀在通常情况下是深度深而直径小，多发生于有保护膜或钝化膜的金属表面。

金属材料由于其内部缺陷、溶质和杂质存在的不均一性，导致介质中的某些活性阴离子会被吸附集中到金属表面某些点上，这些位置的金属表面钝化膜率先受到破坏。钝化膜在遭到破坏后，其自身又不能完成自钝化时，金属表面就会发生腐蚀。金属腐蚀的机理是金属表面缺陷处活化状态的机体金属与钝化状态的钝化膜，形成了活性—钝性腐蚀电池。点蚀现象的出现是由于形成活性—钝性腐蚀电池后，其阳极面积较大，电流密度很大，使得腐蚀往金属内部发展，金属表面被腐蚀成小孔。

点蚀在化工、石油的腐蚀失效类型中占据着较大的比例，为20%～25%。光滑表面不容易出现点蚀，介质若是流动不畅且同时存在活性阴离子，则容易出现活性阴离子的积聚和浓缩，进一步促进点蚀的形成。

通常情况下，点蚀发生的概率随着pH值的降低和温度升高而增大。氧化性金属离子（如Fe^{3+}、Cu^{2+}、Hg^{2+}等）通常都能促进点蚀的发生，相对的，某些含氧阴离子（如氢氧化物、硝酸盐和硫酸盐等）则能够抑制点蚀。

虽然点蚀腐蚀面积不大，造成的失重较小，但是其危险性仍不可忽视，严重的腐蚀会使设备穿孔，导致油、水、气泄漏，更甚者会造成火灾、爆炸等重大安全事故。此外，点蚀常常会进一步发展成晶间腐蚀、腐蚀疲劳和应力腐蚀。

（2）缝隙腐蚀。金属部件在电解质溶液中，由于金属与金属或金属与非金属之间形成缝隙，其宽度足以使介质进入缝隙而又使这些介质阻滞，导致缝隙内腐蚀加剧，这种现象称为缝隙腐蚀。通常情况下，介质中的含氧量增加、pH

值减小和活性阴离子浓度的增加都会造成缝隙腐蚀的加剧，但是某些含氧阴离子浓度的增加能够有效降低缝隙腐蚀量。缝隙腐蚀的发生不要求同种金属或同种腐蚀介质，一般在设备法兰的连接处，衬板、垫圈与金属结合处常发生缝隙腐蚀，对钛和钛合金而言，缝隙腐蚀尤为需要关注。

（3）应力腐蚀。材料在恒定拉应力（内应力或工作应力）和特定的腐蚀介质共同作用下，在未达到强度极限情况下出现的脆性开裂现象为应力腐蚀。应力腐蚀开裂的发展过程，首先是在金属腐蚀敏感部位产生微小凹坑，然后出现细长的裂缝，之后裂缝快速地扩展，从而造成严重的破坏。金属的应力腐蚀开裂在化工、冶金、石油及热能等行业的失效类型中占据着极大的比例。

应力腐蚀的产生需要一定的条件：一是材料本身对应力腐蚀的敏感性；二是足够高的拉应力或金属内部残余应力；三是能够诱发金属发生应力腐蚀的介质。据统计，在实际的生产应用过程中应力腐蚀导致的事故，八成是由残余应力引起的，工作应力导致的事故不到两成。

应力腐蚀过程通常情况下可以分为三个阶段。阶段一为孕育期，材料在这一阶段由于腐蚀局部化和应力作用使裂纹成核；阶段二为腐蚀裂纹发展期，裂纹在腐蚀介质和应力（拉应力或内部残余应力）的联合作用下，在裂纹成核的基础上继续扩展；在阶段三中，裂纹快速生长使零件遭到破坏。

应力腐蚀过程由于并不出现明显的腐蚀特征，往往肉眼不能轻易发现，因此应力腐蚀时常造成严重的后果。通常情况下，随着介质中氯化物的浓度增加，应力腐蚀开裂的时间会缩短。氯化物的腐蚀作用还与其阳离子有关，一般其腐蚀作用是按照 Li^{+}、Na^{+}、Ca^{2+}、Fe^{3+}、Mg^{2+} 等离子顺序递增的。应力腐蚀发生的适宜温度为 50 ~ 300℃。

防止应力腐蚀的措施通常从减少腐蚀和消除应力两个方向入手。选用合适材料，尽可能避免选用应力腐蚀敏感的金属材料；金属设备结构设计力求合理，尽可能减少应力集中，消除残余应力；考虑改善腐蚀环境。此外，阴极保护法能够有效地制止金属腐蚀破裂。

（4）腐蚀疲劳。腐蚀疲劳是金属在腐蚀介质和变动应力的共同作用下产生的。疲劳破坏是在应力作用下并超过一定的临界循环应力值（疲劳极限或疲劳寿命）才会发生，与常规的疲劳破坏相比，腐蚀疲劳的特点在于其在很低的应力条件下就能发生。

金属的疲劳腐蚀是热能工业、化学工业、石油行业、造船工业及海洋开发等领域中普遍的一种失效形式。影响材料腐蚀疲劳的主要因素有介质材料、介质温度、变应力交变频率、材料外形尺寸、材料加工方式等。为了预防疲劳腐蚀通常可以通过降低载荷循环频率、适当提高介质的pH值及降低介质温度等方式。此外需要注意对材料表面的处理，材料表面的破损或粗糙度过低都会造成应力集中，从而使疲劳强度降低。

（5）晶间腐蚀。晶间腐蚀也是常见的一种局部腐蚀形式，是指沿着金属晶粒边界或者近旁发生的腐蚀现象。通常经过晶间腐蚀的金属表面，外表仍保持光亮，但是由于内部晶粒的结合力大大地减弱，材料强度显著降低，甚至在敲击下就会化成粉末。

晶间腐蚀通常是不易检查的，因此出现晶间腐蚀的设备存在极大的安全隐患。目前普遍认为，晶间腐蚀的主要原因是晶界合金元素的贫化。借助材料提纯技术提高材料纯度，可以有效防止晶间腐蚀的发生。

4.磨损腐蚀

由磨损和腐蚀联合作用而产生的材料破坏过程叫磨损腐蚀。磨损腐蚀在高速流动的流体管道和载有悬浮摩擦颗粒流体的泵、管道等处可能发生。在高压减压阀中的阀瓣（头）和阀座、离心泵的叶轮、风机中的叶片等过流部件腐蚀介质的相对流速较快，金属材料表面的钝化膜将会因为过分的机械冲刷遭到破坏，腐蚀率显著加剧，如果腐蚀介质中还存在固体颗粒物，机械磨损则更为严重，磨损腐蚀会显著加剧。

5.氢脆

金属材料由于吸收了原子氢而使其性质变脆的现象，称为氢脆。金属因为腐蚀、电镀、酸洗等，其表面可能产生氢，其中大部分的氢原子在金属表面结合成氢气逸出，但也有部分氢原子向金属内部扩散。对钢材料而言，Bi、Pb、Se、As、S等元素都能将促进氢脆的发生，其中As的作用尤为显著。

在介质中存在一些对氢脆影响显著的化学成分，如铬酸钠能够用于控制金属对氢的吸收，二硅酸钠可以有效促进对氢的吸收。

防止氢脆的方法主要方法有：对金属表面进行处理避免产生氢的环境；对给定的介质选择抗氢脆的合金；尽可能地改善介质成分，使得氢能够以氢气的形式在金属表面逸出。

2.6.2　金属镀层/涂层防护技术

电网设备金属镀层/涂层防护技术，是将耐腐蚀性良好的材料镀覆或涂覆在金属制品表面，使其与周围腐蚀介质隔离的金属防护方法。普遍应用的金属防护技术分为两类：一类是采用电镀、热镀、喷镀等方法，在金属表面镀覆上一层防护金属，如锌、银、锡、铬、镍等；另一类是在金属表面涂覆或喷洒油漆、机油、搪瓷、塑料、橡胶等涂层。

目前电网设备中应用最广泛金属防护技术包括镀锌层防护、镀银层防护以及涂层防护等。

2.6.2.1　镀锌层防护

锌在空气中较为稳定，但易与酸碱发生反应。锌在潮湿的空气或者二氧化碳含量较高的水中，其表面会产生碱式碳酸锌，起到减缓腐蚀的作用。但是在含二氧化硫的大气或海水中，镀锌层的防护能力较差。镀锌层的防护能力与其孔隙率密切相关，镀层越厚、孔隙率越低，耐腐蚀性越强。镀锌层的厚度应根据实际的需求及环境状况确定。

由于镀锌具有成本低、耐腐蚀、美观等优点，因而得到了广泛的应用。常见的镀锌工艺主要包括冷镀锌和热镀锌两大类。

1.冷镀锌

冷镀锌（也称为电镀锌）过程基于电解原理，将经过前处理的金属制件置于锌盐溶液中作为负极，锌板作为正极，通电后锌离子在金属制件表面得电子被还原为锌原子，维持一段时间后，金属制件表面将沉积一层锌，通电时间越长，镀锌层越厚，化学反应式如下式所示。与其他金属相比，锌是易镀覆且相对便宜的一种金属，属于低值防蚀电镀层，因此电镀锌技术被广泛应用于钢铁件表面处理，特别是用于防止大气腐蚀，同时具有装饰美化作用。

镀覆技术主要包括滚镀（适合小零件）、漕渡（或挂镀）、连续镀（适合线材、带材）及自动镀。

电镀锌的主要工艺流程一般为：金属制件化学去油→热水洗→流水洗→酸洗除锈→两次流水洗→电解除油→热水洗→流水洗→1∶2盐酸活化→流水洗→镀锌→水洗→出光→水洗→钝化→两次水洗→温水洗→烘干→检验→成品。

根据镀液种类，一般将电镀锌方法分为氰化物镀锌、锌酸盐镀锌、氯化物镀锌及硫酸盐镀锌。

（1）氰化物镀锌。氰化物镀锌是使用较早的冷镀锌方法，其在20世纪70年代以前就在电镀锌市场中占据着主要地位。氰化物镀锌工艺方法较为简单，因为氰化物本身去油效果极好，所以电镀前不需要对金属制件进行复杂的前处理，另外氰化物电镀过程中无需搅拌，对添加剂与镀液的浓度和种类要求不高，且在电镀结束后镀液无需过滤。但是这种镀锌方法所用的氰化物对环境有一定的污染，随着世界各国的环境保护意识不断增强，目前氰化物电镀工艺逐渐被淘汰，电镀锌工艺向低氰化或无氰化方向发展。

（2）酸性镀锌。酸性镀锌工艺主要包括硫酸盐镀锌工艺和氯化物镀锌工艺两类。硫酸盐镀锌工艺的开发比较早，由于酸性镀锌工艺的电流效率可达60%～90%，锌镀层沉积速度较快，因此在金属线材和金属管材制件的电镀锌中获得广泛使用。采用硫酸盐镀锌工艺镀覆复杂金属制件时，存在镀层不够光亮以及结晶能力不足的缺点。氯化物镀锌主要有氯化铵镀锌和氯化钾镀锌两种工艺方法，氯化铵镀锌工艺方法由于使用了铵盐，在实际生产过程中会产生刺激性气体，铵盐对镀覆设备也有一定的腐蚀性，获得的金属制件镀层的深镀能力与分散能力也比较差；氯化钾镀锌工艺弥补了氯化铵镀锌工艺劣势，采用这种工艺的金属制件镀层的深镀能力和分散能力都比较好，生产过程中无刺激性气体，镀覆工艺的电流效率很高，因此氯化钾镀锌工艺在生产中获得了越来越多的应用。

（3）碱性镀锌。碱性镀锌主要是指锌酸盐电镀工艺，该工艺在20世纪60年代发展起来，关键工艺是以较高浓度的氢氧化钠取代了氰化钠，得到的金属制件镀层的覆盖能力和分散能力都比较好，且对环境友好，电镀工艺后的废水处理也比较容易。但碱性电镀锌对添加剂及镀液有比较严格的要求，操作范围窄；电流效率较低，制件表面的镀层沉积速度也比较慢。

2.热镀锌

热镀锌也叫热浸锌和热浸镀锌，是将表面经过清洗、活化后的金属制件浸于熔融的锌液中，通过铁锌之间的反应和扩散，在金属制件表面将附着一层锌金属。与其他金属制件防腐蚀方法相比，热镀锌工艺在镀层的物理屏障和电化学防护特性上表现良好，具有优越的镀层致密性、耐久性和经济性，以及优良的结合性。由于热镀锌工艺成本低廉、保护性优良，因此广泛应用于各行各业，使用热镀锌作为表面处理的钢铁材料主要包括钢板、钢管、钢带、钢丝等。

热镀锌的主要工艺流程一般为：脱脂→水洗→酸洗→水洗→浸助镀剂→烘干预热→热镀锌→整理→冷却→钝化→漂洗→干燥→检验。

按照镀件类型，热镀锌工艺主要分为连续热镀锌（以钢丝、钢带、钢管为被镀对象）、批量热镀锌（以钢铁结构件为被镀对象）。

（1）连续热镀锌。连续热镀锌是将被镀对象连续高速地通过熔融锌液中获得热镀锌制品的技术，主要应用于钢丝、钢带和钢管等被镀对象。为了适应快速、大量生产的需求，连续热镀锌工艺的方法不断发展，逐渐出现了许多新的工艺方法，主要应用的工艺方法包括溶剂法、Sendzimir法、Cook–Norteman法、改良型Sendzimir法以及美钢联法等。

在上述工艺方法中，Sendzimir法是比较典型的工艺，其主要工艺流程为：首先通过机组把钢材送到氧化炉中，加热炉的温度范围控制在400～500℃，以去除油脂等有机污物，或者使这些杂质转变为在后续工艺中易去除的形态。然后把钢材送入还原炉中，还原炉的温度范围控制在800～850℃，用于将留在钢材表面的氧化物还原并除去。最后在同种还原气氛保护下，将处理过的钢材送入一定温度的熔融锌液中进行热镀锌。采用此工艺方法进行的热镀锌工艺生产效率高，生产速度快且产品质量稳定，不过这种方法对设备要求比较高，且只适用于大规模生产。

（2）批量热镀锌。批量热镀锌是把钢铁制件分批次浸入熔融锌液中来获得热镀锌制品的技术，主要应用于钢铁结构件。批量热镀锌工艺一般包括热镀前处理、热镀锌和镀后处理。热镀前处理通常使用溶剂法，为了清除钢铁结构件表面的氧化皮等污物，使用溶剂对钢材表面进行清洗，采用专门的助镀剂来改善其与锌液的浸润性且能防止钢材表面氧化。

批量热镀锌的主要工艺流程为：首先使用碱液清洗法进行脱脂处理，以去除钢材表面油污等杂质。水洗后，使用酸液清洗法进行表面除锈处理，以去除钢材表面的铁锈和氧化皮。再次水洗后，将钢铁制件浸入助镀剂中并取出烘干，此时在制件表面会形成一层致密的溶剂薄膜，这层薄膜会保护钢铁制件的表面不被氧化。最后将表面覆盖此溶剂薄膜的钢材制件浸入到熔融锌液中，随着表面溶剂薄膜的溶解，锌液会立刻将钢材制件的表面润湿并使制件表面发生合金化，生成热镀锌层。镀锌后处理一般由冷却、钝化、制件检测修整等工序组成。

2.6.2.2 镀银层防护

银是一种惰性金属，其化学性质十分稳定，镀银层具有高温润滑作用、防高温“咬死”和“黏接”，具有优良的导电、导热和焊接性能，另外，被抛光的银层还具有较强的反光性和一定的装饰性。

一般采用电镀技术在金属表面添加镀银层。电镀技术指利用电解原理，将待镀金属制件连接至阴极，镀层金属银连接至阳极，接通电流后，银离子在阴极表面发生还原反应，镀覆在金属制件的表面形成镀银层。银是一种白色金属，属于阴极性镀层，银镀层为银白色，通过浸亮及铬酸盐处理后银镀层为光亮的稍带黄色的银白色，采用不同工艺可以得到不同光亮的银镀层，也可以在镀银后进行黑色氧化。

电镀银的主要工艺流程为：前处理（除油、酸洗、去应力、喷砂、喷丸等）→预镀银（氰化物镀银、无氰镀银等）→后处理（去氢、化学钝化、涂保护剂等）。

金属制件在镀银前除了需按常规电镀方法进行除油、去应力、酸洗、喷砂和喷丸以外，还可能需要进行特殊预处理，即预镀一层金属后再镀银，以保证制件和镀银层的结合力。铜基材可以直接镀银，钢铁基材需要预镀铜后再进行镀银，高温合金、钛合金以及不锈钢等基材需要预镀镍后再进行镀银。

电镀银的后处理方式有除氢、钝化、涂覆有机保护层或镀贵金属等。其中，钝化有铬酸盐钝化、有机化合物钝化及电化学钝化等。由于镀银层在潮湿、含硫化物的大气环境中极易变黄，甚至在严重时变黑，这不仅影响外观，而且严重影响银层的导电性能和焊接性能，导致设备工作的可靠性降低。因此，在镀银工艺后要立即进行防变色处理，使制件表面生成一层保护膜，以使其与外界隔绝，延长镀银层的变色时间。涂覆有机保护层能起到有效的屏蔽作用，隔绝腐蚀介质，防止银层变色，是广泛应用的工艺方法。

常用的镀银工艺方法主要分为有氰镀银（氰化镀银）和无氰镀银（硫代硫酸盐镀银、亚氨基二磺酸铵镀银、磺基水杨酸镀银、烟酸镀银液）。有氰镀银具有镀层结晶细致，镀液分散性好，稳定性强，便于操作与维护等优点，但氰化物对环境有一定的污染。无氰镀银具有环保，镀液成分简单，配制方便，覆盖能力好，电流效率高，镀层细致，可焊性好等优点，但镀液不够稳定，阴极电流密度范围窄。

2.6.2.3　涂层防护

涂层防护指在金属制件表面涂覆某种有机或无机防腐覆盖层，使其与周围介质相隔离的金属防护技术。防腐涂层材料一般具有良好的隔水性和电绝缘性，以及一定的机械强度，且与金属制件表面有较强的附着力。涂层防护一般由底漆、中间漆和面漆三部分组成。底漆的作用是提供基本的防腐蚀功能；中间漆的作用是增加漆膜厚度以加强防护能力；面漆既可以阻止腐蚀介质进入金属表面，同时也起到一定的装饰美化作用。涂层防护方法具有以下优点：经济有效，可选择的涂料品种多，能应对不同的工况；涂装工艺方便，特别适用于大面积、结构造型复杂的金属设备的防护；涂层的修整、重涂与更新都相对容易，可在不移动、不停止设备的情况下进行涂覆施工。

涂料防护的防腐蚀机理是在金属表面形成一层屏蔽层，隔离周围介质，以阻止空气中的水和氧气与金属制件表面接触。但有大量研究表明，涂层会有一定的渗水性和透气性，涂层不可能达到完全屏蔽作用，涂层透水和氧气的速度通常高于钢铁裸露表面的腐蚀消耗水和氧气的速度。

防腐涂层按使用基材的不同可分为环氧防腐涂层、鳞片防腐涂层、环氧聚酯混合型及户外纯聚酯等。按使用温度不同又可分为低温防腐涂层、常温防腐涂层以及高温防腐涂层。

防腐蚀涂料常用类型包括：

（1）油脂涂料。油脂涂料的主要成膜物为干性油，特点是易加工、涂刷性好、对涂覆表面的润湿性好、价格低廉、漆膜柔韧，但存在漆膜干燥慢，膜软，耐酸碱性、耐水性及耐有机溶剂性差，机械性能较差等缺点。干性油一般与防锈颜料配合组成防锈漆，主要用于耐蚀要求不高的大气环境中。

（2）酚醛树脂涂料。酚醛树脂涂料的类型主要有纯酚醛树脂、醇溶性酚醛树脂及改性酚醛树脂等。纯酚醛树脂涂料附着力强，耐水耐湿热，耐腐蚀，耐候性好。醇溶性酚醛树脂涂料的抗腐蚀性能比较好，但涂覆施工不便，附着力、柔韧性不太好，其应用范围受到一定限制。一般需要对酚醛树脂进行改性。如松香改性酚醛树脂与桐油炼制，加入不同种颜料，经研磨可加工获得不同种磁漆，这种涂层的漆膜坚韧，价格低廉。

（3）环氧树脂涂料。环氧树脂涂料具有优良的附着力，对金属、混凝土、木材、玻璃等均附着良好，耐碱、油和水，电绝缘性能优良，但抗老化性比较差。

环氧树脂涂料一般由环氧树脂和固化剂组成。固化剂的性质也会影响到漆膜涂层的性能。常用的固化剂包括：①脂肪胺及其改性物，其特点是可常温固化，但未改性的脂肪胺毒性较大；②芳香胺及其改性物，其特点是反应慢，一般须加热固化，不过毒性较弱；③聚酰胺树脂，其特点是耐候性较好，毒性较小，弹性好，但耐腐蚀性能稍差；④酚醛树脂、脲醛树脂等其他合成树脂，这些树脂和环氧树脂并用，经高温烘烤后交联成膜，漆膜具有突出的耐腐蚀性，并有良好的机械性能和装饰性。

环氧树脂是最常用的热固性树脂之一，广泛应用于先进复合材料树脂基体、耐高温胶黏剂、电子封端材料、耐高温隔热涂料等高新技术领域中，由于环氧树脂加入固化剂固化后交联密度高，因此存在内应力大、质脆，耐冲击性和耐湿热性较差等缺点。

（4）聚氨酯涂料。用于防腐蚀涂料的聚氨酯树脂常含有两个组分：异氰酸酯基—NCO和羟基。使用聚氨酯涂料时将双组分混合，通过反应固化而形成聚氨基甲酸酯（聚氨酯）。

聚氨酯涂料具有以下特点：

1）涂层的机械性能良好。漆膜坚硬、柔韧、光亮、耐磨、附着力强。

2）耐腐蚀性能优良。耐油、酸、化学药品和工业废气，但耐碱性稍低于环氧涂料。

3）耐老化性较好，优于环氧涂料。因此常用作面漆，也可用作底漆。

4）聚氨酯树脂能和多种树脂混溶，调整配方的范围广泛，能满足各种使用要求。

5）可室温固化或加热固化，在温度较低的环境也能固化。

6）多异氰酸酯组分的贮藏稳定性较差，因此必须隔绝潮气，以免胶冻。

7）聚氨酯涂料价格高，但使用寿命长。

（5）橡胶类涂料。橡胶类涂料以经过化学处理或机械加工的天然橡胶或合成橡胶为成膜物质，加上溶剂、填料、颜料、催化剂等加工而成。

橡胶类涂料主要包括以下类型：

1）氯化橡胶涂料。耐水性好，耐盐水和盐雾，有一定的耐酸、碱腐蚀性，但不耐溶剂，耐老化性和耐热性差，其广泛用于船舶、港湾、化工等场合。

2）氯丁橡胶涂料，耐臭氧、化学药品，耐碱性突出、耐候性好，且耐油和耐热，可制成可剥涂层，但缺点是贮存稳定性差、涂层易变色，不易制成白色或浅色漆。

3）氯磺化聚乙烯橡胶涂料，涂层抗臭氧性能优良，耐候性显著，吸水率低、耐油、耐温，可在120℃以上使用，−50℃也不发脆。

（6）重防腐蚀涂料。重防腐蚀涂料是指在严酷的腐蚀条件下，防腐蚀效果比一般腐蚀涂料高数倍以上的防腐蚀涂料。其特点是耐强腐蚀介质性能优异，耐久性突出，使用寿命达数年以上。重防腐蚀涂料主要用于海洋构筑物和化工设备、贮罐和管道等。

目前常用的重防腐蚀涂料主要有以下类型：

1）重防腐蚀富锌涂料。主要作为底漆，分厚膜型有机富锌涂料、富锌预涂底漆和无机富锌涂料三类。

2）重防腐蚀中间层涂料和面漆。可直接涂在富锌底漆上，主要有氯化橡胶系、乙烯树脂系、环氧系、聚氨酯系、氯磺化聚乙烯系、环氧焦油系等重防腐蚀涂料。

3）玻璃鳞片重防腐蚀涂料。该涂料是一种屏蔽性较高的涂料，成膜后颜料能平行定向重叠排列，不仅对腐蚀介质构成一道道屏障，也给腐蚀介质设定了无数条曲曲折折迷宫式的结构，从而达到防腐蚀的目的。

4）环氧砂浆重防腐蚀涂料。

5）含氟涂料。如聚三氟氯乙烯涂料、氟橡胶涂料等。

第3章　金属材料主要检验与检测技术

3.1　概述

随着科学技术的发展，金属材料的应用越来越广泛，其应用场景出现了精细化、复杂化、智能化等趋势，因而对检测技术也提出了更高的要求。金属材料的各种性能主要取决于其成分及组织结构，在实际生产中一般通过材质分析来确定材料的成分，对于组织结构的分析则需要借助金相检验。

在工程领域，一般重点关注金属材料在各种外加载荷下表现出的力学性能，这是保证产品质量和使用寿命的主要因素。例如有些电网设备部件在服役过程中会受到各种载荷的长期作用，以至于产生疲劳失效，那么在这些部件的选用时，就需进行相应的疲劳试验；有一些承受重载的部件可能会被拉断，或受到瞬时冲击而断裂，因而预先针对这些部件进行拉伸试验和冲击试验是十分重要的。

某些产品不适合进行抽样破坏性检测，或正在服役不方便拆除，此时就需要使用无损检测技术对其性能指标或缺陷进行检测。无损检测能够在不破坏材料的前提下，通过测量声、光、热、磁等信号，实现对材料的各项检测。

对于一些长期暴露在大气或腐蚀环境中的设备及零部件，常用镀层/涂层的方式对其进行表面防护，以应对恶劣的工作环境。镀层/涂层的质量将直接影响设备的使用寿命及使用性能，因此在设备生产及使用过程中对其进行镀层/涂层质量检测是十分重要的。

3.2　金相检验

金属材料的性能取决于它的化学成分与组织结构。在化学成分相同时，材料的组织结构将主导其性能。金相检验技术可以了解材料的组织结构，可作为产品质量评价的重要参考，并以此确定制造工艺是否正确、生产过程是否规范。

金属材料的金相组织可能会在使用过程中发生变化，通过金相检验可以有效地监测组织演变过程。此外金相检验也广泛用于检测设备的失效形式及失效原因。

3.2.1　金相试样的选择与制备

金相试样制备的首要任务是选择具有典型性、代表性和真实性的试样。取样部位的恰当与否直接关系着检验结果的可靠及正确与否。根据GB/T 13298—2015《金属显微组织检验方法》，金相试样磨面的面积应小于400mm²，高度以15～20mm为宜；试样如有特殊性，则根据研究需要视具体情况而定。

1.试样的制备流程

金相试样虽然会因为试验检验的目的不同选择不同的试样，但其制备的过程通常分为试样的截取、试样的镶嵌、磨光、抛光等多个阶段。

金相试样的截取在操作过程中需要尽量避免形变及发热。切割完的试样需要进一步进行磨平得到平坦磨面，并消除或减小切割时的表面变形。截取磨平后的试样如果形状尺寸合适，便可以直接磨光和抛光操作。但对于形状不规则、尺寸过于细薄及软的、易碎的、需要检验边缘组织的试样，都需要进行镶嵌。

试样经过截取与镶嵌后，其形变层较厚，表面粗糙。通过磨光与抛光处理之后才能在显微镜下进行检查。磨光与抛光决定着后续观察检验的质量。

2.金相试样的浸蚀

抛光后的试样通常不能直接在显微镜下看到其显微组织，必须通过适当的方法（浸蚀）才能实现其显微组织的显示。常规的显示方法有化学浸蚀、电解浸蚀；比较特殊的显示方法则有阴极真空浸蚀、恒电位浸蚀及薄膜干涉显示组织等，具体见表3-1。

表3-1　试样浸蚀的方法

浸蚀方法	浸蚀原理及方法	应用
化学浸蚀	原理是化学溶解。将抛光好的试样表面清洗，用浸蚀剂浸蚀。浸蚀的操作主要有浸入法和擦拭浸蚀法。浸蚀的时间从几秒到几小时取决于材料性能，如无明确时间则可以通过试样抛光面颜色变化来判断，当抛光面失去光泽诚银灰色或黑色即可。浸蚀后应快速用水清洗，紧接着快速的应酒精漂洗和热风吹干。试样浸蚀不足可重新抛光后再次浸蚀	广泛应用于纯金属，单项及多项合金

续表

浸蚀方法	浸蚀原理及方法	应用
电解浸蚀	电解浸蚀是电化学反应，将抛光试样浸入合适化学试剂中，接通较小的直流电进行浸蚀	主要应用于稳定性较高的合金
阴极真空浸蚀	在辉光放电下，用正离子轰击试样表面，使试样表面的原子有选择地去掉，从而显露组织	应用于金属、金属陶瓷、陶瓷和半导体等
恒电位浸蚀	恒电位浸蚀是基于电解浸蚀，其显示组织的原理是以合金中各相的极化曲线为依据	多用于多相合金的相鉴定

3.2.2 金属材料的组织分析与评价

经抛光的试样在显微镜下只能研究非金属夹杂物组织，经浸蚀后的金属材料试样则可以通过显微镜观察各种形态的组织。在观察时可以先选择低倍镜进行观察，观察整体的组织形态及缺陷状况。之后改用高倍镜对典型区域进行进一步的详细观察，根据标准进行评定。

1.常见的金相组织

通常将金属组织中化学性能、晶体结构和物理性能相同的组成称为金相组织，其中包含固溶体、金属化合物及纯物质。金相组织能够反映出金属金相的具体形态，而观察金相组织则需要借助金相显微镜。现今的光学金相显微镜受限于光波波长，其放大倍数为几十倍到2000倍，极限分辨率在250nm左右，通常仅能够观察金相组织几十微米尺度的细节。若要观察更为细微的细节，则需要放大倍率更高的透射电子显微镜或扫描电子显微镜等。常见的金相组织有铁素体（F）、奥氏体（A）、渗碳体（Fe3C）、珠光体（P）、莱氏体（Ld）、贝氏体马氏体和魏氏组织等。

2.钢材的组织评定

标准化的金相检验为金属材料的可靠检验及正确评价提供了基础保障。在现有的标准中已经对一些钢材的组织制定了其评价标准，如GB/T 13299—1991《钢的显微组织评定方法》中规定了钢的游离渗碳体、低碳变形钢的珠光体、带状组织及魏氏组织的金相评定、评价原则和组织特征等。

3.晶粒度评定

晶粒度表示晶粒大小的尺度，是材料性能的重要数据之一。通常组织晶粒越细，材料的屈服强度越高。常温下金属材料晶粒细化，其强度和硬度高，塑性和韧性也较好。GB/T 6394—2017《金属平均晶粒度测定方法》规定了金属组织的平均晶粒度表示方法及评定方法，方法有比较法、面积法和截点法。通过比较法进行晶粒度评级，首先得确定标准系列评级图和金相显微镜的放大倍数。在金相显微镜下对试样进行全面观察，然后选择有代表性的晶粒度视场与标准评级图相互比较，并确定试样的晶粒度级别。面积法是通过计算给定面积网格内晶粒数 N 来确定晶粒度级别。截点法是统计给定长度的测试线段（或网格）与晶粒边界相交截点数 P 来确定晶粒度级别G。

4.脱碳层深度测定

脱碳是指钢的含碳量减少的现象，在实际生产中普遍存在，对材料的性能存在较大的影响。绝大多数的情况下脱碳，对钢的性能产生有害影响。使工具钢、滚珠轴承钢表面硬度降低，耐磨性变差，使高速工具钢表面热硬性和耐回火性下降，对弹簧钢脱碳则会使其疲劳强度显著降低。根据GB/T 224—2019《钢的脱碳层深度测定法》，测量脱碳层深度的方法主要有金相法、硬度法和含碳检测法等，具体选择根据具体要求而定。测定的主要原则以心部原始组织和表层脱碳组织的明显差别为划分脱碳层的主要依据。

3.3　材质分析

金属材料材质分析的主要内容是检测金属材料的化学组成成分并测定其含量。根据检测原理不同，材质分析方法可采用化学分析法和仪器分析法。

3.3.1　化学分析法

化学分析法指根据各种元素及其化合物的化学性质，通过化学反应对金属材料进行定性或定量分析。化学分析法历史悠久，精度较高，但是其对操作人员要求较高，且通常只能在实验室中进行，费时久，效率低，不适用于产品的批量检测。

1.样品制备

化学分析法的准确性与样品制备过程有重要关系。样品制备主要包括取样与制样两个环节，需要严格按照相关的标准进行操作。在取样时要注意：

（1）试样得处理干净，水、油、灰尘等污染物及涂层镀层等都应清理干净。

（2）试样应具有代表性，取样点应布局合理均匀，深度应一致。

（3）取样时避免操作过程使样品沾上污染物。

（4）取样量应是实际使用量的4倍左右，剩余的样品用于复查和留档。

2.试样分解

试样的溶解分解通常是采用酸或碱进行处理，为了保证分解结果的准确及可靠性，试样要求必须完全分解。待测的元素应呈离子状态，不能使其气化或固化造成测定结果不准确。在分解试样过程中，应严格按照规范流程操作，不能引入杂质阴、阳离子干扰试样的测定。

3.元素定量分析

试样分解之后，根据不同元素的化学特性，利用不同的化学反应，对元素进行定性及定量的分析。化学定量分析按最后的测定方法可分为重量分析法、滴定分析法和气体容积法等。

重量分析法首先将被测元素转化为化合物或单质，并与试样中的其他组分分离，再用天平测定该元素的含量。其中根据分离的方法不同又可分为沉淀法、挥发法和萃取法等。

滴定分析法通过标准浓度的试验试剂对溶液中所包含的金属成分进行测试，在金属中成分与试剂充分反应后，就可以使其达到最终的滴定终点。滴定法适用于含量在1%以上各种元素的测试，具有快速、准确、设备成本低、操作简单等优点，但其效率较低。

气体容积法通过量气管测量待测气体（或将待测元素转化成气体形式）被吸收（或发生）的容积，进而计算待测元素的含量。

3.3.2 仪器分析法

仪器分析法根据被测金属成分中的元素或其化合物的某些物理、化学性质，应用仪器对金属材料进行定性或定量分析。常用的仪器分析法有光学分析法和电化学分析法两种。光学分析法是根据物质与电磁波（包括从 γ 射线至无线电波的整个波谱范围）的相互关系，或者利用物质的光学性质来进行分析的方法。电化学分析法是根据被测金属中元素或其化合物的浓度与电位、电流、电导、电容或电量的关系来进行分析的方法。表3–2列举了多种常见的仪器分析法并介绍了其相关的原理及优缺点。

表3–2　　常见仪器分析方法的原理及优缺点

分析方法	测试原理	优缺点
分光光度法	通过测定被测物质的特定波长范围内的吸光度和发光强度，对该物质进行定性和定量分析	具有应用广泛、灵敏度高、选择性好，准确度高、分析成本低等特点，缺点是一次只能单个元素
原子吸收光谱分析法	通过气态状态下基态原子的外层电子对可见光和紫外线的相对应原子共振辐射线的吸收强度来定量分析被测元素含量	适合对气态原子吸收光辐射，具有灵敏度高、抗干扰能力强、选择性强、分析范围广及精密度高等优点。但不能同时分析多种元素，对难溶元素测定时灵敏度不高
原子发射光谱分析法	通过各元素离子或原子在电或热激发下具有发射出特殊电磁辐射的特性	可以同时测试多种元素，样品消耗低，检测效率高，通常检测整批样品时采用该方法，但精确度差，且只能分析金属材料的成分
X射线荧光光谱法	低能态的基态原子被辐射线激发就会变成高能态，高能状态下会发射荧光，测定出这些X射线荧光光谱线的波长就可以测定出样品的元素种类	该方法是定性半定量方法，主要确定大概的含量
电感耦合等离子体发射光谱法	利用金属元素受到激发而产生电子跃迁，此跃迁会在谱线上表现出一定强度而进行测定元素及含量	测试范围广，灵敏度高，分析速度快，准确度高，可以进行批量测试，且同时测定多元素
火花直读光谱法	通过电弧（或火花）的高温使样品中各元素从固态直接气化并被激发而发射出各元素的特征波长，用光栅分光后，成为按波长排列的光谱，这些元素的特征光谱线通过出射狭缝，射入各自的光电倍增管，经信号处理，然后由计算机处理，测试出各元素的百分含量	准确度高，可多元素同时分析，分许速度快，能够进行实时分析。但是对样品形状尺寸有一定的要求

此外，还有基于透射电镜（TEM）和扫描电子显微镜（SEM）等电子显微镜的电子显微分析法。不同于传统的光学显微镜，电子显微镜用电子束代替可见光，使用荧光屏将电子束成像。通过和能谱仪的结合使用，可进行材料实时微区成分分析，实现元素的定性和定量分析。

3.4 材料力学性能试验

在工程领域，一般重点关注金属材料在各种外加载荷（拉伸、压缩、弯曲、扭转、冲击、交变应力等）作用下表现出的力学性能，这是保证产品质量和使用寿命的主要因素，主要指标有强度、硬度、塑性、韧性等，这些性能指标可以通过相应力学性能试验测定。常见的力学性能试验方法有拉伸试验、冲击试验、硬度试验等。

3.4.1 力学性能试验

3.4.1.1 拉伸试验

根据GB/T 228.1《金属材料　拉伸试验　第1部分：室温试验方法》，拉伸试验主要用于测量材料的强度指标和塑性指标，包括屈服强度、规定塑性延伸强度、规定总延伸强度、规定残余延伸强度、抗拉强度和断裂强度等。

1.拉伸试样的制作

拉伸试样制作可以依据GB/T 228.1《金属材料　拉伸试验　第1部分：室温试验方法》的规定，将金属材料加工成标准形状与尺寸。通常样品应符合标准要求，在特殊的情况下也可以加工成非标准样品。拉伸试样的截面形状有圆形、矩形、多边形及环形灯，最为常用的为圆形和矩形试样，如图3-1所示，其中L_0为原始标距，a_0为板试样原始厚度或管壁原始肯定就不度，b_0为板试样平行长

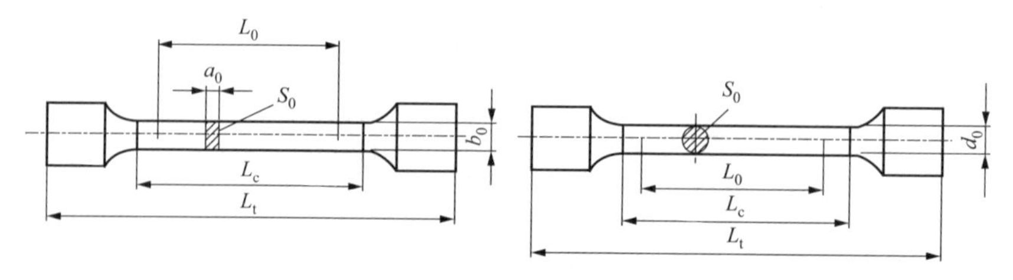

图3-1　矩形横截面试样和圆形横截面试样

度的原始宽度，L_c为平行长度，d_0为圆试样平行长度的原始直径，L_t为试样总长度，S_0为平行长度的原始横截面积。

2.拉伸曲线分析

拉伸试验时，同步记录试样上的力和试样的绝对伸长绘成的曲线，即为拉伸曲线。拉伸曲线是反映外加力与绝对伸长量之间的关系，如图3–2所示。纵坐标为外加力值，横坐标为绝对伸长量。

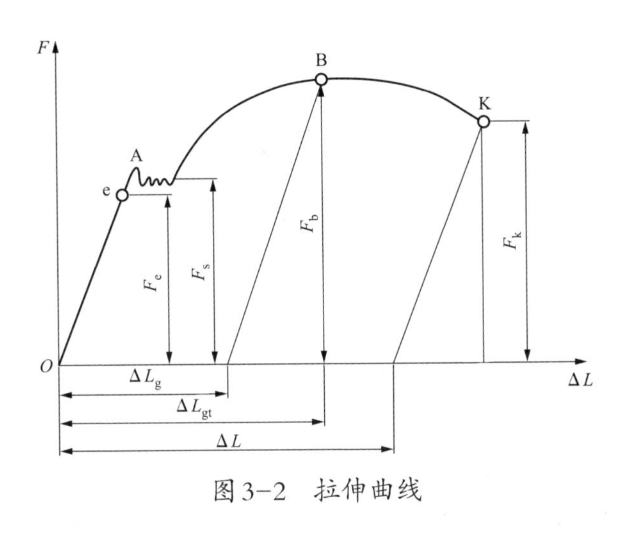

图3–2　拉伸曲线

应力—应变曲线，则是在拉伸曲线基础上，将其转换为单位面积上的内力（应力）和规定长度的伸长量（应变）关系，由此来衡量材料的性能，如图3–3所示。纵坐标为应力值，横坐标为应变量。

条件应力（也称工程应力）是指材料在试验期间任一时刻的外力F除以试样的原始截面积S_0求得的应力

$$\sigma = \frac{F}{S_0}$$

式中　F——外力，kN；

S_0——试样的原始截面积，mm^2。

真实应力是试样瞬时截面积除外力所得，但是在实际中瞬时截面积测量较为困难，所以多使用条件应力。

条件应变（也称工程应变）是指长度的相对变化，是试样的伸长长度ΔL与原始长度L之比

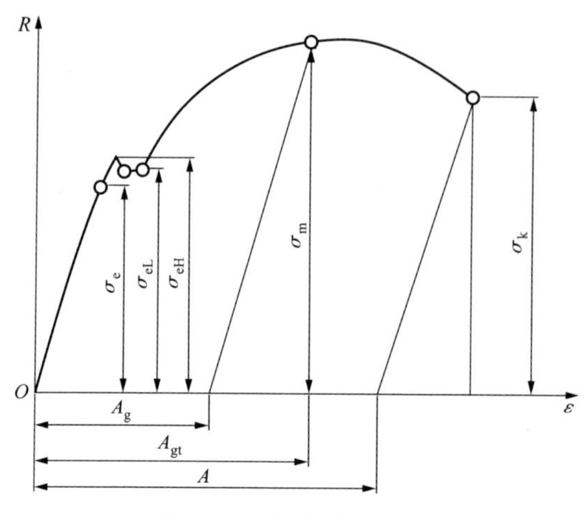

图 3-3 应力应变曲线

$$A = \frac{\Delta L}{L}$$

真实应变是指试样的瞬时伸长与瞬时长度之比，工程上一般不采用真实应变。

拉伸曲线图将试样受拉过程分为弹性形变、塑性形变及断裂三个阶段。

弹性形变阶段试样的变形是弹性的，外加的负荷如果卸除，试样能够恢复到原来的长度，不产生残余拉伸。应力与应变成正比例关系，这一段称为线弹性比例变形阶段，其中保持正比例关系最大的应力称为比例极限。弹性极限则是保持材料在弹性形变范围的最大应力。

塑性形变阶段在发生弹性形变的同时也存在塑性形变。当外加的负荷卸除后，试样不能完全恢复，有残余变形。塑性形变一般包含屈服、均匀变形和局部变形三个阶段。

断裂是拉伸试验的最终过程。

3. 强度性能指标

（1）屈服强度。在拉伸曲线上，当超过 A 点时，外力不增加或者下降都能使试样继续生长，这种现象就是屈服现象。屈服强度 σ_e 是在试验期间金属材料呈屈服现象时（产生塑性形变而力不增加的状况）所对应的应力点。其计算公式为

$$\sigma_e = \frac{F_s}{S_0}$$

式中　F_s——屈服点外力，N。

屈服强度包含上屈服强度 σ_{eH} 和下屈服强度 σ_{eL}。上屈服强度是试样在屈服阶段力首次下降前的最大应力，下屈服强度是屈服期间（不及初始瞬时效应）的最小应力。

（2）抗拉强度。根据拉伸曲线，试样在经过屈服阶段后，可以通过增加载荷，进行继续变形。随着形变的增大，施加的载荷不断地增大。对塑性材料而言，拉伸曲线图上 B 点之前整个材料的变形是各部分均匀的变形。过了 B 点之后，变形则会不均匀，出现变形集中于某一部位的现象。抗拉强度 σ_m 是指试验过程试样最大均匀变形所受的应力。计算公式为

$$\sigma_m = \frac{F_b}{S_0}$$

式中　F_b——试样承受最大均匀变形的外力，N。

（3）断裂强度。试样拉伸试验的最终过程是断裂。在试样拉伸经过 B 点之后，产生局部变形时就开始缩颈预示着之后的断裂，当到 K 点后，试样断裂。断裂强度是指试样断裂时的真实应力，计算公式为

$$\sigma_k = \frac{F_k}{S_k}$$

式中　F_k——试样拉断时的载荷，N；

S_k——试样拉断后缩颈处截面积，mm^2。

3.4.1.2　冲击试验

根据 GB/T 229—2020《金属材料　夏比摆锤冲击试验方法》，冲击试验的方法是使用摆锤一次性打断开设有规定几何形状缺口的试样，并根据能量守恒原理测定试样吸收的冲击能量。

1.冲击试样的制作

样坯切取应按相关产品标准或 GB/T 2975—2018《钢及钢产品　力学性能试验取样位置及试样制备》执行，避免过热或冷加工硬化，试样需要开切口，有 V 型或者 U 型两种，V 型缺口应有 45° 夹角。开缺口的目的是在切口附近造成应力

集中，使塑性变形局限在切口附近不大的体积范围内，并保证试样一次被冲断，使断裂发生在切口处。实验前应对试样进行适当标记，标记位置应尽量远离切口，且不得标记在与支座、砧座或摆锤刀刃接触的面上，试样标记应避免对冲击吸收能量的影响。

2.冲击试验步骤

试验前根据所选的试验材料，估计试样吸收能量大小，选择合适的冲击试验机能力范围，使试样吸收能量不超过实际初始势能的80%，试样吸收能量的下限不建议低于试验机最小分辨力的25倍。然后根据相关产品标准选择摆锤刀刃半径，检查并保证砧座跨距符合标准。然后需要进行空打试验，检查摆锤空打时的回零差及空载能耗。

试样的缺口自动对中夹钳，对称面需要偏离两砧座的中点小于0.5mm。对小尺寸试样进行低能量冲击试验时，应在支座上放置适当厚度的垫片，使得试样打击中心高度为5mm（相当于宽度10mm标准试样打击中心的高度）。

试验时，将摆锤扬起并锁住，从动指针拨到最大冲击能量位置（数字显示装置清零），放好试样，释放摆锤使其下落打断试样，任其摆动直至达到最高点后回摆至最低点，使用制动闸将摆锤刹住并使其停止在垂直稳定位置，读取吸收能量数值。试样的数量需要按照相应的产品标准规定，一般不少于3个。

3.冲击试验结果处理

试验采集到的冲击吸收能量至少保留两位有效数字，当试样吸收能超过试验机能力的80%，试验报告中应报告为近似值并注明超过试验机能力的80%；当试样在试验后没有完全断裂，需要标注“未折断”，可以报出冲击吸收能量，或与完全断裂试样结果平均后报出；当试样打断时卡锤，则试验结果无效需要补做试验；如断裂后检查显示出试样标记是在明显的变形部位，试验结果可能不代表材料的性能，应在试验报告中注明。

3.4.2 硬度试验

金属硬度表征了材料抵抗硬质物体压入的能力，即材料抵抗局部塑性变形、压痕、划痕的能力，该指标与材料组织成分密切相关。在实际生产中，硬度试验广泛用于检验金属材料的表面力学性能，特别是经过热处理后的材料。

硬度可分为压痕硬度和非压痕硬度两类。压痕硬度指在规定的静态试验力下将压头压入材料表面，再通过测定压痕深度或压痕面积的硬度评定指标；非压痕硬度指通过测量一种动态球的运动速度或高度来评定硬度值。目前，在硬度试验方法国家标准中：布氏硬度、洛氏硬度、维氏硬度属于压痕硬度试验方法，而里氏硬度属于非压痕硬度试验方法。

国家标准中规定的几种硬度试验方法，各有各的特点和用途。一般来说，布氏硬度试验主要应用于测定一些退火钢材、铸铁、有色金属等较软的金属材料。洛氏硬度中的HRC标尺则可用来测定淬火钢、高合金钢、高铬铸铁等一些较硬材料的硬度。维氏硬度则可用于测定一些较小试样的硬度。里氏硬度是动态力的试验方法，测量大型工件的硬度时而不破坏工件，广泛应用于各种大型轴类、大截面型钢、大直径钢管等体积庞大、不能移动的金属材料及设备的硬度测定。

1.布氏硬度试验

对规定直径的硬质合金球施加规定的试验力压入试样表面，保持一段时间后卸去试验力，测量出试样表面压痕直径，将试验力和表面压痕直径通过相应的公式计算出布氏硬度值，其计算公式为

$$\mathrm{HBW}=0.102\times\frac{2F}{\pi D(D-\sqrt{D^2-d^2})}$$

式中　F——试验力，N；

D——球体直径，mm；

d——压痕平均直径，mm。

布氏硬度试验中硬质合金球的直径通常有四种，分别为10、5、2.5、1mm。常见的材料硬度测定，如测定钢铁材料的硬度通常采用10mm的硬质合金球和29420N（3000kgf）试验力进行试验，或者用5mm硬质合金球和7355N（750kgf）试验力进行试验。对铜、铝合金和一些较软的金属及其合金，通常选择直径较大的硬质合金球配合较小的试验力，要求符合规定F/D^2为一常数即可。

试验力保持时间按全部试验力施加完毕为开始，在试验力卸载为结束，通常钢铁材料的试验力一般持续时间为10～15s。而对于硬度较低的材料，如铝、铜等有色金属试验力可持续30s。

由于布氏硬度的特点，在目前的硬度试验方法中，属于静试验力方法的金

属布氏硬度试验方法应用较为广泛。其特点在于用较大直径的球体压头可压出面积较大的压痕，适合于退火钢材和铸铁等晶粒较粗大的金属材料硬度的测定。可以通过测定金属各组成部分的平均硬度，降低个别组织的影响。

在布氏硬度试验中，只要试验力F和硬质合金球直径D的平方的比值为一相同的常数，测定的硬度值就相同。基于此，在对不同材料的硬度进行测定时，可以将四种不同直径的硬质合金球与不同的试验力进行组合。例如HBW10/6000、HBW5/1500、HBW2.5/375、HBW1/6，这组试验就符合比值为一相同的常数，这个常数等于60。因此在实际试验中应根据试样的材料和厚度选用不同的试验条件。

2.洛氏硬度试验

洛氏硬度试验是在初试验力及总试验力先后作用下，将压头压入试样表面，持续一段时间后，卸除主试验力，之后通过测量的残余压痕深度增量，来计算硬度值的一种压痕硬度试验。

初试验力是在施加主试验力之前所施加的力，通常为98.07N。总试验力则是根据标尺进行施加的力。比如选择A标尺时总试验力为588.4N，选择B标尺时总试验力则为980.7N，而C标尺时主试验力为1471N。

洛氏硬度试验的操作如下：试样时首先对试样施加初始试验力F_0，记录产生的压痕深度h_0，然后对试样施加主试验力F_1，此时在试样上会产生一个压痕深度增量h_1，接下来就是将总试验力作用于试样，总压痕深度为h_0+h_1。在该条件下保持规定的时间，卸除主试验力，测量在初始试验下的残余的压痕深度。

洛氏硬度共有9个标尺，常用的主要是A、B、C三个标尺。A标尺应用于一些薄而硬的试样，如硬质合金、薄硬的钢材以及薄硬化层的硬化钢材。B标尺应用于一些软而厚的试样，如低碳钢、软金属、铜合金和铝合金等。C标尺应用更为广泛，多用于淬火钢件和淬火、回火试样等的测定，其硬度通常都在HRC40～60。

3.维氏硬度试验

维氏硬度是指用一个相对面间夹角为136°的金刚石正棱锥体压头，在规定载荷F作用下压入被测试样表面，保持定时间后卸除载荷，测量压痕对角线长度d，进而计算出压痕表面积，最后求出压痕表面积上的平均压力，即为金属的

维氏硬度值，用符号HV表示。维氏硬度值的计算公式为

$$HV=0.1891F/d^2$$

在实际测量中，并不需要进行计算，而是可以根据所测d值，直接进行查表得到所测硬度值。

现行的维氏硬度试样根据试验力的大小分为维氏硬度试验、小负荷维氏硬度试样及显微维氏硬度试验。这三种维氏硬度方法的原理是相同的，其符号定义、硬度表示方法和试验操作都基本相同。三种维氏硬度试验的试验力如下：

（1）维氏硬度试验：试验力大于49.03N。

（2）小负荷维氏硬度试验：试验力在1.961～49.03N的维氏硬度试验。

（3）显微维氏硬度试验：试验力在1.961N以下的维氏硬度试验。

维氏硬度试验力规定保持时间通常为10～15s。

维氏硬度测试时在静态力测定硬度的方法中最为精确的一种，且其应用范围广泛，可用于测定绝大部分金属材料的硬度。在进行维氏硬度测试时可以根据试验面积的大小，试样的厚度及试样的硬度在三种维氏硬度试验方法选择合适的方法。但是应当注意，在维氏硬度试验中，使用很小的试验力时容易造成试验结果分散加剧，在显微维氏硬度中尤为普遍。这个问题主要在于小试验力留下的压痕对角线较短，会存在较大的测量误差，此时应当考虑选择其他的硬度试验方法。

4.里氏硬度试验

金属里氏硬度试验方法是将一个保持恒定能量的冲击体弹射到试样上，通过测量回弹后试样中的残余能量来表征硬度的高低。用规定质量的冲击体在动力装置的作用下以一定速度冲击试样表面，根据冲头在距试样表面1mm处的回弹速度与冲击速度的比值计算硬度值。其计算公式为

$$HL=1000V_R/V_A$$

式中　V_R——冲头回弹速度；

V_A——冲头冲击速度。

里氏硬度试验冲击体的球头顶端通常采用碳化物球和金刚石球头，而冲击体的质量则是根据冲击装置类型而定的。表3–3列举了冲击装置类型及其对应的冲击体质量。

表3-3　冲击装置类型及其对应的冲击体质量

冲击装置类型	C型	D型	DC型	D+15型	E型	G型
冲击体质量	3.0g	5.5g	5.5g	7.8g	5.5g	20.0g

里氏硬度试验在对硬度范围很宽的金属材料的检测上有较为广泛的应用，尤其是测定大型及不宜拆卸的工件的硬度。在不能实现实验室静态硬度测量的条件下，里氏硬度试验方法更为方便适用。例如对一些大型构件、大型铸件或大型轴类的硬度进行测定。此外里氏硬度试验对试样表面产生的压痕很小，对表面损伤很轻，且能够直接换算为布氏硬度或洛氏硬度。

3.5　无损检测技术

无损检测（Non Destructive Testing，NDT）指不损害被检对象使用性能和内部组织的检测方法。无损检测的原理一般是借助现代化的设备，探测材料内部因结构异常或缺陷存在而引起的热、声、光、磁等信号的变化，进而获得缺陷的类型、数量、形状、位置、尺寸、分布及其变化趋势等信息。

3.5.1　超声检测

1.超声检测方法分类

在实际的超声检测过程中实现方法较多，通常根据被检对象及检测目的的不同选取合适的检测方法。对各类超声检测方法，可以依据不同的分类原则进行分类，例如检测原理、显示方法、波形等。按检测原理的分类见表3-4。

表3-4　按检测原理的分类

检测方法	原理	特点
脉冲反射法	短时间内发射脉冲到被检测试样内，根据反射波检测试样内部缺陷情况	1.探头灵敏度高 2.可准确定位缺陷位置 3.应用范围广

续表

检测方法	原理	特点
穿透法	依据超声波穿透试样后的能量变化来判断缺陷情况	1.灵敏度比反射法低 2.能判断缺陷有无，不能定位 3.适合衰减较大的材料 4.对探头的相对距离和位置要求较高
共振法	根据试样的共振特性来判断缺陷情况	1.可精确测厚度 2.对试样的表面粗糙度要求高 3.探测灵敏度较脉冲反射法低
衍射时差法	采用一发一收双探头方式，利用缺陷部位的衍射信号来检测和测定缺陷尺寸	1.检测可靠性好，缺陷检出率高 2.检测定量精度高 3.对缺陷的走向不敏感
相控阵超声检测	利用阵列探头，通过阵列波束形成实现检测声束的移动、偏转和聚焦等功能的超声成像检测	1.换能器无需移动就可以实现一定范围内的动态聚焦扫查 2.检测灵敏度高

2.脉冲反射法

脉冲反射法是目前应用最为广泛的一种超声波检测方法，包括缺陷回波法、底波高度法及多次底波法。

缺陷回波法是根据超声检测仪显示屏上显示的缺陷回波来判断缺陷的方法。如图3–4所示，试样无缺陷时在显示屏上显示的只有始波和底面回波；当试样存在小缺陷时，显示屏上显示始波，缺陷回波及底面回波；当试样存在大缺陷时，显示屏上只显示始波，缺陷回波，而没有底面回波。

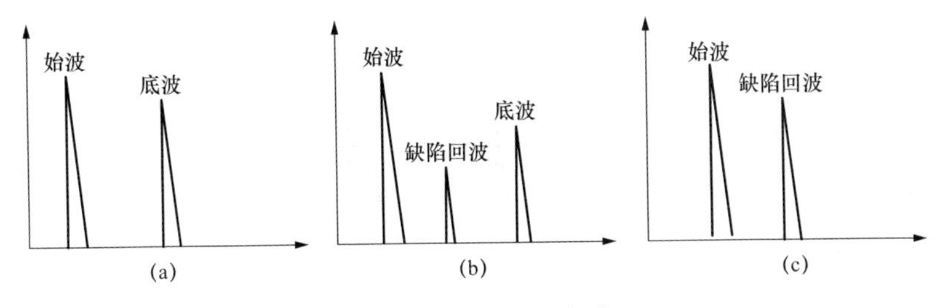

图3–4　缺陷回波法

（a）无缺陷；（b）小缺陷；（c）大缺陷

底波高度法是根据底面回波高度的变化来判断缺陷的方法。对厚度、材质不变的试样，没有缺陷的情况下底面回波的高度基本不变，一旦存在缺陷，底面回波的高度会减小甚至消失，如图3–5所示。底波高度法要求被检测面和底面平行，且对缺陷定位较难，一般仅作为辅助检测方法。

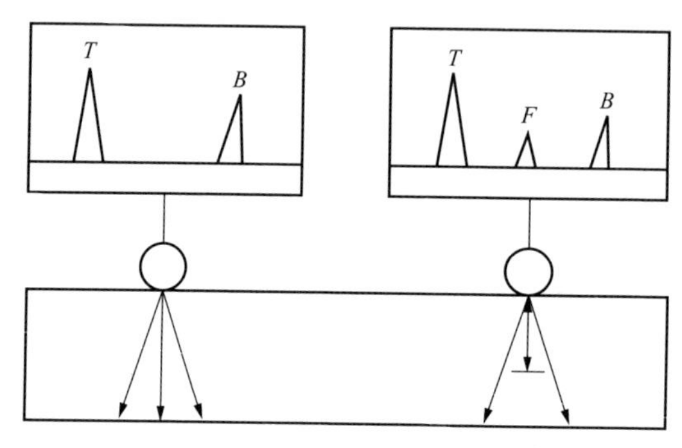

图3–5　底波高度法

多次底波法是以多次底面脉冲反射信号为依据进行检测的方法。对合格无缺陷的试样，在显示屏上会出现高度递减的多次低波，如果试样存在缺陷，会加剧能量损耗，使得回波次数减少，显示缺陷回波，如图3–6所示。

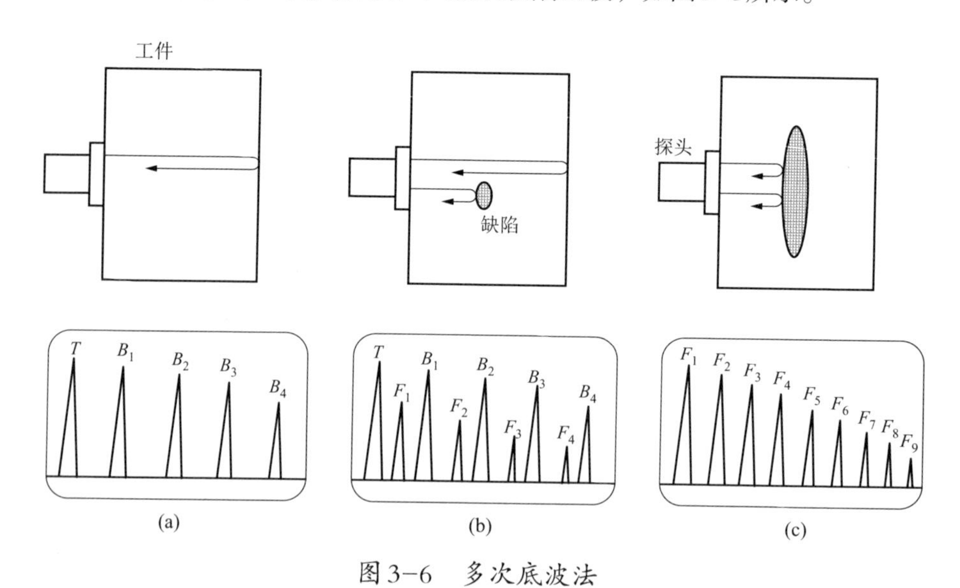

图3–6　多次底波法

（a）无缺陷；（b）小缺陷；（c）大缺陷

3.超声衍射时差法（TOFD）

超声衍射时差法（Time of Flight Diffraction，TOFD）的原理如图3–7所示。TOFD基本原理是采用一对相同尺寸、相同角度和相同频率的纵波探头，将其对称放置在焊缝两侧，通过一发一收的方式，接收端接收直通波（LW）、缺陷上端点产生的上尖端衍射波（UTW）、缺陷下端产生的下尖端衍射波（LTW）和底面回波信号（BW），对这些波形信号进行处理来构建A扫信号，将连续A扫图像叠加构建TOFD灰度图像。TOFD检测可以高效精确地检测到焊缝缺陷，但存在近表面和近底面盲区。

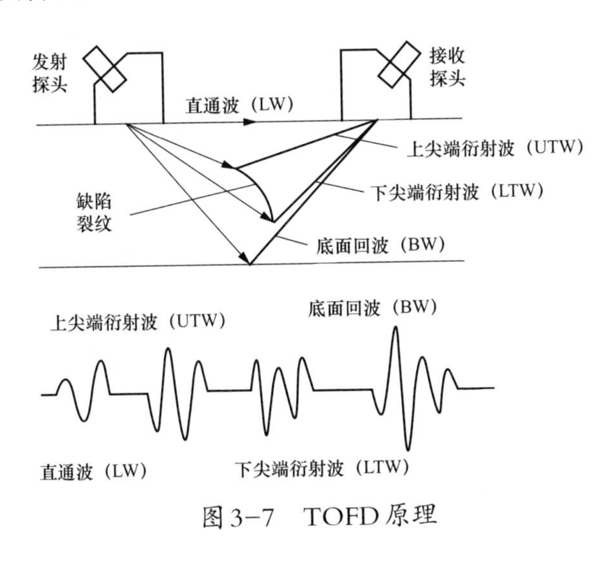

图3–7 TOFD原理

TOFD检测结果与射线检测结果都是以二维图像显示，不同的是TOFD能对缺陷的深度和自身高度进行精确测量，而射线检测的图像是在射线透照方向上的影像重叠，只能显示缺陷的长度和宽度，无法确定缺陷在射线透照方向上的具体位置（即深度）和自身高度，不便于对缺陷的返修和进行其他判断。

4.超声相控阵检测

超声相控阵检测技术是近年来发展起来和广泛应用的一项新兴无损检测技术，其基本原理是利用指定顺序排列晶片的线阵列或面阵列按照一定时序来激发超声脉冲信号，使超声波阵面在声场中某一点形成聚焦，再通过接受聚焦法则计算反射回来的信号，增强对声场中微小缺陷检测的灵敏度，同时，可以利用对阵列的不同激励时序在声场中形成不同空间位置的聚焦而实现较大范围的声束扫查。

因此，在超声相控阵换能器不移动的前提下就可以实现大范围内高灵敏度的动态聚焦扫查，这正是超声相控阵检测技术的优越特点，是常规超声检测不具备的，也是该技术广泛发展和应用的重要原因。

5.超声导波检测

超声导波检测技术利用机械应力波在材料中传播这一特性，单一检测点的检测范围可达数百米。其工作原理如图3-8所示，工作时探头阵列环绕在管道或平面钢板上，探头发出一束能量脉冲，在管道或钢板纵向引起产生机械应力波并向远处传播，导波传输过程中遇到缺陷时，导波会在缺陷处返回一定比例的反射波，通过同一探头阵列检测返回信号便可以分析出缺陷的位置和大小。

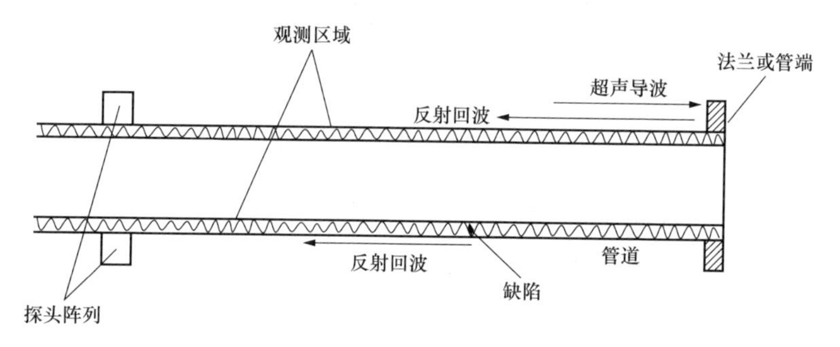

图3-8 超声导波检测原理示意图

因此，超声导波检测技术可对电网设备中的接地网损伤进行检测，对于一些地埋有缺陷的扁钢，就可以采用此法进行检测；另外，如一些地埋较深的输变电钢管也可以对地埋部分是否有缺陷进行检测。

3.5.2 射线检测

由于材料正常部位与缺陷部位对射线有不同的反应特性，因此可通过检测材料对射线的反应情况（一般为透射），分析被检件缺陷的位置、尺寸、形状等信息。工业中应用的射线检测技术主要有射线照相检测技术、采用成像板模拟数字照相成像的射线检测技术（Computed Radiography，CR）、采用电子成像技术直接数字化成像的射线检测技术（DirectDigit Radiography，DR）及工业计算机层析成像CT（Computed Tomography，CT）等。

3.5.2.1　射线检测的物理基础

1.射线的种类

物理上的射线也叫辐射，是高速运动的微观电子流。一般根据特性将射线分为电磁辐射与粒子辐射两类。电磁辐射的量子是光量子，其与物体的相互作用是光子与物体的作用。粒子辐射是各种粒子射线，其与电磁辐射的基本区别在于具有确定的静止能量。

常见的射线包括X射线、γ射线、中子射线、α射线、β射线等。

2.射线与物质的相互作用

由于物质对射线的作用，X射线和γ射线与物质作用时会导致其强度的衰减。考虑X射线和γ射线的粒子性，光子与物质作用的主要形式有光电效应、康普顿效应、电子对效应以及瑞利散射。

3.衰减

由于上述的射线与物质的相互作用。射线穿过物质时会发生能量的减弱，即为衰减。衰减的主要因素通常为吸收和散射两大类。吸收时光子能量完全转化为其他形式的能量光子消失。散射时光子的部分能量转化为其他形式的能量，光子能量降低运动轨迹改变。

3.5.2.2　射线照相检测技术

1.射线照相检测原理

射线透射被检试样时，有无缺陷部位对射线的吸收情况不同。穿透有缺陷部位射线的强度与其他区域不同。通过感光胶片来记录射线的强度，观察胶片的成像情况来判断试样内部是否存在缺陷，确定缺陷的尺寸、位置等。

2.射线照相检测设备

（1）X射线机。工业X射线机可以按照结构功能、使用方法、工作频率等不同方面进行分类。工业用X射线机一般由X射线管、高压发生器、冷却系统和控制系统四部分组成。

（2）γ射线机。γ射线机按结构可分为便携式、移动式、固定式和管道爬行器。一般由射线源组件、源容器、驱动结构、输源管和附件组成。源组件由辐射物质、外壳、驱动机构、输源管和附件组成。

（3）射线照相胶片。射线照相胶片的组成包括片基、结合层、感光乳剂层和保护层。其与普通胶片的不同之处在于：普通胶片在片基是一面涂布感光乳剂层，另一面涂布反光膜；射线照相胶片则是在胶片片基两面都涂布感光乳剂层，增加了卤化银，起到吸收更多X射线和γ射线的作用，以用于提高胶片的感光速度，同时增加底片的黑度。

（4）其他辅助设备。在射线照相检测中还要一些其他辅助设备，常用的主要有增感屏、像质计、暗盒、黑度计及各种暗室用品等。

3.射线照相检测流程

常规的射线照相检测过程分为透照布置、曝光、胶片处理和底片评定等过程。

（1）透照布置。透照布置是将射线源、工件、射线胶片等按照一定的要求进行位置摆放。通常试样安置于距射线源一定距离处，装有胶片的暗袋紧贴试样背后。透照布置最重要的是确定透照方向及焦距。通常随着焦距增大，影像清晰度加强，影像质量提高，透照范围增大，但是射线的强度降低。

射线中心束的方向即射线照射方向，应对准工件检测区域，尽可能地使其垂直于存在的面缺陷，以提高缺陷尺寸测量精度。射线照相的有效透照区，是指射线照片上黑度及灵敏度都在规定范围内的区域。

（2）曝光。曝光是指射线机在透射位置启动后，通过射线源发出射线，穿透工件并照射胶片的过程。曝光过程主要控制的是曝光量，曝光量与射线能量、透照厚度、焦距及曝光时间等有关。射线能量通常是通过调整射线机的管电压或更换放射源来控制，而焦距和透照厚度等在试验中一般不会多次的调整，所以实际试验过程中对曝光量的控制主要还是调整曝光时间来实现。

（3）胶片处理。胶片处理一般有显影、停显、定影、水洗及干燥等几个过程。显影过程是将胶片置入显影液中，其反应主要是将感光的卤化银还原为金属银。显影的质量受显影液配方、显影时间、温度、搅动情况等影响。在将胶片从显影液中取出后，由于会有残余的显影液，一般需要经过停显处理。在完成定影之后，在流动的清水中冲洗胶片，待清洗完成后，可将胶片晾干或在烘干机内烘干。

（4）底片评定。底片的评定主要是对底片质量进行分析评价。在设备环境及评片人员都合格的情况下，进行评片。通过底片的黑度和图像来判断是否存在缺陷及缺陷的性质、大小等，进一步根据有关的标准，对其进行评定分级。

3.5.2.3　CR 射线检测技术

1.CR 射线检测技术简介

CR 射线检测技术是一种采用成像板模拟数字照相成像的无损检测技术，它属于非直接读出的检测方式，其物理基础是 X 射线的电离作用及光激励发光，主要效用是以可反复使用高达数千次的成像板（简称 IP 板）取代传统的 X 射线胶片。IP 板有刚性的也有柔性的，可以与普通胶片一样分成各种不同大小规格以满足实际应用需要。

对比传统射线照相检测技术，CR 射线检测技术在检测数量较大的情况下总成本较低，在同一工件不同厚度材质的情况下，CR 射线检测技术仅需一次曝光即可完成影像采集，感光片的装载不受限于暗室环境的要求。

2.CR 射线检测流程

CR 数字照相成像系统主要由扫描主机、成像板、工作站（电脑）和高分辨率显示器组成。其工作流程如图 3–9 所示。

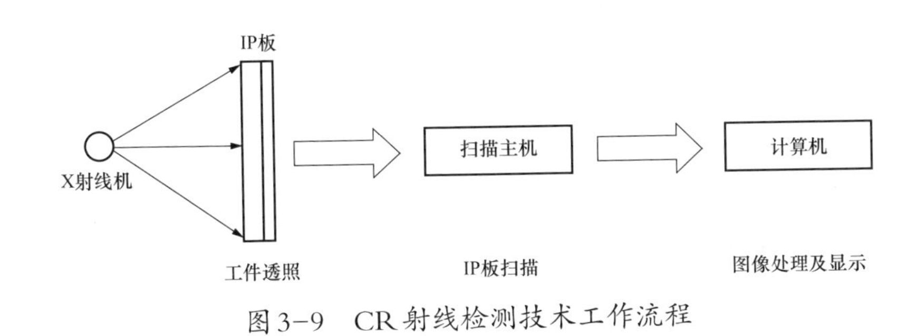

图 3–9　CR 射线检测技术工作流程

（1）IP 板曝光。IP 板经过 X 射线或者 γ 曝光后，IP 板中的荧光层会存储相应的图像信息。

（2）将 IP 板放入扫描主机读取影像。IP 板的荧光层经激光照射后发出可见光，由 PMT（光电倍增管）接收并且转换处理成电信号，再通过 A/D 转换成数字信号发给计算机。

（3）IP 板影像擦除。在 IP 板返回的过程中使用 LED 光源对影像进行擦除，为下一次的曝光做好准备。

（4）图像显示及后处理。计算机接收到扫描器发送的数字信号后，通过特定的算法对图像进行优化，以及各种后续处理并且显示。

3.5.2.4 DR射线检测技术

1.DR射线检测技术简介

DR射线检测技术是采用电子成像技术直接数字化成像的射线检测技术，一般分为直接转换方式和间接转换方式。两种方式的区别在于器件在经过X射线曝光之后，直接转换方式将X射线光子直接转换为电信号，而间接转换方式将X射线光子转换为可见光然后转换成电信号。此后二者在从X射线曝光到图像显示的全过程自动进行，经过X射线曝光后，即可在显示器上观察到图像。

DR射线检测技术与常规射线检测技术在图像形成的基本原理上完全相同，本质区别在于数字射线检测技术采用了辐射探测器代替胶片完成射线信号的探测和转换，采用了图像数字化技术。与CR射线检测技术相比略有区别的是DR射线检测技术不需要经过成像扫描仪，DR射线检测板用的平板探测器直接与计算机相连，所以能够做到更加快速地实时成像。

2.DR射线检测过程

DR射线检测技术的结构组成为射线发生器、射线控制器、平板探测器、系统控制器、影像处理站、信息记录系统和显示器。DR平板探测器可以分为非晶硒平板探测器和非晶硅平板探测器，以非晶硅平板探测器为例，它由碘化铯等闪烁晶体涂层与薄膜晶体管或电荷耦合器件或互补型金属氧化物半导体构成，当射线对被检测工件进行透照，工件另一侧的平板探测器可以把射线转变为可见光并通过光电二极管组成的藻膜层（TFT）进行聚集，经电路读出传输给计算机进行算法处理，得出数字化图像。DR射线检测技术的工作原理示意如图3-10所示。

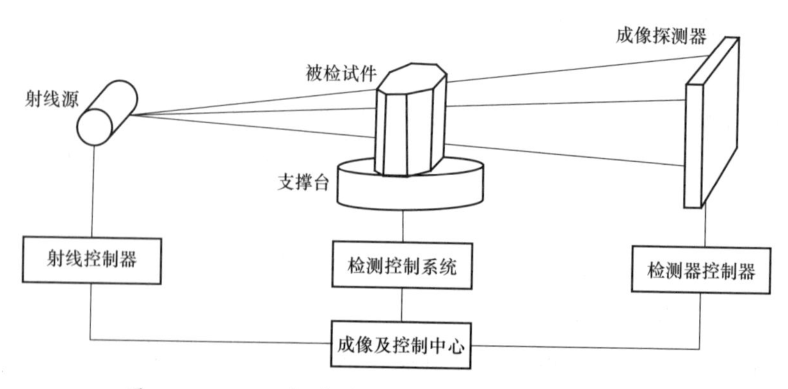

图3-10 DR射线检测技术的工作原理示意图

3.5.2.5　工业CT

工业CT的基本思想是让一束X射线投射在物体上，通过X射线的吸收（多次投影）便可获得物体内部的物质分布信息。起初CT技术被用于医疗诊断，工业CT检测技术在工程上的应用始于20世纪70年代。

工业CT装置通常由射线源、机械扫描系统、探测器系统、计算机系统等部分组成。射线源提供扫描所需的能量；机械系统提供旋转、平移以及射线源零件探测器之间位置的相对调整，包括驱动轴转台等；探测器系统用来接收透射零件后的射线信号；计算机系统完成扫描过程控制、参数调整、图像重建、显示处理等。

3.5.3　其他无损检测技术

1.磁粉检测

磁粉检测又称磁粉检验或磁粉探伤，指以磁粉做显示介质对缺陷进行观察的无损检测方法。根据磁化时施加的磁粉介质种类，检测方法可分为湿法和干法；按照工件上施加磁粉的时间，检测方法可分为连续法和剩磁法。

铁磁性材料工件被磁化后，由于不连续性的存在，工件表面和近表面的磁力线将发生局部畸变而产生漏磁场，吸附施加在工件表面的磁粉，在合适的光照下形成目视可见的磁痕，从而显示出不连续性的位置、大小、形状和严重程度。

磁粉检测适用于铁磁性材料板材、复合板材、管材、焊接接头等表面和近表面缺陷的检测，不能用于检测非铁磁性材料。

2.涡流检测

涡流检测是指利用电磁感应原理，通过测量被检工件内感生涡流的特性来评定材料性能或发现缺陷的无损检测方法。

涡流检测技术的技术特点包括：①检测线圈不需要接触工件，也不需要耦合剂，易于实现对管、棒、线材的高效率自动化检测；②可在高温下进行检测，或对工件的狭窄区域及深孔壁等探头不可到达的深远处进行检测；③对工件表面及近表面的缺陷有很高的检测灵敏度；④采用不同的信号处理电路，抑制干扰，提取不同的涡流影响因素，涡流检测可用于电导率测量、膜层厚度测量及金属薄板厚度测量；⑤由于检测信号是电信号，所以可对检测结果进行数字化处理，然后可实现数据存储、回放和数据处理等。

但涡流检测也存在一定的局限性：①只适用于检测导电金属材料或能感生涡流的非金属材料；②由于涡流渗透效应的影响，只适用于检查金属表面及近表面缺陷，不能检查金属材料深层的内部缺陷；③涡流效应的影响因素多，对缺陷的定量检测比较困难；④针对不同工件采用不同检测线圈检查时各有不足。

3.渗透检测

渗透检测（又称渗透探伤）是一种基于毛细作用的用于材料表面裂缝的无损检测方法。渗透检测可广泛应用于检测大部分的非吸收性物料的表面开口缺陷，如钢铁、有色金属、陶瓷及塑料等，对于形状复杂的缺陷也可一次性全面检测。主要用于裂纹、白点、疏松、夹杂物等缺陷的检测无需额外设备，对应用于现场检测来说，常使用便携式的灌装渗透检测剂，包括渗透剂、清洗剂和显像剂三部分，便于现场使用。渗透检测的缺陷显示很直观，能大致确定缺陷的性质，检测灵敏度较高，但检测速度慢，因使用的检测剂为化学试剂，对人的健康和环境有较大的影响。

渗透检测特别适合野外现场检测，因其可以不用水电。渗透检测虽然只能检测表面开口缺陷，但检测却不受工件几何形状和缺陷方向的影响，只需要进行一次检测就可以完成对缺陷的检测。但是，渗透检测无法或难以检查多孔的材料，如粉末冶金工件；也不适用于检查因外来因素造成开口或堵塞的缺陷，如工件经喷丸处理或喷砂，可能堵塞表面缺陷的“开口”，难以定量的控制检测操作质量，多凭检测人员的经验、认真程度和视力的敏锐程度。

4.磁记忆效应检测技术

机械应力与铁磁材料的自磁化现象和残磁状况密切相关，通常铁磁材料制成的零部件在地磁作用下，其缺陷处会产生磁导率减小、漏磁场增大等现象，该特性即为磁机械效应。由于磁机械效应增强了铁磁性金属表面磁场，因此通过磁场能够反映出部件的缺陷及应力集中的位置，此为磁记忆效应的原理。

由于磁场与应力之间存在着一定的对应关系，因此通过分析铁磁性零件表面的磁场分布状况，可以间接地检测零件的缺陷及其应力集中状况，这就是磁效应检测技术的原理。

磁记忆效应检测技术可用于多种金属构件的检测，特别是易发生应力集中及危险性缺陷的铁磁性零件及设备，如输油管道、转子、汽轮机叶片、轴承、焊缝、抽油杆和钻杆等。同时在一些设备的内应力分布上，也可采用磁记忆法进行评估。此外磁记忆效应检测法对金属损伤的早期诊断、故障排除及预防都有较高的应用价值。

3.6　金属表面防护质量检测

3.6.1　镀层质量检测方法

镀层和涂层的性能直接影响到电网设备防腐性能的最终表现。对镀层和涂层进行质量检测能有效避免或延缓金属的锈蚀，提高电网金属设备的抗腐蚀能力，同时也可指导电力系统未来的金属防腐蚀工作，对提高输电设备使用寿命和可靠性具有重要的现实意义和前瞻性。

1.镀层厚度

镀层的厚度对镀层性能影响极大，通常镀层越厚，保护作用就越好，但也会带来成本上升问题。在国家及行业标准中通常不会规定镀层厚度的上限，只会制定下限要求，具体的厚度要求则根据实际的生产应用需求进行合理选择，一般厂家会选择满足需求及标准的最低镀层厚度。

目前镀层厚度的测试方法较多，常见的有电解法、厚度差测量法、楔切法、光截法、称重法、库仑测量法、电容法、光截法、X射线荧光法、磁吸力测量法、磁感应测量法、电涡流测量法和高倍显微镜法等。这些方法中前六类为有损检测，一般应用于抽样检测，测量方法较为烦琐、检测速度慢。

常见的几类镀层厚度测量方法处理过程和原理如下：

（1）高倍显微镜法。高倍显微镜法用于观察物体表面某一微小目标进行研究分析。在进行高倍显微镜测厚时，需要对试样进行切片，做成合适的试块。在对试样处理切片，应选择具有代表性的部位制作成试块。制作完的试块需要进行一些相应的处理，以便于在显微镜下的观察。当前的光学显微镜已经能够实现1600倍的放大，根据需要选择合适的方法的倍率。之后即可借助显微镜对试块进行肉眼观察。该检测方法是一种破坏性试验，通常是在对其他的测厚方法存在疑问时，才会采用高倍显微测厚法进行校验。其优点在于能够直接地观察镀层厚度，测量的数据可靠性高，但其不足之处在于操作复杂，且存在对镀件的破坏。

（2）磁吸力测量。磁吸力测厚仪的原理是基于永久磁铁与导磁钢材之间的引力大小与两者的间距存在一定的比例关系。应用在镀层检测时，将侧头直接贴紧镀层，磁铁与导磁钢材之间的距离即为镀层的厚度。该方法要求镀件的基材为导磁钢材，且镀层与基材的磁导率要有足够的差距。常见的磁吸力测厚仪由测头、接力簧、标尺和自停机构组成。测量时，使测头与被测物表面吸合，固定被测物之后缓慢的拉测量簧，当拉力刚刚大于吸力时，测头与被测物脱离的瞬间记录拉力的大小即可测出镀层厚度。磁吸力测厚仪操作方便，价格便宜在工程中得到广泛的应用。

（3）磁感应测量。磁感应测量厚度的原理是通过测头经过非铁磁覆盖层而流入铁磁基体的磁通大小，或者通过测定与其对应的磁阻大小，来确定覆盖层厚度。测量到的磁阻越大、磁通越小，覆盖层越厚。采用磁感应原理的测厚仪一般要求基材导磁率在500以上，在有导磁基体上的非导磁覆盖层厚度；若覆盖层是磁性材料，则要求覆盖层与基材的导磁率相差足够大。通过绕着线圈的软芯测头放在被测样本上，检测仪器测出测试电流或测试信号。早期仪器使用指针式表头，测量感应电动势大小，仪器将信号放大后输出覆盖层厚度。近年来的测量电路加入锁相、稳频、温度补偿以及集成电路等，通过磁阻来调制测量信号，分辨率不断提高。

（4）库仑法。库仑法适用于各种镀层厚度的测量，通过对被测工件的待测部位使用局部溶液腐蚀，不同的镀层要配置不同的溶液，由腐蚀速率计算镀层厚度。通过库仑测厚仪，在受控条件下工件基材的金属镀层通电被移除，实现电镀的反过程。测量过程所加载的电流与被测部位要剥离的金属质量是成正比的，若电流和剥离面积保持恒定，镀层厚度和电解时间之间的关系为

$$d=Vt$$

式中 d ——被测量镀层厚度；

V ——给定条件下阳极的溶解速度；

t ——阳极溶解被测镀层厚度 d 所用时间。

库仑法测量镀层厚度方法简单、成本较低，不仅适合电镀工厂的生产监控，还适合精饰部件的来料检验，多种典型应用的金属镀层都能够采用此法测量，

同时库仑法也是快速测量多镀层系统的方法之一。但该方法的缺点是对被检测工件镀层有破坏性，被检工件检测后无法正常使用。

（5）电涡流测量。电涡流测量镀层厚度利用了高频交流信号在测头线圈中产生电磁场，当测头靠近导体时产生涡流的原理。测头与导电基体之间的距离即为覆盖层厚度，测头与工件导电基体的距离越近，获得的涡流越大，反射阻抗也越大。这种测头专门用于测量非铁磁金属基材上的镀层厚度，称为非磁性测头。非磁性测头采用高频材料制成的线圈铁芯，如铂镍合金等材料。与磁感应测量的主要区别是测头不同，信号的频率和大小不同，以及标度关系不同。使用电涡流原理的镀层测厚仪能够对所有导电基体表面的非导电覆盖层进行测量，若覆盖层材料有一定的导电性，通过校准也能够测量，但要求基体与覆盖层的导电率之比相差3～5倍。

（6）X射线荧光法。X射线荧光是一种由X射线照射原子核，使原子中的电子发生能阶跃迁，辐射出相应能量的电磁波。采用这种方法测量覆盖层厚度的原理为：X射线照射被测工件的原子，集中K层电子，K层电子获得能量发生逃逸，脱离K层，依据莫塞莱（Moseley）定律，L层的电子跃迁至K层以达到原子的稳定状态，由于L层的电子能量高于K层，跃迁过程中会释放出多余的能量，并以Ka辐射的形式放出，Ka辐射射线就是X荧光，依据此射线的强度就可以计算出工件镀层的厚度。X射线荧光镀层测厚仪将X射线照射到待检样品上，通过从样品反射出来的第二次X射线的强度来测量镀层金属薄膜的厚度，检测过程中不接触样品工件，不会对样品造成破坏。隔离开关触头和触指镀银层的检测主要应用这种方法，测量准确、直观，在一定长度内不受待检面的形状限制，对镀层无破坏性，但存在操作比较复杂，受待检工件的自身长度限制，且检测准备时间较长的缺点。

2.镀层硬度

镀层硬度对镀层质量同样具有较大影响。硬度的定义及相关的检测方式在前文中有详细的介绍，此处不再赘述。在对镀层的硬度进行检测时，由于镀层的厚度通常比较小，一般为几十微米，因此为避免破坏镀层，常采用显微硬度试验测量镀层硬度。显微硬度试验测量指通过试验机给被测试样表面施加较小的载荷，压出细微的压痕，之后通过显微镜测出压痕的尺寸，进而计算出镀层的硬度。

显微维氏硬度是国家标准规定的测量金属维氏硬度三种试验方法中的一种，一般称为维氏硬度或显微硬度，试验力范围为0.10~1.96N，硬度符号为HV0.01 ~ HV0.2。显微维氏硬度的测试原理、硬度值计算和表示方法都与维氏硬度一致。试验过程为：在规定试验力作用下，将顶部两个向对面夹角为136°的金刚石正四棱锥体压头压入待检试件表面，保持规定的时间，卸除试验力后测量试样表面压痕的对角线长度。显微维氏硬度主要应用于薄型材料的硬度测量，例如镀层、渗碳层和氮化层等材料的硬度。

3.镀层结合力

镀层结合力表征镀层和基体金属或中间镀层之间的结合强度，其定义为使单位面积镀层脱离所需的最小力。镀层结合力是镀层质量的重要指标之一，然而目前学界对于镀层结合力具体是什么力还存在一定的争议，并没有确定的理论解释。由于镀层基体材料及镀覆层材料的多样性，其中具有各种不同性质的力，大体上归纳为万有引力、金属键、机械镶嵌作用三种。

万有引力通常是在物体间距非常小时才有明显的表现，日常生活中，一般都不考虑物体间的万有引力。但是在镀层金属与基体金属之间两者的间距极小，若是两者原子的间距在一个原子直径之内，则具有较强的结合力。金属键是金属离子共享的自由电子结合在一起的作用力。镀层金属与基体的金属原子可能产生共同的自由金属，由此形成金属键，提高结合力。机械镶嵌作用则是由于基体金属表面在微观层面通常都是存在裂纹、空位、结晶和位错等缺陷，因此镀层与基体会形成镶嵌、揿钮等现象。

在具体检测时，通常用附着强度来表征镀层结合力。对于附着强度的试验，在GB/T 5270—2005《金属基体上的金属覆盖层电沉积和化学沉积层附着强度试验方法评述》中提及的有14种，包括摩擦抛光试验、钢球摩擦抛光试验、喷丸试验、剥离试验、锉刀试验、磨锯试验、凿子试验、划线和划格试验、弯曲试验、缠绕试验、拉力试验、热震试验、深引试验以及阴极试验。在下文中列举了四种试验操作方法，其余方法详见国家标准中规定。

（1）摩擦抛光试验。镀件进行局部摩擦时，其沉积层易发生加工硬化同时吸收摩擦产生的热量。此时倘若镀层较薄，则会首先在附着强度差的区域出现镀层与基体金属的起皮分离现象。在摩擦时应控制好力的大小，保证施加的力足以擦去镀层，同时又不能大到削割镀层。一般随着摩擦的进行，鼓泡不断变大，则该镀层的附着强度较差。

（2）喷丸试验。喷丸试验借助重力或压缩空气等动力装置，将钢球以一定的速度喷射到试样的表面。钢球的撞击使得试样的表面沉积层发生形变，附着强度较差的镀件则会出现鼓泡。对不同厚度的镀层，应该选择不同强度的喷丸，镀层越厚喷丸强度越大。

（3）剥离试验。剥离试验是将一种规定尺寸的镀锡中碳钢带或镀锡黄铜带，在距离一段10mm处弯成直角，将较短的一边平焊于镀层表面，在未焊接的一边施加载荷，并垂直于焊接点表面。若镀层的附着强度比焊接点弱，镀层则会从基体表面剥落；若镀层的附着力轻度比焊接点打，则将在焊接点或镀层内发生断裂。

（4）锉刀试验。锉刀试验是将带有镀层的工件试样夹于台钳上，采用一种粗的研磨锉进行锉削，以期锉起镀层。沿着从基体金属到镀层的方向，与镀层表面约为45°角的方向进行锉削，试验后镀层不应出现分离。这种方法不适用于很薄的镀层或锌、锡一类的较软镀层。

4.镀层均匀性

镀层均匀性一般采用硫酸铜试验来确定。硫酸铜试验的原理为置换反应，利用锌电极电位负于铜，反应过程中析出在镀锌层上的沉积物没有黏附性，为呈海绵状铜，而在铁的表面上沉积的附着物为比较牢固的红色铜覆盖层。通过试验检测结果，镀铜色部位的锌层已不存在，待测试样的局部出现牢固红色镀铜色越早，表明该处厚度不均匀性及耐腐蚀性越差。

依据DL/T 768.7—2012《电力金具制造质量　钢铁件热镀锌层》，待测试件需经受4次、每次1min的浸入标准硫酸铜溶液的试验，试验过程中，溶液的温度要保持在20℃ ± 4℃，试验结果应在试件上无金属铜附着物。试验所用硫酸铜溶液的配置方法为：在每100mL的蒸馏水中加入35g化学纯的硫酸铜制成硫酸铜溶液，可进行加热加速晶体的溶解速率，配制后冷却使用。在每100mL的硫酸铜溶液中加入1g碳酸铜充分搅拌，配制好的溶液静置24h，溶液相对密度在± 20℃时应该为1.170 ± 0.010。

5.镀层耐蚀性

镀层耐蚀性测试方法主要有户外曝晒腐蚀试验和人工加速腐蚀试验。

户外曝晒腐蚀试验对鉴定户外使用的镀层性能和电镀工艺特别有用，其试验结果一般可作为制定厚度标准的依据。

人工加速腐蚀试验主要是为了加速鉴定镀层的质量，但任何一种加速腐蚀试验都无法表征和代替镀层的实际腐蚀环境和腐蚀状态，试验结果具有相对性。人工加速腐蚀试验方法有中性盐雾试验、乙酸盐雾试验、铜加速乙酸雾试验、腐蚀膏腐蚀试验、电解腐蚀试验、二氧化硫腐蚀试验、硫化氢腐蚀试验、潮湿试验等。

3.6.2 涂层质量检测方法

涂层质量检测是针对涂层性能的检测，主要包括涂层的机械性能检测（如：硬度、附着力、冲击强度、光泽等）和其他特殊性能（如耐溶剂性、耐酸碱性、耐候性、耐油性等）两大类。针对涂层服役的腐蚀体系不同，不同行业的防腐蚀涂层有不同的技术指标性能和检测方法。常规的涂层检测方法及项目见表3–5。

表3–5　常规的涂层检测项目及方法

检测项目	检测方法
流平性（外观）	肉眼观察涂层是否有缩孔、缩边、橘皮等不平等现象，无异常现象，涂层分布均匀，则为合格；滴水观察是否水滴不扩散或扩散慢、水滴不圆，如水滴扩散且性状规则，则合格
附着力（划格法）	用划格器在样片的涂层上十字划格，划出间隙为1mm的网格；再用透明胶完全贴附在网格上，手持胶带的一端与涂面垂直，迅速地将胶带撕下，重复三次，观察涂层是否有脱落，考察涂层与铝材、涂层与涂层间的附着力。 无色涂层（包括面漆涂层）的脱落判断办法：通过继续考察涂层耐高温黄变性观察黄变的颜色判断涂层有无脱落，即将涂层置于300℃烘烤5min后取出观察涂层外观，底涂涂层如有脱落将会露出基材颜色，面涂脱落将会露出底涂颜色
冲击	裁出约5cm宽的涂层样片，涂层样片将待测涂层朝上放在冲击仪凹槽处，将冲头提高置于50cm处，让冲头自然下降进行冲制。取出后观察涂层时候脱落，若无脱落则为合格
涂层膜重	将涂层样件裁成10cm × 10cm的正方形，150℃左右烘烤5min冷却后再千分天平上称出总重，放入电阻炉在500 ~ 600℃烘烤碳化5min左右，去除用干净的纱布将涂层擦拭干净，秤出铝板的重量，并计算每平方米膜重，公式为 每平方米膜重（g/m^2）=（总重 – 铝板重）/ 面积
耐挥发油	取三张涂层样板，用挥发油AF–3R浸泡5min，取出放入150℃烘箱烘5min，冷却后，放入纯水里浸泡5min，然后再放入150℃烘箱烘5min，冷却后测量样板浸油的部位的水滴直径，取三点求平均值

续表

检测项目	检测方法
耐溶剂性	用乙酸乙酯（丁酮）润湿包裹好5～6层棉布的1kg铁锤，垂直置于板面中部处，水平用力来回平推保持乙酸乙酯润湿棉布，一个来回记一次，观察被乙酸乙酯平推的涂层时候受到破坏以及受破坏的程度，共平推30次。平推30次后若涂层无脱落现象，则为合格
耐碱性	采用20% NaOH溶液进行试验。裁出约5cm涂层样片，折成一个小凹槽，将溶液数滴在凹槽处，使其充满液体，同时记录开始时间，观察3min内有无气泡（允许少量气泡），再用水冲洗后观察有无腐蚀点，如白色点或黑色点
盐雾试验	将涂层样板裁成10cm × 15cm的三张涂层样片，放置在中性盐雾箱中，试验温度为35℃，按规定时间100h或500h进行试验，结束后取出洗干、晾干，按板面的腐蚀程度进行评价

3.6.3　电网设备常见镀层检测与质量指标

3.6.3.1　镀锌检测

1.电镀锌

在一般环境中电镀锌质量检测指标主要包括镀层外观、镀层厚度、结合强度等。对试样外观检测制定如下要求：

（1）要求所有试样均应进行外观检查。

（2）镀层结晶应均匀、细致、连续。

（3）允许有轻微夹具印。

（4）不允许镀层粗糙、麻点、黑点、起泡、剥落和严重条纹；不允许钝化膜疏松、起粉及严重的钝化液痕迹；不允许局部无镀层。

电镀锌镀锌层按照颜色分，一般有彩锌镀层、黑锌镀层和蓝白锌镀层三类。对不同类的镀锌层其颜色显示见表3–6。

表3–6　镀锌层分类

镀锌层种类	彩锌镀层	黑锌镀层	蓝白镀层
厚度范围	镀锌后的彩色钝化膜应是带有绿色、黄色和紫色色彩的光亮彩虹色	镀锌后的黑色钝化膜应是均匀的黑色	镀锌后的蓝色钝化膜应是均匀一致的浅蓝色

电镀锌层的厚度检测可以按照ISO 2178标准进行检测，在检测后如果对检测结果存在争议，可以根据ISO 1463标准进行仲裁试验。每一试样上测取10个点（滚镀试样可只取3~5个点），常规镀锌其厚度均值应在表3–7所示范围内。

表3–7　不同镀锌层的厚度均值

镀锌层种类	彩锌镀层	黑锌镀层	蓝白镀层
厚度范围（μm）	8~12	8~12	5~12

在对镀层进行结合强度检测时，应在多件试样上进行结合强度试验，且试验应在电镀完成后24h之后。具体的试验方法可以采用前文中提及的结合强度试验方法。也可以采用ISO 2409标准的试验方法，在试样上划百格，然后用标准胶带拉扯，应没有钝化膜或镀层脱落现象。

电镀锌层耐蚀性试样同样要求在多件试样上进行耐蚀性试验，试验应在电镀或钝化完成24h后开始进行。其中对彩锌镀层要求进行72h的中性盐雾试验后，在每一试样的试验表面不能出现任何白色或黑色腐蚀点；对黑锌镀层要求：进行48h的中性盐雾试验后，在每一试样的试验表面不能出现任何白色或黑色腐蚀点；对蓝白锌镀层的要求则可以分为下三个等级：

（1）等级1：进行24h的中性盐雾试验后，在每一试样的试验表面不能出现任何白色或黑色腐蚀点。

（2）等级2：进行72h的中性盐雾试验后，在距边缘的距离大于5mm的区域（如图3–11所示），不能出现任何白色或黑色腐蚀点。

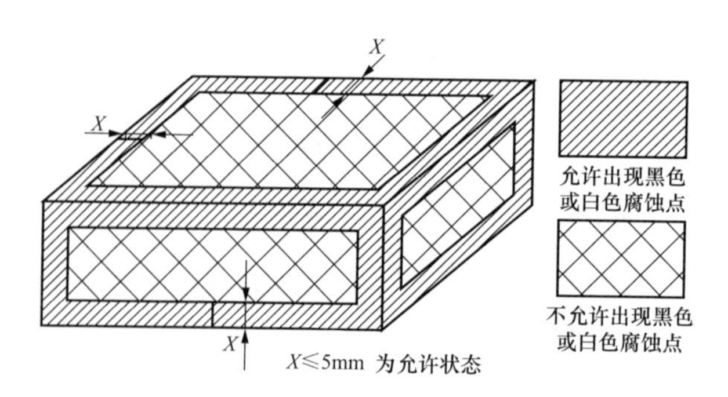

图3–11　电镀锌层耐蚀性标准

（3）等级3：进行120h的中性盐雾试验后，在距边缘的距离大于5mm的区域，不能出现任何白色或黑色腐蚀点。

镀层脆性检测通过将试样放入190℃±10℃的恒温烘箱中保持0.5～1h后，取出自然冷却，检查镀层应没有起泡、脱落的现象来判断。

2.热镀锌

热镀锌层的外观要求应呈均匀的银白色，不允许有尖锐凸起、漏涂、气泡、变色、红色锈点、起粉及其他不良缺陷存在。对于流挂滴瘤或熔渣类较粗的且不会脱落的沉积物，按照不同产品的标准确定可允许的范围。一般来说对有缝隙的零件，必须保证缝隙中也有锌涂层。

对镀锌成分的检测原则上是要求纯锌镀层，但是在实际生产中，可以根据实际需求在满足产品其他性能的情况下增加适量合金元素（如铝或镍等），但通常合金元素的总和不超过5%（重量比）。镀层成分的检测方法可用前文材质分析中提及方法。

热镀锌层厚度的检测与电镀锌层相似，其检测方法也相同。在按照ISO 1463标准进行仲裁试验时，每一试样上测取10个点，一般要求所检测的每一点上的锌层厚度都不能低于55μm。

热镀锌耐蚀性检测，对于热镀锌后再喷涂有机涂层的，其样件须按照IEC 60068-2-11进行1000h的盐雾试验，试验后要求表面不能有任何腐蚀或膜层脱落现象、缝隙或边缘不能有基材腐蚀现象。对于热镀锌后不再喷涂有机涂层时，样件只要按IEC 60068-2-11进行168h的盐雾试验，试验后表面不能有任何红色腐蚀迹象。

3.6.3.2 镀银检测

银镀层的质量检验项目一般主要包括镀银层厚度、镀银层硬度、镀银层孔隙率、镀银层结合力、镀银层耐腐蚀性和镀银层抗变色性等。

1.镀银层厚度

镀银层厚度检测方法主要分为有损检测和无损检测两大类。表3-8列出了常用镀银层厚度的检测方法。

表3-8　　常用镀银层厚度的检测方法

项目分类	检测方法	检测说明
有损检测	金相显微法	对待测件进行取样，对横断面进行研磨、抛光、浸蚀，用标尺测量覆盖层厚度
	阳极溶解库仑法	采用电解液阳极溶解精确限定面积的覆盖层，以电解池电压的变化来判断覆盖层的完全溶解，覆盖层的厚度通过电解所耗电量计算
无损检测	重量测量法	用分析天平称量零件镀前、镀后的重量，适用于重量一般不超过200g的零件
	轮廓仪法	检验时溶解一部分覆盖层或在电镀之前掩盖一部分基体，使基体表面形成一个台阶。用轮廓记录仪测量台阶的高度
	X射线光谱法	利用覆盖层单位面积质量和二次辐射强度之间存的关系，已知单位面积质量的覆盖层校正标准块，通过数学换算求出覆盖层的线性厚度

2.镀银层硬度

将具有一定形状的金刚石压头以规定的试验力，选择适当的速度压入待检测镀银层覆盖层，在保持规定的时间后卸载试验力。通过测量镀银层压痕对角线的长度，查表获得维氏和努氏显微硬度值。为了保证硬度测量的准确性，在进行镀银层硬度检测时，要求镀层的厚度至少为压痕对角线长度的1.5倍，一般要求镀银层厚度大于20μm。

3.镀银层孔隙率

镀银层孔隙率的检测方法见表3-9。

表3-9　　镀银层孔隙率的检测方法

检测方法	检测说明
贴滤纸法	待检镀银层表面上贴置浸有检验试液的滤纸，检验试液通过镀层孔隙或裂缝与基体金属或底金属镀层反应生成有明显色差的有色斑点，根据滤纸有色斑点数确定其孔隙率
溶液浇浸法	待检镀银层表面通过浇或浸的办法，检验溶液通过镀层孔隙或裂缝与基体金属或底金属镀层反应生成有明显色差的有色斑点，根据有色斑点数确定其孔隙率
涂膏法	待检镀银层表面涂有检验膏剂，检验膏剂通过孔隙或裂缝与基体金属或底金属镀层反应生成有明显色差的有色斑点，根据有色斑点数确定其孔隙率

4.镀银层结合力

镀银层结合力的主要测试方法见表3-10。

表3-10 镀银层结合力的主要测试方法

检测方法	检测说明
热震试验	根据覆盖层和基体金属之间的热膨胀系数不同，通过加热覆盖层试样，然后骤冷，可以测定沉积层的附着强度
划线和划格试验	采用磨为30°锐刃的硬质钢划刀，以足够的压力一次刻线即穿过覆盖层切割到基体金属，相距约为2mm划两根平行线。若在各线间的任一部分的覆盖层剥落，则认为覆盖层未通过此试验
剥离试验	将尺寸约为10mm × 75mm × 0.5mm的镀锡钢带或黄铜带平直地焊到银电镀层表面上，对焊带施加拉开焊带的拉力，观察电镀层是否分离
弯曲试验	采用曲率半径为4mm的固定芯轴弯曲试验机弯曲试样至90°再回到原状，反复弯曲不少于3次，观察电镀层是否分离

5.银镀层耐腐蚀性

根据腐蚀物的不同，银镀层耐腐蚀性测试方法包括大气腐蚀、二氧化硫腐蚀、全浸腐蚀、盐水滴腐蚀等，如表3-11所示。

表3-11 银镀层耐腐蚀性的测试方法

测试项目	检测说明
大气腐蚀	将待测试样置于露天暴露或遮蔽下暴露的环境中，大气腐蚀的试验时间按需要一般为1年或2年甚至更多年。试验完成后，可通过目测、金相检查、质量损失及材料力学性能测定等方式来进行结果评价
二氧化硫腐蚀	将$2dm^3 \pm 0.2dm^3$的蒸馏水置于密封箱底部，试样置于密封箱的暴露架上，通入$0.2dm^3$的二氧化硫气体，在1.5h内加热温度至40℃ ± 3℃并保持恒温。一次试验周期为24h，每个周期开始前更换一次密封箱内水和二氧化硫气体。达到规定的周期数后，一般通过检验外观、减重、缺陷数量、缺陷面积、第一个腐蚀点出现时间来评价耐腐蚀性
全浸腐蚀	准备海水、雨水、工业废水等自然溶液或人工配置的溶液，若有去除溶氧要求，则保持通入氮气；若有氧饱和要求，则保持通入氧气；若需溶液沸腾，则应加入沸石以防止气泡冲击。将试样全部浸入溶液中，达到预定时间后，取出试样，可通过检验外观、减重、缺陷点数等方法评价耐腐蚀性

续表

测试项目	检测说明
盐水滴腐蚀	配置氯化钠、氯化镁、硫酸镁等组成的盐溶液，将试样搁置在台架上，使用喷雾装置将试验溶液均匀喷至试样上，液滴不可凝结成水滴。每24h检查一次，若液滴大小数量减少，则重新喷雾。试验结束后，可以从外观、开始腐蚀时间、腐蚀缺陷等几点评价腐蚀程度

6.银镀层抗变色性

银镀层抗变色性检验方法为：将硫化铵溶液滴一滴在待测镀层上，记录下当镀银层表面从开始滴液到开始变褐色或黑色时的时间，以此评价银镀层抗变色性能。

第 4 章　常用电网设备金属部件制造工艺与检测

4.1　导电触头与镀银工艺

4.1.1　导电触头

1.概述

导电触头是开关电器中十分重要的组件，起到连通及分断电路的作用。电网设备如隔离开关、高压断路器、开关柜中大量用到了各种高性能导电触头。隔离开关的通流能力、高压断路器的额定开断电流等，在很大程度上取决于导电触头的性能。同时导电触头由于要承受温升、电弧、锈蚀等多方面的损害，也成为开关电器中最薄弱、最容易出故障的环节，而且一旦导电触头无法正常工作，极容易造成严重后果。

2.分类

按照结构可分为固定触头、可断触头和滑动触头。

（1）固定触头。固定触头指电连接中，两个导体之间不可随意移动、分合的连接方式。

（2）可断触头。可断触头指在正常工作过程中，可以根据需要随时闭合或者分断的连接方式。各类开关中的触头就是可断触头。

（3）滑动触头。滑动触头指在正常工作过程中，导体之间能够保持互相接触，但是允许导体沿着某个接触面滑动的连接方式，如电机的电刷。

本书主要探讨电网设备中常见的可断触头的各项性能及制造工艺。

3.机械效应

（1）机械磨损。对于可断触头，在触头闭合过程中，两个触头之间会发生机械接触。一般情况下，导电触头闭合时，会由于弹簧结构或自身弹性变形而产生一定的夹紧力，这样能有效减少接触电阻，且在触头闭合时能推出污物，使之具有一定的自洁能力，但夹紧力的存在也会加重触头闭合时的磨损。

为解决触头接触面磨损的问题，常规的思路是使用耐磨性更好的材料或镀层。比如石墨镀银镀层，具有极好的耐磨性，可以闭合数千次而不会露出底层金属。另外也可以通过降低夹紧力、涂抹润滑脂等方法来改善这一问题。

（2）触头弹跳。在导电触头闭合的瞬间，由于材料具有弹性，动静触头之间可能会发生微观的接触—分离—接触这样的反复跳动，才能达到稳定闭合状态，这个过程称为触头弹跳。触头弹跳发生期间，触头间的接触电阻发生频繁变化，完全分离时还将产生微小电弧，释放大量热量，造成触头出现动熔焊现象。

一般可以通过更换刚度大的压紧弹簧、减小动触头闭合速度、减小动触头重量、增加加工及装配精度、拧紧紧固件等方法来改善触头弹跳问题。

（3）触头冷焊。触头在闭合的时候，触头之间的金属接触点，由于局部压强较大，原子间形成较强的作用力，出现类似“粘连”的现象。在触头打开的时候，可能导致金属撕落、转移，损害触头表面质量。

一般可以通过使用硬度更高的材料、表面镀更耐磨材料、降低触头夹紧力等方式改善触头冷焊现象。

4.1.2 导电触头制造工艺

4.1.2.1 常用材料

触头材料是指用于制造导电触头的功能性材料，其质量直接影响导电触头的性能及使用寿命。

1.材料性质要求

电接触材料的性质主要包括物理化学性质、电接触性质，见表4–1、表4–2。

表4–1 物理化学性质

性质	要求	解释
硬度	适中	硬度小，则在给定的接触压力下，实际微观接触面积较大，有利于减少接触电阻，并且减弱导电触头的弹跳作用；硬度高，则可提高表面的耐磨性，也可减少发生熔焊现象的概率
弹性模量	适中	弹性模量太大，脆性强，不利于加工和正常使用；弹性模量太小，变形量相对较大，材料容易发生冷焊现象

续表

性质	要求	解释
热传导性	尽量高	热传导性越高，触头处产生的焦耳热及电弧热就能更快传到底座
比热容	尽量高	比热容高，可以降低温升速度，吸纳更多热量
熔点	尽量高	熔点高，可以降低发生熔焊的概率
摩擦因数	尽量低	摩擦因数低，可以有效降低磨损速度
机械强度	尽量高	触头闭合时，往往伴随着强力的冲击，要求触头材料具有足够应对这些冲击的强度
化学稳定性	尽量高	化学稳定性高，材料能对较宽范围的多种介质具有良好的耐蚀性能，在大气中不易发生氧化、碳化、硫化，也不易形成难导电的膜层
电化学电位	尽量高	电化学电位高，金属不易发生电化学腐蚀
腐蚀产物性质	—	要求化学腐蚀产物易分解易被破坏，能够在触头啮合的时候被自动清理掉

表 4-2　　电接触性质

名称	要求	解释
导电率	尽量高	电导率高，接触电阻更低，能量损耗小，且不容易发生温升
抗电弧侵蚀	尽量高	在发生电弧的时候，抗电弧侵蚀能力强的材料，不容易发生烧伤、相变
抗材料转移	尽量高	在发生电弧的时候，有些触头材料会出现严重的定向转移，这项性能一般是材料微观组织特性决定的
抗熔焊	尽量高	导电触头闭合过程中会出现弹跳现象，反复产生微小电弧，这容易造成触头局部过热，材料抗熔焊能力强，则不会发生熔化焊合现象
耐电压值	尽量高	耐电压值低的材料，在开断后的很短时间内，真空间隙可能会重新击穿或燃弧，导致开断失败
截留水平	尽量低	在开断交流小电流时，电弧熄灭时电流突然将为0，电感负载会激发截留过电压，可能损害系统绝缘及其他负载，截留水平低，则截留过电压较低，损害也较低
电弧扩散能力	尽量大	电弧扩散能力大，在电弧发生的时候，能迅速扩散到整个触头表面，防止局部过热灼伤

需要指出的是，上述各类材料性能之间存在一定的联系，它们有的互为因果，各项性能并非完全独立，因此经常出现一些显而易见的矛盾，比如：

（1）低截留水平一般要求材料具有低的导电、导热性和低的熔点，而高耐熔焊性要求材料具有高的导热性、高的熔点。

（2）抗熔焊能力较强的材料，一般脆性较大，机械强度不够好。

（3）化学稳定性较高的金、银等金属，往往硬度低，且价格昂贵，但触头材料一般要求有适当的硬度。

触头材料的选用，一般根据实际应用需要，尽量去满足那些最关键的需求，以此来选择具体的材料。另外，合金化也是解决这些矛盾的有效方法。

2.常用材料分类

导电触头常用的材料有铜、铝、银、金及其合金。

（1）纯金属材料。

1）纯铜。纯铜在空气中会生成破坏性氧化层和硫化层，要达到稳定接触，在连接时一般需要高接触压力。由于材料蒸发和溅射引发的高烧损、局部熔融及熔焊倾向，纯铜的使用场合具有上限功率值。

纯铜电导率仅次于银，且具有优异的加工性及可焊性，在大多数场合具有足够的化学稳定性，另外铜的价格较低，这些特性使得纯铜成为使用最为广泛的导体材料。

2）纯铝。铝的导电性［35m/（Ωmm^2）］和导热性（237W/mK）尚可，铝在大气中会形成一层致密的、耐磨的不导电氧化物覆盖层，可以保护金属不被继续氧化。铝与铜的电化学电位相差很大，因此两者连接在一起的时候，会发生严重的电化学腐蚀，实际工程中，一般会使用铜铝过渡板或铜端搪锡的方式来实现铜铝连接。铝在电网设备中一般用于制造高压输电线缆，这是因为铝的密度只有2.7g/cm^3，不到铜的1/3，相同通流直径、相同长度的铝线比铜线轻很多，采用铝制大尺寸电缆具有显著的经济效益。

3）纯银。银的导电率和导热率是所有金属中最高的，因此它是一种非常优异的导电触头材料，一般用于制造触头的镀覆层，以降低接触电阻。

4）纯金。金的导电性、导热性很高（次于铜、银），且具有极高的化学稳定性，不过由于其价格昂贵，一般只能极少量运用在电接触领域，往往用作弱电触头镀覆层，用于增强电接触的稳定性。

（2）合金材料。合金是一种金属与其他一种或多种金属或非金属经过混合熔化，冷却凝固之后得到的固体产物。合金对金属性能的影响非常大，通常会显著改变金属的硬度、熔点、耐磨性、耐腐蚀性。下面介绍电接触领域常用的合金。

1）Cu–Cr合金。铬是硬度最高的金属，莫氏硬度为9，仅次于钻石。Cu–Cr合金强度及硬度高，导热性和导热性良好，耐腐蚀性强，载流能力强，抗电弧、抗熔焊能力强，广泛应用于大功率真空高压开关灭弧触头材料。Cu–Cr合金的制备工艺主要有粉末烧结法、熔渗法、电弧熔炼法、机械合金化法、快速凝固法、激光表面合金化法和自蔓延高温合成法等。

2）W–Cu合金。钨是熔点最高的金属，达到3380℃。常用钨铜合金中铜的含量为10%～50%。W–Gu合金具有很好的导电性、导热性，较好的高温强度，较强的抗电弧烧蚀能力。W–Cu合金的工业制备方法主要有混粉烧结法、注模法、氧化铜粉还原法、钨骨架熔渗法。

3）Ag–Cd合金。在银基材中加入1%～10%的镉，降低了导电率、熔点和抗氧化性，但提高了硬度、耐腐蚀性、灭弧性，适用于弹簧触点及高速滑动接触触点。制备方法为真空感应炉氩气保护熔炼。

4）Ag–Ni合金。银中添加镍可以提高合金的耐摩擦性，降低合金发生冷焊、硫化的可能性，显著增强材料抗电弧侵蚀能力。银镍合金在电接触领域一般用于小电流交流接触器，工业制备方法为粉末冶金法。

5）Ag–W合金。Ag–W合金硬度高、抗电弧侵蚀、抗熔焊性较强。其抗电弧侵蚀原理是，在电弧高温下，银的蒸发有助于降低电弧根处温升，从而降低材料的飞溅侵蚀。Ag–W合金一般用于制造低压功率开关触头。工业制备方法为粉末冶金，钨含量高（大于60%）时多采用渗透法生产。

3. 材料制造方法

（1）混粉烧结法。混粉烧结的工艺过程为混粉—压制—烧结。混粉烧结工艺简单、成本低，但是难以保证合金的致密度，一般烧结后还需要进行冷压、热锻、热处理等手段提高材料的致密度。

（2）熔渗法。熔渗法是生产难熔金属与低熔点金属伪合金的常用的方法。首先利用粉末烧结技术制造难熔金属骨架，然后在高于低熔点金属熔点的温度下，利用毛细管现象，使熔融状态的低熔点金属渗入难熔金属骨架中。这种方法制造出的触头合金致密性和电性能比较好。

（3）合金内氧化法。合金内氧化法是首先把组分熔炼成合金，然后经轧制，冲压成型，然后进行内氧化处理。此方法能够制造出密度大、抗电弧腐蚀性能好的材料，如银—氧化镉合金、银—氧化锡合金。

（4）电弧熔炼法。电弧熔炼法是用混粉烧结工艺，制成目标比例的合金，再在自耗电弧炉里熔化混合，这种方法能制造出晶粒细小、比重偏析小、致密性高及耐电弧侵蚀性能优良的触头材料。

4.1.2.2 触头制造工艺

电网设备中的导电触头种类繁多，形状也各异，在安排制造工艺时，根据零件的复杂程度与批量大小，可能采取不同的加工方式。

1.冲压

冲压是靠压力机和模具对板材、带材、管材和型材等施加外力，使之产生塑性变形或分离，从而获得所需形状和尺寸的工件（冲压件）的成形加工方法。

对于某些形状简单的触头，如半圆头、圆柱头，可以使用冲压工艺一次成型；对于形状稍复杂的触头，也可以先使用冲压工艺制造毛坯，然后采用机加工、折弯等工艺加工成型。

对于复合银基片球面触头，为了提高生产效率，往往采用两工步连续冲压工艺，这对模具的加工精度提出了很高的要求。第一步需要使用弧面模芯进行冲压成形，加工出弧面、直纹槽和倒角，第二步使用落料冲模，冲压出触头产品。

2.机加工

机加工指通过机床等机械精确加工去除材料的加工工艺，许多种类触头的制造过程中包含机加工操作。

空气断路器中动触头结构复杂，其孔内圆弧、锥度及两端的同轴度均要求较高，在其加工过程中要用到钻、车等工艺，而且要使用特制的钻头，以保证其加工精度。

某种隔接设备的动触头，由直径50mm以上的铜棒制成，重量大，有传递动力、承载电流的多重功能。由于工件刚度不够，加工中要同时承受轴向和径向双重切削力，容易产生振动，因此在装夹时，分度头三爪卡盘里垫上开口黄铜套，另一端用千斤顶辅助支撑工件，另外铣削过程中，用三面刃铣刀分2次或3

次进行铣削，以保证精度。

电动短接开关的核心部件是触头系统中的动触头，其加工关键是与杯状主触头配合的高精度锥孔，其形状公差要求较高。此锥孔由于处于偏心位置，故不适用于车床加工，而要采用铣削加工。批量加工时，需要设计专用铣刀，刀具采用整体硬质合金，三刃螺旋结构，并对切削刃进行涂层处理，以改善其韧性、耐磨性。加工时首先用钻头钻出底孔，然后再进行粗铣、精铣两次加工。

4.1.3　镀银工艺

4.1.3.1　概述

铜和铝是电接触中常见的支承体材料和基层材料。铜和铝暴露在大气中都容易在表面生成低导电率的氧化物，而且纯铝本身导电率不是很高。在对接触电阻有严格要求的电接触领域，如高压隔离开关的触头，如果直接让铜或铝导体作为接触面材料，则随着表面氧化物的生成，接触电阻增长迅速，短时间内就会出现较大的温升，不满足使用要求。为了克服这一问题，工程师最初会在基体金属表面镀上一层金，这样大大增强了电接触稳定性。为了降低成本，镀金层会做得很薄，但这样做容易出现微孔，基层材料还是会被腐蚀，即微孔腐蚀。为了节省贵金属，降低成本，工程师尝试用银或银合金代替金作为导电触头表面镀层。银的价格只有金价格的几十分之一，是导电率和导热率最高的金属，延展性仅次于金。

镀银层的性质要求主要有以下几点：

（1）镀银层与基体金属结合力良好。如果镀银层与基体结合力不合格，则镀银层容易出现剥落、开裂、鼓泡现象，不仅影响外观，而且严重损害镀银层的防护效果。

（2）孔隙率低，厚度达到标准要求。触头暴露在大气中，腐蚀物可以通过镀层微孔或间隙，与基层金属直接接触。一般情况下，镀层孔隙率越低越好。影响镀层孔隙率的因素主要有电镀工艺和镀层厚度，相同电镀工艺的条件下，一般镀层厚度越大，孔隙率越低。

镀银层厚度保证触头的使用寿命，较厚的镀银层寿命较长。在发生反复的机械磨损后，一旦发生露铜现象，则接触电阻进入快速增长期，导电触头即可判定失效报废。DL/T 486—2021《高压交流隔离开关和接地开关》规定镀银层厚度不小于20μm。

（3）硬度达到要求。镀银层的硬度决定了其耐磨性能。DL/T 486—2021《高压交流隔离开关和接地开关》规定镀银层硬度不小于120HV。

（4）覆盖全部的工作面，厚度均匀，表面光滑。镀银层必须包裹所有需要保护的基层金属，表面不能有微观孔隙、裂纹。

4.1.3.2 分类

常见的镀银层分为普通镀银、光亮镀银、镀硬银、石墨镀银。

1.普通镀银

普通镀银指在对触头进行预处理后，以触头为阴极，纯银板为阳极，在电镀池中给触头表面镀一层纯银。电镀液分为含氰和无氰两类电镀液，这两类电解液在下文中有介绍。

2.光亮镀银

普通镀银普遍存在外观较差，抗蚀能力较低，特别是抗硫变色能力差。可采用酒石酸锑钾和NDE构成复合光亮剂，在电流密度较高和较宽的范围内获得光亮的镀银层，此类镀银层镀液分散能力较强、晶粒均匀、可焊性较强，综合性能优于普通镀银。

3.镀硬银

针对普通镀银中镀银层硬度偏低的问题，在镀银过程中添加硬度剂，以提高镀银层的硬度，从而提高镀银层的耐磨性。硬银镀层一般为银锑合金，特别是当锑含量为2.5%时耐磨性能最好。

4.石墨镀银

石墨镀银指一种将石墨微粒分散到镀银层中，形成石墨与纯银的弥散结构镀层。石墨是一种碳元素的同素异形体，具有较好的导电性和导热性，化学性质稳定，能耐酸、碱、有机溶剂的腐蚀。石墨微观上是一种层状结构，同一平面上每个碳原子与相邻3个碳原子形成强共价键，不同层之间通过较弱的次价键结合，经计算，同一层内相邻碳原子之间的结合力，比不同层之间碳原子的结合力要高100多倍，因此石墨在受到宏观外力的作用下，不同层之间容易发生解理现象，这是石墨有润滑性的原理。

石墨镀银加工工艺一般采用电镀制造工艺，有些场合也会采用其他的加工方式，如粉末冶金法、烧结挤压法、高能球磨法等。电镀加工时，在电镀液中添加石墨微粒、分散剂、辅助剂，使石墨微粒均匀分散在镀液中，在外加电流作用下，石墨微粒与银离子共同沉积在基层金属上，形成复合镀层。

石墨镀银是一种性能十分优良的镀银层，与其他镀银方式相比，最大的优势在于耐磨性优良。据文献《隔离开关触头寿命的试验研究》报道，在相同的工况下，高压隔离开关中石墨镀银触头的开合次数可达6000次以上，镀硬银触头只有约1000次，普通镀银触头开合300次左右就会发生露铜现象。其他性能方面，经试验，石墨镀银层除孔隙率高于纯银镀层外，其他参数如结合力、耐蚀性、抗变色能力，均与纯银镀层相差不大，满足使用要求。目前有大量专家学者投入到石墨镀银的研究中，可以预见未来石墨镀银将广泛运用到电网设备中。

4.1.3.3　镀银工艺流程

各类镀银层大多是采用电镀的工艺实现的。电镀的基本原理是电镀池内发生氧化还原反应，待镀基材作为阴极，镀层金属作为阳极，在电流的作用下，镀层金属的阳离子在阴极表面发生还原反应，并牢固地吸附在待镀基材表面。电镀的作用一般是为了改善工件的外观、导电性、耐腐蚀性等。

电镀银分为含氰镀银和无氰镀银，含氰和无氰指的是电镀液中是否含有氰化物。含氰镀液中的氰化物是一种高效的络合物，一般为氰化钠、氰化钾、氰化铜等，氰化镀银的优点是镀层表面质量高、光亮、镀层致密，可以镀30μm以上的厚镀层。但是氰化物有剧毒，对环境有污染，因此全球目前都在推广使用无氰镀银，无氰镀液里一般添加硫代硫酸盐、丁二酰亚胺等作为络合物，这些工艺一般是近些年提出的，技术不够成熟，普遍存在镀液不稳定、镀层金属晶粒粗大、孔隙率高的问题。

根据HB/Z 5074《电镀银工艺》，铜及铜合金表面镀银流程为：

（1）清洁。采用三氯乙烯蒸汽、其他有机溶剂或符合HB 5226《金属材料和零件用水基清洗技术条件》规定的水基清洗剂除油。除此之外，还有化学除油和电解除油方式。

（2）预浸蚀。对于有氧化皮及氧化色的铜及铜合金，需要进行预浸蚀。

（3）光亮浸蚀。为了使铜及铜合金零件表面光亮，需按照标准要求进行光亮浸蚀。

（4）预镀银。为了防止零件入渡槽时产生接触银而影响镀层结合力，正式镀银之前需要预先镀上一层银。

（5）电镀银。正式镀银。按照镀银类型（普通镀银、光亮镀银、镀硬银）配置不同的镀液。

（6）浸亮。增强镀银层光亮程度。

（7）防变色处理。一般采用化学钝化、电化学钝化、镀氢氧化铍等方法进行防变色处理。

（8）干燥。用经过滤的压缩空气吹干或在80～120℃的温度下烘干。

对于非全镀银工件，需要在清洁工序之后，进行浸胶处理，保护非镀面，并且在镀银结束后，进行剥胶、清理工序。

上述为镀银工艺的基本流程，当然，每个厂家针对具体的产品也会有一些变化。通过对国内某变电设备生产大厂的现场镀银工艺的调研，其对铝件和铜件的镀银工艺流程如下。

铝件镀银工艺流程：除油→热水洗→冷水洗→出光→冷水洗→冷水洗→一次浸锌→冷水洗→冷水洗→退锌→冷水洗→冷水洗→二次浸锌→冷水洗→冷水洗→预镀铜→冷水洗→冷水洗→预镀银→镀银→银回收→冷水洗→冷水洗→热水洗。

铜件镀银工艺流程：除油→热水洗→冷水洗→活化→冷水洗→冷水洗→预镀铜→冷水洗→冷水洗→预镀银→镀普银/硬银/石墨银→银回收→冷水洗→冷水洗→热水洗。

图4-1是国内某高压开关厂的现场镀银生产线设备，设备根据镀银工艺流程依次设置相应的水槽，镀银工件由机械装置自动提升、释放和移动，水槽温度均为程控，浸没时间也由程序设定控制。

图4-1　镀银生产线设备

4.1.3.4　镀银层检测技术

HB 5051《银镀层质量检验》中规范了多项镀银层的检验。

1.镀银层厚度检测

镀银层厚度检测可分为有损检测和无损检测两类。

（1）有损检测。

1）金相显微法。根据GB/T 6462《金属和氧化物覆盖层厚度测量　显微镜法》，从待测件切割一块试样，镶嵌后，采用适当的技术对横断面进行研磨、抛光和浸蚀，用校正过的标尺测量覆盖层横断面的厚度。

2）阳极溶解库仑法。根据GB/T 4955—2005《金属覆盖层　覆盖层厚度测量　阳极溶解库仑法》，用适当的电解液阳极溶解精确限定面积的覆盖层，通过电解池电压的变化来判断覆盖层的完全溶解，覆盖层的厚度通过电解所耗电量（以库仑计）计算，用于进行阳极溶解库仑法的仪器称为电解测厚仪或库仑测厚仪。

（2）无损检测。

1）重量测量法。此法适用于重量较轻（一般不超过200g）的零件镀银层厚度测量。用感量为0.1mg的分析天平，称量零件镀前、镀后的重量，按下列公式计算

$$H=\frac{(W_2-W_1)\times 10000}{10.5S}$$

式中　H ——镀层平均厚度，μm；

W_1——镀前零件（或试件）重量，g；

W_2——镀后零件（或试件）重量，g；

S ——镀层表面积，cm^2。

2）轮廓仪法。根据GB/T 11378—2005《金属覆盖层　覆盖层厚度测量　轮廓仪法》，溶解一部分覆盖层（检验时）或在电镀之前掩盖一部分基体，使基体表面形成一个台阶。用轮廓记录仪测量台阶的高度。可以使用电子触针式仪器或电子感应比较仪进行此测量。这种测量方法非常适合于测量微小厚度（小于1μm）的测量。

3）X射线光谱法。根据GB/T 16921—2005《金属覆盖层　覆盖层厚度测量　X射线光谱方法》，覆盖层单位面积质量和二次辐射强度之间存在一定的关系。利用已知单位面积质量的覆盖层校正标准块，可以通过数学换算给出覆盖层的

线性厚度。

4）β射线背散射方法。根据GB/T 20018—2005《金属与非金属覆盖层 覆盖层厚度测量 β射线背散射法》，当β粒子射到材料上时，其中一部分发生背散射，这种背散射的强度是该材料原子序数的函数。如果物体表面有覆盖层，那么背散射的强度将介于基体与覆盖层之间。用适当的仪器测量背散射的强度，就可以由此计算出覆盖层单位面积的质量，从而获得覆盖层的平均厚度。

2.镀银层硬度检测

根据GB 9790—2021《金属材料 金属及其他无机覆盖层的维氏和努氏显微硬度试验》，以规定的试验力，将具有一定形状的金刚石压头以适当的压入速度压入被测定的覆盖层，保持规定的时间后卸除试验力，然后测量压痕对角线长度，最后通过查表得出维氏和努氏显微硬度值。

硬度检测时需要注意，在进行硬度试验时，要求镀层的厚度至少为压痕对角线长度的1.5倍，否则硬度测量不准确。一般来说，镀银层厚度大于20μm才可进行硬度测试。

3.镀银层孔隙率检测

镀银层孔隙率检测有以下方法：

（1）贴滤纸法。在受检工件表面上，贴置浸有一定检验试液的滤纸。若镀层存在孔隙或裂缝，则检验试液通过孔隙或裂缝与基体金属或底金属镀层产生化学反应，生成与镀层有明显色差的化合物并渗到滤纸上，使之呈现出有色斑点，根据有色斑点数确定其孔隙率。

（2）溶液浇浸法。在受检工件表面，通过浇或浸的办法，沾有检验溶液。若镀层存在孔隙或裂缝与基体金属或底金属镀层起化学反应，生成与镀层有明显色差的化合物，在工件涂膜上即呈现有色斑点，根据有色斑点数确定其孔隙率。

（3）涂膏法。在受检工件表面上，涂有一定检验膏剂，若镀层存在孔隙或裂缝，则检验膏剂通过孔隙或裂缝与基体金属或底金属镀层起化学反应，生成与镀层有明显色差的化合物，在涂覆的检验膏剂层上即呈现出有色斑点，根据有色斑点数确定其孔隙率。

4.镀银层结合力检测

根据GB/T 5270—2005《金属基体上的金属覆盖层 电沉积和化学沉积层

附着强度试验方法评述》、SJ/T 11110—2016《银电镀层规范》、SJ 20130—1992《金属镀层附着强度试验方法》，主要的测试方法有：

（1）热震试验。将具有覆盖层的试样加热，而后放入水中或其他适用的液体中骤冷。试验后用目测法检查，镀层不应出现气泡、片状剥落等现象。此试验的原理是覆盖层和基体金属之间的热膨胀系数不同。

（2）划线和划格试验。采用磨为30度锐刃的硬质钢划刀，相距约为2mm划两根平行线。在划两根平行线时，应当以足够的压力一次刻线即穿过覆盖层切割到基体金属。如果在各线之间的任一部分的覆盖层从基体金属上剥落，则认为覆盖层未通过此试验。

（3）剥离试验。将尺寸约为10mm × 75mm × 0.5mm的镀锡钢带或黄铜带平直地焊到银电镀层表面上，焊接温度应不使电镀层起泡，然后对焊带施加与试样表面垂直方向的足以拉开焊带的力，在放大镜下观察电镀层是否分离。

（4）弯曲试验。将试样放在曲率半径为4mm的固定芯轴弯曲试验机中（或用其他适当方法），弯曲试样到90°再回到原状，反复弯曲不少于3次，在放大镜下观察电镀层是否分离。

5.耐腐蚀性能检测

根据GB/T 6461—2002《金属基体上金属和其他无机覆盖层　经腐蚀试验后的试样和试件的评级》，可以进行试样耐腐蚀性评级。根据腐蚀物的不同，测试方法有如下几种：

（1）大气腐蚀。根据GB/T 14165—2008《金属和合金　大气腐蚀试验　现场试验的一般要求》，将待测试样置于露天暴露或遮蔽下暴露的环境中，放置试样时注意不能相互干扰、接触，一个试样上的雨水不能滴到另一个试样上。由于大气腐蚀缓慢，试验时间按照需要一般为1年或2年甚至更多年。试验完成后，可通过目测、金相检查、质量损失及材料力学性能测定等方式来进行结果评价，也可根据GB/T 6461—2002《金属基体上金属和其他无机覆盖层　经腐蚀试验后的试样和试件的评级》给出评级。

（2）二氧化硫腐蚀。根据GB/T 9789—2008《金属和其他无机覆盖层　通常凝露条件下的二氧化硫腐蚀试验》，首先将$2dm^3 \pm 0.2dm^3$的蒸馏水置于密封箱底部，然后将试样放置在密封箱的暴露架上，通入$0.2dm^3$的二氧化硫气体，并启动计时器和加热器，在1.5h内升到40℃ ± 3℃并保持恒温。24h为一次试验周期，每个周期开始前更换一次密封箱内水和二氧化硫气体。达到规定的周期数后，一般通过检验外观、减重、缺陷数量、缺陷面积、第一个腐蚀点出现时间来评价耐腐蚀性，也可根据GB/T 6461—2002《金属基体上金属和其他无机覆盖层　经腐蚀试验后的试样和试件的评级》给出评级。

（3）全浸腐蚀。根据JB/T 6073—1992《金属覆盖层　实验室全浸腐蚀试验》，预先准备自然溶液（海水、雨水、工业废水）或人工配置溶液，如果有去除溶氧要求，则保持通入氮气，如果有氧饱和要求，则保持通入氧气。将试样全部浸入溶液中，并开启计时，如需溶液沸腾，应加入沸石以防止气泡冲击。达到预定时间后，取出试样，可通过检验外观、减重、缺陷点数等方法评价耐腐蚀性，也可根据GB/T 6461—2002《金属基体上金属和其他无机覆盖层　经腐蚀试验后的试样和试件的评级》给出评级。

（4）盐水滴腐蚀。根据JB/T 7702—1995《金属基体上金属和非有机覆盖层　盐水滴腐蚀试验（SD试验）》，首先配置氯化钠、氯化镁、硫酸镁等组成的盐溶液（具体参照标准），将试样搁置在台架上，试样间不能相互接触，溶液不能从一个试样流到另一个试样上。然后使用喷雾装置将试验溶液轻轻喷到试样上，液滴应均匀分布，不可凝结成水滴。每24h检查一次，如发现液滴大小数量减少，应重新喷雾。试验结束后，可以从外观、开始腐蚀时间、腐蚀缺陷等几点评价腐蚀程度，其中腐蚀缺陷可以根据GB/T 6461—2002《金属基体上金属和其他无机覆盖层　经腐蚀试验后的试样和试件的评级》给出评级。

6.抗变色性能检测

根据QJ 484—1990《银镀层抗硫化物变色试验方法》，将硫化铵溶液滴一滴在待测镀层上，同时启动秒表，当镀银层表面开始变褐色或黑色时停止秒表，记下所需时间。对于未经后处理的镀银层，变色时间不小于1min为合格；对于铬酸盐钝化处理的镀银层，变色时间不小于5min为合格。

4.1.4　常见缺陷

1.镀银层剥落

在触头表面镀层受到反复机械磨损后，容易发生镀银层剥落现象。原因一般是镀银前处理工艺不当，在两层金属之间存在杂质、油污、氧化物等，导致镀银层与基层金属之间结合力不强，在机械磨损的作用下，镀银层极易剥落。

2.接触电阻升高

接触电阻是开关电器最重要的参数之一，接触电阻过高，将导致温升过高。在触头服役过程中，一般情况下接触电阻会一直增长。接触电阻增值机制是业内学者广泛探讨的问题。

弱电领域的电阻增值机制，一般是由于应力、氧化、硫化、脏污；在高压领域，还会由于分断过程中产生的电弧放电，这个过程会释放大量热量，并且在短时间内产生2~3倍大气压的压力，将使导电触头材料发生转移、侵蚀、相变、化学反应，这些都将影响导电触头的表面质量，增加导电触头的接触电阻。

在导电触头闭合时，同样会产生短时电弧放电，而且闭合时的机械冲击，往往造成触头在接触时发生多次弹跳，造成多次电弧放电，即出现动熔焊。

3.锈蚀

导电触头为金属制品，因此免不了发生锈蚀缺陷。比如电网系统中十分常见的隔离开关，由于其长期暴露在空气中，另外其触头触指之间啮合时容易破坏镀层，失去镀层保护作用，因此其锈蚀现象十分严重。

触头受到大气腐蚀的原理一般有如下几种：

（1）镀银层腐蚀。大气中含有还原性硫，容易与银发生反应，生成硫化物，使镀银层变得疏松多孔。

（2）基体大气侵蚀。触头触指为了保持较低的接触电阻，一般会施加一定的预紧力，在反复磨损及预紧力的作用下，触头表面可能发生镀层剥落、裂纹现象，导致基层金属直接与大气接触，铜与大气接触，很快就会被氧化。大气中的水蒸气，加速了这一过程。

4.2 气体绝缘金属封闭开关设备（GIS）壳体

4.2.1 概述

气体绝缘金属封闭开关设备（Gas Insulated Switchgear，GIS），是将母线、断路器、隔离开关、电流互感器、电压互感器、避雷器等电气设备，全部密封于充有六氟化硫（SF_6）气体的金属筒体内的配电装置，也称SF_6全封闭组合电器。常用的型号如ZF27-1100、ZFW52型。

GIS设备具有占地面积小、运行安全可靠、配置灵活、安全性强等优点，现已广泛装备电网系统，特别是近些年建造的超高压和特高压变电站。GIS设备的缺点主要有SF_6气体易发生泄漏、内部微水导致闪络故障等，且一旦GIS设备出现故障，其缺陷定位和检修相对比较困难，另外就是GIS设备成本相对较高。

GIS设备按照结构型式分为共相（三相一壳）式和分相（单相一壳）式，共相式指的是三相电均在同一个筒体内，这种结构比较紧凑，整体体积小，且三相电流平衡，外壳无感应电流；分相式的优点是基本不会发生相间短路，安装检修方便，但是体积大，而且由于单相电流不平衡，外壳上会产生感应电流以及电磁感应产生的涡流现象，因此这种结构一般选用非磁性材料制造壳体，或者采取隔磁措施。这两种结构都有应用，一般220kV以下的GIS多采用共相式结构，220kV以上的GIS多采用分相式结构。

按照使用环境，GIS可以分为室内型和室外型。室内型无需过多考虑雨水、光照、锈蚀等问题，而且房屋上部可安装吊装行车，安装维修十分方便。室外型则需要着重考虑金属防锈、法兰密封、恶劣天气等问题。一般只有小型GIS设备能够置于室内，配套房屋投资在可接受范围内，大型GIS设备一般只能置于户外。

4.2.2 壳体制造关键工艺

4.2.2.1 壳体材料

对于分相GIS设备，由于单相电流很大，为了避免壳体产生涡流发热，一般选用非磁性材料。而且由于GIS壳体内部需要充SF_6气体，压力一般为0.4～0.6MPa，因此壳体材料需要满足压力容器强度要求。另外，部分焊接壳体制造过程中，要进行翻孔操作，这要求壳体材料具有良好的塑性和可焊接性。常用的GIS壳体材料为铝合金和钢，常用铝合金材料牌号为5083、ZL101A、AlSi10Mg等，钢材牌号为16MnR、0Cr18Ni9Ti等。

4.2.2.2 加工流程与工艺

GIS壳体种类较多，常见的有直管、三通、带封盖壳体，其他类型例如支筒不与主筒垂直、法兰端面不与轴线垂直的壳体可统称为异形壳体。壳体的各个端面一般都加工有法兰，用于与其他壳体连接，法兰端面加工有密封槽，以保证每个气室的密封性。

按照加工类型划分，GIS壳体可分为焊接加工及铸造加工。

1.焊接加工

GIS壳体一般结构较简单，但是对材料质量要求较高，不能出现缝隙、气泡等缺陷。相比于铸造工艺，焊接加工所使用的板材的质量更容易得到保证，且对于大型GIS筒体，焊接加工能显著节省制造成本。焊接加工最薄弱的环节是焊缝，焊缝处容易出现裂纹、夹渣、气孔等缺陷，焊接热变形也容易导致工件精度超差。目前，铝合金焊接技术已十分成熟，配合多种无损检测技术，可以保证GIS壳体的质量。

以某厂家生产的三通壳体为例，说明其加工流程与工艺。

三通壳体尺寸示意图如图4-2所示。

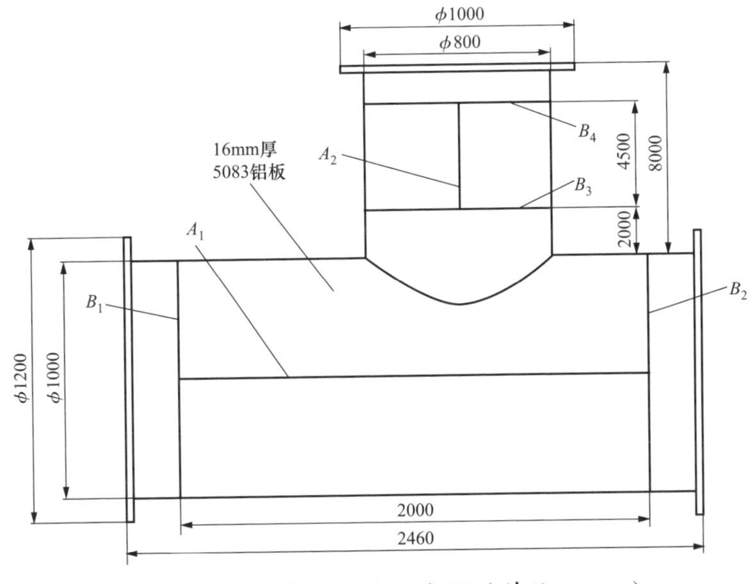

图4-2　三通壳体尺寸示意图（单位：mm）

此三通壳体主要是用焊接的加工方式完成的，其生产工序如下：

（1）主筒及支筒制造。

1）下料。下料一般使用剪板机或数控切割机，也可使用火焰切割等方式，下料后一般要进行一道校平工序。

2）加工坡口。利用刨床或铣边机加工坡口，部分产品工艺流程规定不开坡口。

3）卷板。利用卷板机进行卷板工序，目前常用的是四辊卷板机，卷板效果比三辊卷板机好。

4）焊接。筒体的焊接为一条纵焊缝，按照GB 150.1—2011《压力容器　第1部分：通用要求》中的焊缝接头分类方法，属于A类焊缝。焊接时首先用自动等离子弧焊（PAW）焊透，双面焊双面成型，最后采用不填丝TIG电弧方法，对筒外壁和内壁焊缝进行重熔整形，以达到内壁光滑过渡要求及提高外观质量。

5）滚圆校正。焊接后需进行滚圆校正，一般使用卷板机进行校正。

（2）主筒与支筒连接。GIS主筒上一般会有一些支筒分支，用于布置其他的电气设备，主筒与支筒的焊接连接方式一般有两种：

1）马鞍型连接。马鞍型连接内部焊缝处不是平滑过渡，一般为使内部电场均匀，要求壳体内部过渡均匀光滑，且马鞍型连接难以实现焊接自动化，也难以保证焊缝质量。

2）内翻边连接。内翻边连接是较为进步的技术。其主要工序是采用冷翻边设备及模具，对主筒体指定位置进行冷翻边（预先需要割孔），形成一个凸台，之后进行机加工及钳工处理，使端面规整，再将预制的支筒焊接在凸台上。这种连接方式可以保证内部过渡均匀光滑，而且焊缝为规则的环形焊缝，便于实现焊接自动化，焊缝质量也容易保证。

（3）法兰制造及与筒体焊接。法兰用于与其他筒体进行密封连接，一般要求端面表面质量高，在焊接壳体加工过程中需要单独制造，然后与筒体进行焊接连接。法兰制造及焊接工序一般为：

1）下料。采用火焰切割、等离子切割等切割方式。

2）立车。GIS壳体法兰往往直径较大，因此一般使用立式车床加工出毛坯。

3）焊接。法兰与筒体之间的焊缝为环形焊缝，根据GB 150.1—2011《压力容器　第1部分：通用要求》中的焊缝接头分类方法，属于B类焊缝。焊缝焊接时先开75°坡口，用TIG焊打底，再用手工TIG焊。

4）精加工。焊接工序后再进行精加工，法兰端面质量要求较高，表面粗糙度要达到Ra1.6，而且要加工密封槽。内孔一般要用镗床进行精加工。

2.铸造加工

铸造加工可用于生产较复杂的壳体，可以一步铸造出包括主筒、支筒、法兰的完整壳体，大大简化了加工工序。且在批量较大的情况下，铸造成本更低，产品一致性较好。铸造一般采用铝合金材料，铸造工艺按铸型分类可分为砂型铸造、金属型铸造，按浇铸工艺可分为重力铸造、压力铸造，这些铸造方法在实际生产中都有使用。铸造的缺点是易出现气泡、缩孔等缺陷，壳体强度普遍不如焊接壳体。

以某厂家生产的铸造壳体为例，说明铝合金铸造工艺的主要流程。

（1）熔化。将铝合金锭装入天然气熔化炉中进行熔化。

（2）精炼及变质处理。将熔化好的铝合金液倒入坩埚，加入精炼剂与变质剂。精炼处理用于去除铝合金中的气体和非金属杂质，变质处理能够在金属液中形成大量非自发晶核，从而获得细小晶粒，提高铸件性能。

（3）取样测试。利用光谱分析仪检测铝合金液化学成分，利用密度当量仪测试铝合金液含气量，两个参数均合格才可进入下一步工序。

（4）制造铸型及型芯。目前的GIS壳体铸造工厂，普遍采用金属型铸造，以提高铸件表面质量，且金属铸型可以重复利用。对于型芯，除简单的结构（易脱芯结构）中可使用金属芯，其他工况一般使用砂芯，便于制芯及脱芯。

（5）低压铸造。将铝合金液倒入低压铸造机保温炉中，待铸型放置并处理好后，开始浇铸，冷却后得到铸件毛坯。

（6）后处理工序。对铸件毛坯进行清理、打磨、喷丸、热处理、机加工等工序后，得到成品。

4.2.3 GIS壳体焊缝缺陷及检测

4.2.3.1 焊缝缺陷概述

焊缝缺陷主要表现为微观裂纹，指在焊接过程中或焊接之后，在焊接接头区域内出现的金属局部破裂现象。裂纹按其产生的温度不同分为热裂纹和冷裂纹。裂纹的存在会使材料的机械性能变差，并且容易出现漏气现象，影响GIS设备的电气性能和检修人员的健康安全。

在焊接过程中，造成焊缝缺陷的原因有许多。设备方面，自动焊机焊接时送丝速度的突变、焊接电流的不稳定、保护气体压力突变等；工艺方面，坡口和间隙尺寸设计不合理、钝边过厚；预处理方面，杂质未彻底清理干净，这些都有可能导致焊缝缺陷。而实际中往往焊缝缺陷在第一时间没有表现出来，随着运输震荡、后期使用过程中反复的压力变化、温度导致的应力变化，微裂缝逐渐扩散成为破坏性的裂纹。

2015年6月，某变电站母线B相GM19气室SF_6密度传感器出现低压报警，经检测，发现母线B相靠主控楼侧端部与第一组巡视跨越平台之间，轴向型伸缩节靠巡视跨越平台侧母线筒变径焊缝处漏气，裂纹位于筒体与法兰环焊缝中部，裂纹长度约8mm，如图4-3所示。

图4-3　焊缝漏气

2018年3月，某变电站检测到母线筒A相GM25气室漏气。经排查，发现为一处补焊点漏气，此处在制造过程中由于补焊工艺不良，未能将原有孔隙堵住，存在微小孔洞。

4.2.3.2　焊缝缺陷检测

1.射线无损检测

工厂在GIS壳体毛坯制造完成后，一般会进行产品缺陷检测，常用的检测方法是X射线检测。如图4-4所示，将待检GIS壳体置于防辐射密封室内试验台上，操作人员可控制待检壳体进行旋转、移动，以观测各个位置有无缺陷。在检测设备显示屏上可以清晰地看到X射线实时投影结果，如有缺陷，则图像会出现各类奇异点，通过旋转和移动工件测量图像尺寸，可以初步定位缺陷的深度及尺寸。有经验的检测员能在短时间内完成一个壳体的检测，避免有缺陷的工件进入下一道加工工序。

图 4–4　X射线缺陷检测现场照片

在变电站现场对GIS壳体缺陷进行检测时，由于大型X射装备难以搬运到现场进行检测，可采用便携的小型数字射线设备进行检测。由于X射线检测对缺陷各种方向的敏感度不同，为了更精确地对缺陷进行定性和定量检测，也可采用超声波无损检测设备来进行配合检测。

2.超声无损检测

超声波检测方法众多，对应着不同的检测设备。对GIS壳体焊缝进行检测，除了常使用的A型脉冲反射超声检测技术进行无损检测，目前超声衍射时差法（TOFD）和超声相控阵检测方法也被广泛应用。

GIS壳体材料小部分是钢制材料，大部分是铝合金材料，因此GIS壳体超声检测有其特点。铝的纵波声速为6300m/s，比钢的纵波速度快，横波声速为3150m/s，比钢中横波声速慢，铝焊缝中声衰减一般也比钢焊缝小。另外，GIS壳体的厚度相对较薄，声束既要保证能扫查到整个检测区截面，还要保证声束中心线尽量与该焊缝可能出现的危险性缺陷垂直，还应避免由于壁厚过薄产生干扰波。

因此，在检测GIS壳体焊缝时，要使用检测铝材的专用探头，宜选用较高频率检测，如5.0MHz，探头的横波折射角可选用70°短前沿探头，尽量使波束轴线与坡口面垂直，考虑到GIS是圆弧面，为了满足耦合效果，晶片尺寸选用较小为宜。

图4–5是国内某变电站特高压某型GIS母线壳体，在安装后例行检查时，发现存在焊缝缺陷。为了能对缺陷的使用可靠性进行评估，需要对缺陷的形成机理与尺寸大小进行精确测量，可考虑使用各类超声波无损检测方法。

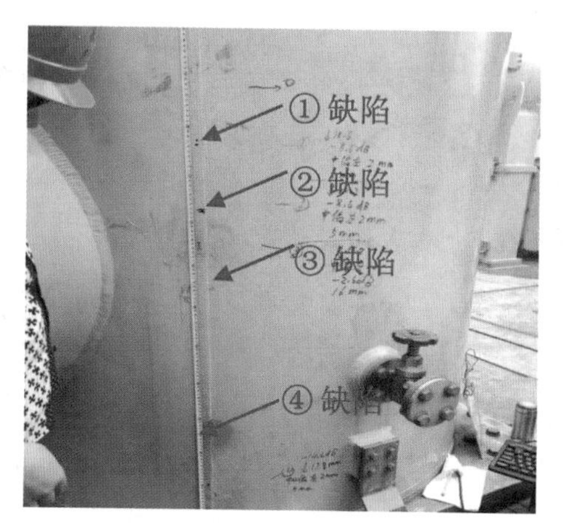

图4-5 GIS壳体焊缝缺陷的分布

超声波衍射时差法（Time of Flight Diffraction，TOFD）采用一发一收两个宽带窄脉冲探头进行检测，探头相对于焊缝中心线对称布置。发射探头产生非聚焦纵波波束以一定角度入射到被检工件中，其中部分波束沿近表面传播被接收探头接收，部分波束经底面反射后被探头接收，接收探头通过接收缺陷尖端的衍射信号及其时差来确定缺陷的位置和自身高度。这种检测技术非常适合焊缝缺陷检测，具有检测方便，对缺陷垂直方向的测量和定位准确，精度误差小于1mm等突出特点，但也有近表面存在盲区，对缺陷定性比较困难等缺点。图4-6

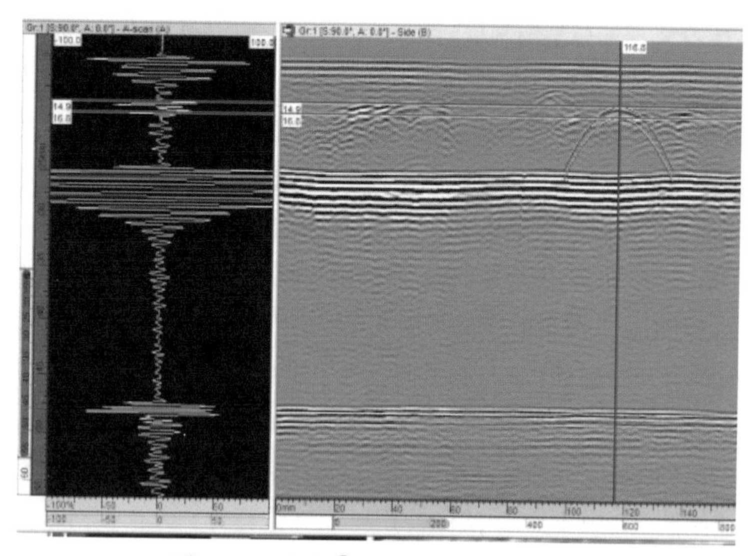

图4-6 缺陷①的TOFD检测结果

是缺陷①的TOFD检测结果，通过分析可以得到，缺陷深度为14.8～16.8mm，长度11.5mm，距离焊缝中心偏左1.5mm。

超声相控阵检测技术也常被用于GIS壳体缺陷检测，超声相控阵换能器在不移动的前提下就可以实现大范围高灵敏度的动态聚焦扫查，这是超声相控阵检测技术的重要优点。由于GIS壳体焊缝两侧是圆弧面，在实际检测中常使用楔块耦合，楔块能保护换能器免受磨损，也可使待测材料远离换能器的近场范围，而且能通过改变声束传播方向来增大检测角度范围。文献[16]研究探索了一种基于斜入射的超声相控阵全聚焦成像检测方法，全聚焦成像算法是一种基于全矩阵数据的虚拟聚焦后处理成像技术，因其具有精度高、算法灵活等优点成为近年来的研究热点。基于多通道技术可以更加清晰全面地表征材料内部缺陷的几何特征，进而对裂纹走向进行测定，并且其成像质量明显优于传统相控阵偏转聚焦成像算法，相控阵斜入射全聚焦成像原理图如图4-7所示。

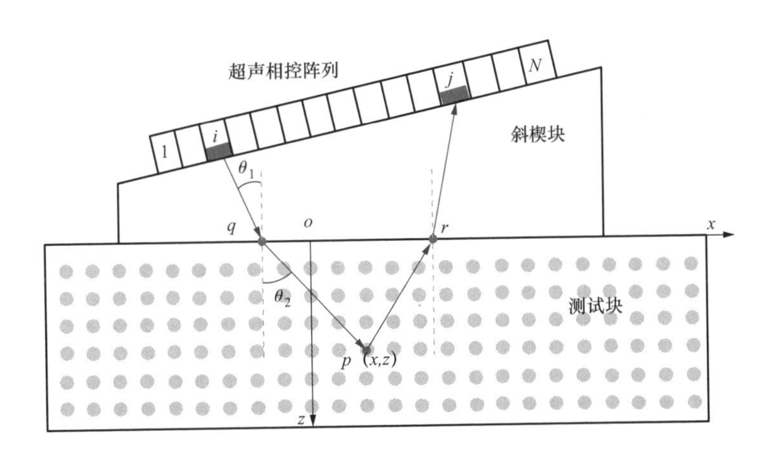

图4-7　相控阵斜入射全聚焦成像原理图

对缺陷①的焊缝进行全矩阵数据采集，并对缺陷进行斜入射全聚焦成像，成像结果如图4-8所示。从成像结果图中可以判断，现场检测的缺陷①，缺陷的中心是（29.75，11），长度以零点为起始点，位置在101～110mm，缺陷深度在11～17mm。

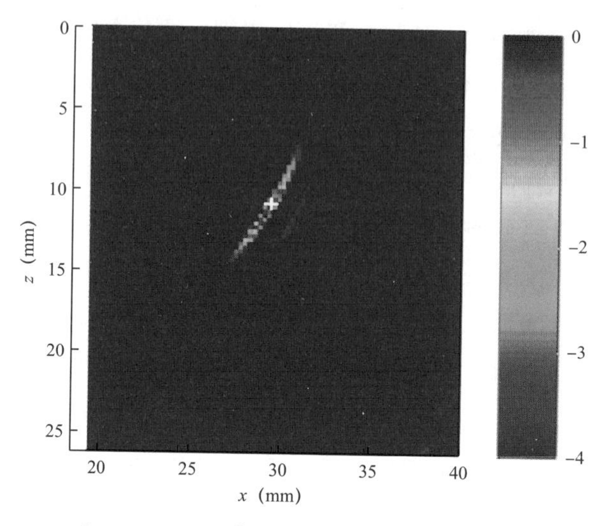

图4-8 缺陷①超声相控阵检测成像图

3.涡流检测

根据NB/T 47013.2—2015《承压设备无损检测 第2部分：射线检测》，涡流检测原理是当通有交流电的线圈附近有导体接近时，导体与线圈产生的交变磁场产生电磁感应作用，在导体表面形成涡流，如果导体表面存在裂纹，将会影响涡流场的分布和强度，检测人员探测到这一变化，即可了解焊缝处缺陷情况。

涡流检测可用于GIS壳体带电检测，在壳体表面有涂层的条件下依然对焊缝缺陷较为灵敏，但对缺陷的判定有赖于技术人员的工作经验。利用正交桥式平探头，配合铝合金对比试块，可以有效地检测铝合金GIS筒体焊缝。

4.壳体密封检查

通常会通过对壳体进行漏气检测，以此来判断焊缝的质量，因为漏气点往往发生在焊缝部分。根据GB/T 11022—2020《高压交流开关设备和控制设备标准的共用技术要求》和GB/T 11023—2018《高压开关设备六氟化硫气体密封性试验方法》，检测时，一般先进行定性检漏，有两种常用方法：

（1）检漏仪检漏。使用检漏仪来探测壳体有无泄漏，先充入0.01～0.02MPa的六氟化硫气体，再充入干燥气体至额定压力，然后用灵敏度不低于10^{-8}Pa·m^3/s的六氟化硫气体检漏仪进行检漏，无漏点则认为密封性能良好。

（2）抽真空检漏。将样品内部抽真空到绝对压力为113Pa，再维持真空泵运转30min后停泵，立即读取真空度A，5h后读取真空度B，如B-A值小于133Pa，则认为密封性良好。

如果需要获取准确的漏气率，可再进行定量检漏，有如下方法：

（1）扣罩法。适用于中小型GIS设备，可采用一个封闭罩（如塑料薄膜罩）收集泄漏气体。样品充气至额定压力6h后，扣罩24h，然后用灵敏度不低于10^{-8}Pa·m^3/s的检漏装置，测定罩内SF_6气体的浓度，进而推算出漏气率。

（2）局部包扎法。局部包扎法一般用于大型GIS设备，用约0.1mm厚的塑料薄膜按样品的几何形状围一圈半，使接缝向上，尽可能构成圆形或方形，经整理后边缘用白布带扎紧或用胶带沿边缘粘贴密封。经过一定时间后，测定包扎腔内六氟化硫气体浓度，从而推算出漏气率。

4.3　紧固件

4.3.1　概述

紧固件是任何行业中必不可少的基础零件，起到零件之间可拆卸式连接作用，在电网设备中扮演着十分重要的角色。在电网设备紧固件选型时，必须结合材质、强度、防锈蚀、防松脱等性能参数进行选型，否则可能对设备的安全运行带来严重影响。电网设备中常用的紧固件包括螺栓、螺柱、螺钉、地脚螺栓、螺母、垫圈、挡圈、销等。

螺栓、螺柱和螺钉的性能等级按照其抗拉强度和屈服强度分为3.6级、4.6级、4.8级、5.6级、6.8级、8.8级、9.8级、10.9级和12.9级。在电网设备中，输电线路常用的螺栓性能等级主要为4.8级、6.8级、8.8级和10.9级。输电杆塔用地脚螺栓常用的性能等级为4.6级、5.6级和8.8级。另外，按照制作精度，螺栓还分为A、B、C三个等级，A、B级代表精制螺栓，C级代表粗制螺栓。除特别注明外，输电线路杆塔及钢结构等连接用螺栓、地脚螺栓、螺母等产品公差等级一般为C级。除此以外，如：电力金具专用的六角头带销孔螺栓产品公差等级为B级；母线金具用沉头螺钉产品公差等级为A级等。紧固件不同制作精度等级的尺寸公差及形位公差可参考相关标准。

在电网设备中，常采用的螺母性能等级主要为5级、6级、8级、10级和12级，薄螺母的性能等级为5级。螺母用相配螺栓性能等级标记的第一部分数字标记，上述5个螺母的性能等级相配的螺栓或脚钉的性能等级分别为4.8级、6.8级、8.8级、10.9级和12.9级。一般来说，性能等级较高的螺母可以替代性能等级较低的螺母。

性能等级代号的含义是：小数点左边的数字表示公称抗拉强度的1/100，单位为MPa；小数点右边的数字表示屈强比。例如6.8级螺栓："6"代表螺栓的公称抗拉强度为600MPa，"8"代表螺栓的屈强比为0.8。

紧固件的标记命名方法主要由名称、标准编号、公称直径或螺纹规格、公称长度、材料、性能等级、表面处理方式等组成。例如，GB/T 5782 M10×40-6.8-A-Zn·D，指的是螺纹规格为M10、公称长度为40mm、性能等级为6.8级、制作精度为A级并且表面镀锌钝化处理的六角头螺栓。DL/T 1236—2013 M36×1200×180-L-4.6，指的是螺纹规格为M36、公称长度为1200mm、螺纹长度180mm、性能等级为4.6级的L型地脚螺栓。

电网系统中，热镀锌六角头螺栓、六角螺母、六角薄螺母和脚钉等大量用于输电线路杆塔及电力金具，其型式尺寸、技术要求、试验方法和验收检查等要求需满足DL/T 284—2021《输电线路杆塔及电力金具用热浸镀锌螺栓与螺母》等标准中的检测及质量判定依据。地脚螺栓包括L型地脚螺栓、J型地脚螺栓、棘爪型地脚螺栓、T型地脚螺栓和双头型地脚螺栓，一般用于架空输电杆塔或其他电网钢结构，其型式尺寸、技术条件、试验项目和验收检查等需满足DL/T 1236—2021《输电杆塔用地脚螺栓与螺母》等标准中的检测及质量判定依据。闭口销、锁紧销常用于间隔棒、防振锤、绝缘子串元件等电力金具，其型式尺寸、技术要求和试验等需满足DL/T 1343—2014《电力金具用闭口销》等标准中的检测及质量判定依据。

电网中不同使用场合的受力情况和环境状态有所不同，因此对紧固件的要求也不同。例如：架空输电线路连接用紧固件长期承受动载荷，紧固件在选型和使用过程中必须考虑到防松、抗疲劳性能；在使用环境条件较为恶劣，需要承受酸雨、沿海盐雾以及大温差环境的情况下，要考虑紧固件的耐腐蚀性和热强度。因此，紧固件应根据使用场合的要求并结合紧固件的相关标准（DL/T 284—2021《输电线路杆塔及电力金具用热浸镀锌螺栓与螺母》、GB/T 3098.1—2010《紧固件机械性能　螺栓、螺钉和螺柱》、GB/T 3098.2—2015《紧固件机械性能　螺母》等），从结构形式、力学性能、材料、螺纹类型、精度、使用部位和使用环境等方面选择合适的种类和型式，以符合电网产品设计所需的连接功能、性能和使用要求。

螺栓、螺柱、螺钉的机械性能需要满足表4-3所规定的性能要求。

表 4–3 螺栓、螺柱、螺钉的机械性能要求

分项	机械和物理性能		性能等级									
			4.6	4.8	5.6	5.8	6.8	8.8		9.8$d\leqslant$16mm	10.9	12.9
								$d\leqslant$16mm	$d>$16mm			
1	抗拉强度 R_m（MPa）	公称	400		500		600	800		900	1000	1200
		min	400	420	500	520	600	800	830	900	1040	1220
2	下屈服强度 R_{eL}（MPa）	公称	240	—	300	—	—	—	—	—	—	—
		min	240	—	300	—	—	—	—	—	—	—
3	规定非比例延 0.2% 的应力 $R_{P0.2}$（MPa）	公称	—	—	—	—	—	640	640	720	900	1080
		min	—	—	—	—	—	640	660	720	940	1100
4	紧固件实物的规定非比例延伸 0.0048d 的应力 R_{Pf}（MPa）	公称	—	320	—	400	480	—	—	—	—	—
		min	—	340	—	420	480	—	—	—	—	—
5	保证应力 S_p（MPa）	公称	225	310	280	380	440	580	600	650	830	970
	保证应力比	$S_{p,公称}/R_{eL,min}$ 或 $S_{p,公称}/S_{P0.2,min}$ 或 $S_{p,公称}/R_{Pf,min}$	0.94	0.91	0.93	0.90	0.92	0.91	0.91	0.90	0.88	0.88
6	机械加工试件的断后伸长率 A（%）	min	22	—	20	—	—	12	12	10	9	8

续表

分项	机械和物理性能		性能等级									
			4.6	4.8	5.6	5.8	6.8	8.8		9.8 $d \leq 16mm$	10.9	12.9
								$d \leq 16mm$	$d > 16mm$			
7	机械加工试件的断面收缩率Z（%）	min	—					52		48	48	44
8	紧固件实物的断后伸长率A_f	min	—	0.24	—	0.22	0.20	—	—	—	—	—
9	头部坚固性		不得断裂或出现裂痕									
10	维氏硬度/HV，$F \geq 98N$	min	120	130	155	160	190	250	255	290	320	385
		max	220				250	320	335	360	380	435
11	布氏硬度/HBW，$F \geq 30D$	min	114	124	147	152	181	245	250	286	316	380
		max	209				238	316	331	355	375	429
12	洛氏硬度/HRB	min	67	71	79	82	89	—				
		max	95.0				99.5	—				
	洛氏硬度/HRC	min	—					32	23	28	32	39
		max	—					32	34	37	39	44

螺母的机械性能需要满足表4–4所规定的性能要求。

表4–4　　　　螺母的机械性能

螺纹规格		性能等级									
		04					05				
		保证应力 S_P (N/mm²)	维氏硬度HV		螺母		保证应力 S_P (N/mm²)	维氏硬度HV		螺母	
>	≤		min	max	热处理	型式		min	max	热处理	型式
—	M4	380	188	302	不淬火回火	薄型	500	272	352	淬火并回火	薄型
M4	M7										
M7	M10										
M10	M16										
M16	M39										

螺纹规格		性能等级									
		4					5				
		保证应力 S_P (N/mm²)	维氏硬度HV		螺母		保证应力 S_P (N/mm²)	维氏硬度HV		螺母	
>	≤		min	max	热处理	型式		min	max	热处理	型式
—	M4	—	—	—	—	—	520	130	302	不淬火回火	1
M4	M7						580				
M7	M10						590				
M10	M16						610				
M16	M39	510	117	302	不淬火回火	1	630	146			

螺纹规格		性能等级									
		6					8				
		保证应力 S_P (N/mm²)	维氏硬度HV		螺母		保证应力 S_P (N/mm²)	维氏硬度HV		螺母	
>	≤		min	max	热处理	型式		min	max	热处理	型式
—	M4	600	150	302	不淬火回火	1	880	180	302	不淬火回火	1
M4	M7	670					855	200			
M7	M10	680					870				
M10	M16	700					880				
M16	M39	720	170				920	233	353	淬火并回火	

续表

螺纹规格		性能等级									
		8					9				
		保证应力S_P（N/mm²）	维氏硬度HV		螺母		保证应力S_P（N/mm²）	维氏硬度HV		螺母	
>	≤		min	max	热处理	型式		min	max	热处理	型式
—	M4	—	—	—	—	—	900	170	302	不淬火回火	2
M4	M7						915	188			
M7	M10						940				
M10	M16						950				
M16	M39	890	180	302	不淬火回火	2	920				

螺纹规格		性能等级									
		10					12				
		保证应力S_P（N/mm²）	维氏硬度HV		螺母		保证应力S_P（N/mm²）	维氏硬度HV		螺母	
>	≤		min	max	热处理	型式		min	max	热处理	型式
—	M4	1040	272	353	淬火并回火	1	1140	295	302	淬火并回火	1
M4	M7	1040					1140				
M7	M10	1040					1140				
M10	M16	1050					1170				
M16	M39	1060					—	—	—	—	—

螺纹规格		性能等级				
		12				
		保证应力S_P（N/mm²）	维氏硬度HV		螺母	
>	≤		min	max	热处理	型式
—	M4	1150	272	353	淬火并回火	2
M4	M7	1150				
M7	M10	1160				
M10	M16	1190				
M16	M39	1200				

4.3.2　紧固件制造工艺

4.3.2.1　紧固件常用材料

紧固件常用的材料有结构钢、不锈钢和弹簧钢。

结构钢根据成分可分为碳素结构钢和合金结构钢，根据含碳量又可以分为低碳钢、中碳钢和高碳钢。紧固件大多数用材为低中碳结构钢、中碳结构钢、中碳合金钢和中碳优质合金结构钢。低碳钢碳含量为$C\% \leqslant 0.25\%$，国内常见牌号有08、10、10A、15、18A、20、20A、25等，主要用于制造4.8级螺栓及4级螺母、小螺丝等无硬度要求的紧固件。中碳钢碳含量为$0.25\% < C\% < 0.6\%$，国内常见牌号有30、35、40、45、50、ML35等，主要用于制造8级螺母、8.8级螺栓及8.8级内六角紧固件。高碳钢碳含量为$C\% > 0.6\%$，紧固件行业基本不使用。

合金钢结构钢是在普碳钢中加入合金元素，以增加钢材的一些特殊性能，基于合金钢结构钢所制成的紧固件普遍具有优良的力学性能。例如：牌号为12Cr2Ni4A的渗碳钢可用于制造心部韧性高、表面硬度高，耐磨、耐疲劳的螺栓等紧固件；牌号为20MnVB的一般强度钢主要用于制造8.8级、9.8级螺栓、螺钉等。

不锈钢是在大气和酸、碱、盐等腐蚀性介质中呈现钝态、耐腐蚀的高铬合金钢（铬含量一般为12%～30%）。在耐腐蚀性要求较高的环境中，一般采用不锈钢制的紧固件。

弹簧钢专门用于制造各类弹簧、弹簧垫片、卡簧和其他弹性元件，其在淬火和回火状态下具有弹性。弹簧钢分为碳素弹簧钢和合金弹簧钢：碳素弹簧钢的含碳量一般为0.6%～0.9%，用于制造小型弹簧、弹簧垫片；合金弹簧钢的含碳量一般为0.45%～0.75%，加入的合金元素有Mn、Si、Cr、Mo、W、V和微量的B，一般用于制造截面尺寸较大、承载力大的弹簧、弹簧垫片。常用的弹簧钢的牌号有65Mn、60Si2Mn、50CrVA。

按相关标准，电网系统中常用紧固件的材料要求如下：

（1）六角头螺栓C级、六角螺母C级、地脚螺栓、电力金具专用紧固件六角头带销孔螺栓等紧固件，按不同性能等级采用GB/T 5780—2016《六角头螺栓　C级》、GB/T 41—2016《1型六角螺母　C级》、GB 799—2020《地脚螺栓》、DL/T 764—2014《电力金具用杆部带销孔六角头螺栓》等标准规定的低碳钢、中碳钢或合金钢等材料。

（2）弹簧垫圈采用GB 93—1987《标准型弹簧垫圈》规定的弹簧钢等材料。

（3）母线金具用沉头螺钉采用DL/T 682—2021《母线金具用开槽沉头螺钉》规定的钢或不锈钢。

（4）电力金具专用闭口销采用GB/T 1220《不锈钢棒》规定的奥氏体不锈钢。

（5）输电线路杆塔及电力金具中使用的热浸镀锌螺栓与螺母的各性能等级用钢的化学成分极限（根据DL/T 284—2021《输电线路杆塔及电力金具用热浸镀锌螺栓与螺母》）见表4-5和表4-6。

表4-5　螺栓和脚钉各性能等级用钢的化学成分极限

<table>
<tr><th rowspan="3">性能等级</th><th rowspan="3">材料</th><th colspan="5">化学成分极限（熔炼分析）(%)</th></tr>
<tr><th colspan="2">C</th><th>P</th><th>S</th><th>B</th></tr>
<tr><th>最小值</th><th>最大值</th><th>最大值</th><th>最大值</th><th>最大值</th></tr>
<tr><td>4.8</td><td rowspan="2">碳钢或添加元素的碳钢</td><td>—</td><td>0.55</td><td>0.050</td><td>0.060</td><td rowspan="2">未规定</td></tr>
<tr><td>6.8</td><td>0.15</td><td>0.55</td><td>0.050</td><td>0.060</td></tr>
<tr><td rowspan="2">8.8</td><td>添加元素的碳钢（如硼、锰或铬）</td><td>0.15</td><td>0.40</td><td>0.025</td><td>0.025</td><td rowspan="2">0.003</td></tr>
<tr><td>合金钢</td><td>0.20</td><td>0.55</td><td>0.025</td><td>0.025</td></tr>
<tr><td>10.9</td><td>合金钢</td><td>0.20</td><td>0.55</td><td>0.025</td><td>0.025</td><td>0.003</td></tr>
</table>

表4-6　螺母各性能等级用钢的化学成分

<table>
<tr><th rowspan="3" colspan="2">性能等级</th><th colspan="4">化学成分（%）</th></tr>
<tr><th>C</th><th>Mn</th><th>P</th><th>S</th></tr>
<tr><th>最大值</th><th>最小值</th><th>最大值</th><th>最大值</th></tr>
<tr><td colspan="2">5、6</td><td>0.50</td><td>—</td><td>0.060</td><td>0.150</td></tr>
<tr><td colspan="2">8</td><td>0.58</td><td>0.25</td><td>0.060</td><td>0.150</td></tr>
<tr><td>10</td><td>05</td><td>0.58</td><td>0.30</td><td>0.048</td><td>0.058</td></tr>
<tr><td colspan="2">12</td><td>0.58</td><td>0.45</td><td>0.048</td><td>0.058</td></tr>
</table>

4.3.2.2　紧固件的加工流程与工艺

输电线路杆塔及电力金具所用的热镀锌螺栓与螺母在加工过程中应符合 GB/T 22028—2008《热浸镀锌螺纹　在内螺纹上容纳镀锌层》、GB/T 197—2018《普通螺纹　公差》、DL/T 284—2021《输电线路杆塔及电力金具用热浸镀锌螺栓与螺母》等标准的规定。其中，螺栓螺纹及其他紧固件的外螺纹应采用滚压螺纹工艺制造，螺母螺纹及其他内螺纹紧固件在热镀锌后进行攻丝，不允许重复攻丝。紧固件的热镀锌工艺要求为：镀层表面光滑、无漏镀面、滴瘤、黑斑，无残留熔剂渣、氧化皮夹杂物和损害零件预定使用性能的其他缺陷；镀层局部厚度应不小于40μm，镀层平均厚度应不小于50μm，且镀层应牢固黏附在镀件上，镀层具有良好的均匀性等。

紧固件加工的一般流程包含材料改制阶段、毛坯成型阶段以及后处理阶段，如图 4–9 所示。

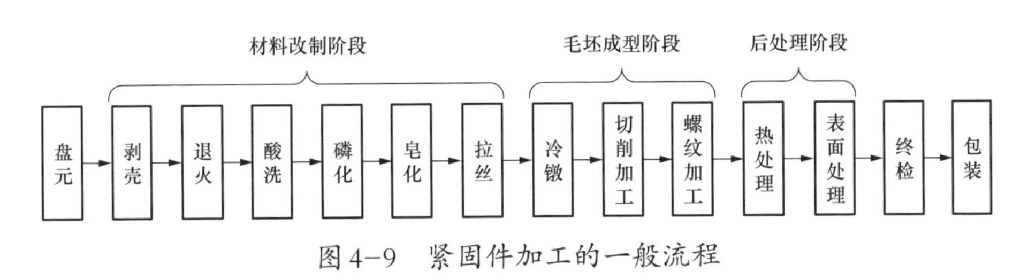

图 4–9　紧固件加工的一般流程

1. 材料改制阶段

紧固件生产厂家购入的钢材是由钢坯加热轧制而成的盘元（又称盘条）。由于紧固件种类多，所用材料的规格多，采购的热轧盘条的规格尺寸和表面质量不能用于紧固件生产，必须经过一定的初步加工。

（1）剥壳。盘元的生产过程经过高温轧制和随后的控制冷却，钢材的表面会与空气接触发生化学反应生成一层氧化物，俗称氧化皮。盘元表面的氧化皮硬而脆且难以变形，在线材的后续冷成型加工过程中很容易致使钢材表面出现缺陷，甚至引起断丝，这严重影响了紧固件产品的质量，因此必须在拉丝生产前将氧化皮去除。

对于氧化皮较厚的材料，不能单纯依靠酸洗去除，通常要进行剥壳处理。一般采用机械弯曲的方法，采用剥壳机将线材通过十字安装的辊轮，使氧化皮在反复弯曲中脱落。

（2）退火。退火是将金属缓慢加热到一定温度，保持足够时间，然后进行适宜速度冷却的一种金属热处理工艺。退火的目的主要为：改善或消除钢铁在铸造、锻压、轧制和焊接过程中所造成的各种组织缺陷及残余应力，防止工件变形、开裂；软化工件以便进行切削加工；细化晶粒，改善组织以提高工件的机械性能等。在材料改制过程中，常采用的退火方式有去应力退火、完全退火、球化退火等。

（3）酸洗、磷化、皂化。酸洗指用盐酸除去线材表面的氧化膜、锈渍的工艺。酸洗后，要进行中和及清洗操作，防止将酸液带到下一个工艺中。

磷化是在酸洗后，通过特殊磷化处理在金属表面形成一层磷酸盐薄膜，其特点是表面多孔像海绵状，能吸附在钢材表面。在冷成型加工时，钢材和模具表面被这层薄膜隔开，薄膜可随着冷镦时钢材的延伸而延伸，减少了线材抽线和冷镦成型等加工过程中对模具的擦伤，起到了润滑作用和一定的防锈作用。

皂化是将磷化处理后的坯料（需先用清水洗净）投入皂化处理液中，其中的硬脂酸钠与磷化层中的磷酸锌反应生成硬脂酸锌，起到润滑的作用。

（4）拉丝。金属拉丝工艺指在外加拉力的作用下，将盘条或线坯从拉丝模的模孔中拉出，以获得所需尺寸和形状的线材的塑性加工过程。拉丝工艺得到的金属丝尺寸精确，表面光洁，为紧固件生产过程中的冷镦工艺提供必需规格的线材。

2.毛坯成型阶段

（1）冷镦。冷镦指在常温下，通过压力机对胚料在上、下模之间施加压力，使胚料轴向压缩、径向扩展，快速镦锻成型的加工工艺。冷镦遵循金属塑性成型的基本原理，在不破坏金属整体性的前提下，使金属材料在模具型腔内发生塑性流动，适宜用来加工螺钉、螺栓、铆钉和螺母等材料的塑性较好的紧固件。

1）冷镦工艺特点。

a.材料利用率高。冷镦是一种少切削或无切削的加工方法，材料利用率可达80%～90%。

b.生产效率高。冷镦一般采用专用冷镦机加工紧固件，容易实现连续、多工位、自动化生产。在冷镦机上能顺序完成切料、镦头、聚积、成形、倒角、搓丝、缩径和切边等工序，线材由送料机构自动送进一定长度，切断机构将其切断成坯料，然后由夹钳传送机构依次送至聚积压形和冲孔工位进行冷镦成形。

c. 工件表面粗糙度及尺寸精度高。冷镦加工的紧固件表面粗糙度可达 Ra1.6 ~ 3.2μm。

d. 能提高紧固件的力学性能。冷镦加工的紧固件金属流线组织没有被切断，加工产生的加工硬化也能提高紧固件的抗拉强度和疲劳性能。

2）冷镦基本流程：送料辊轮将丝材送入模箱内→切料刀片和切料杆模按要求切断丝材→丝材料段被弹簧夹钳送至镦锻模里→通过预镦模具进行工件头部预镦→通过终镦模具进行工件终镦→通过切边模具进行切边→工件成型并由顶料杆顶出。

3）冷镦设备。紧固件生产中主要用到的冷镦设备有单击自动冷镦机、双击自动冷镦机、多工位自动冷镦机和两模三冲自动冷镦机。

4）紧固件冷镦成型实例。以紧固件中最为典型的六角头螺栓和六角螺母成型工艺为例，四模四冲程的加工流程为：下料→头部预成型→光冲成型及下模倒角→杆部缩径→切六角→搓螺纹。图 4–10 为六角头螺栓的四模四冲成型示意图。

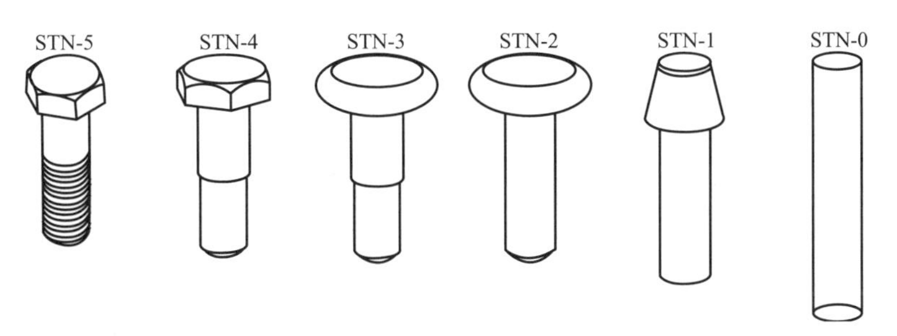

图 4–10　六角头螺栓的四模四冲成型示意图

六角螺母在四工位螺母冷镦机上的加工流程为：切断→整形→镦球→镦六方→冲孔→搓螺纹。图 4–11 为六角螺母的成型示意图。

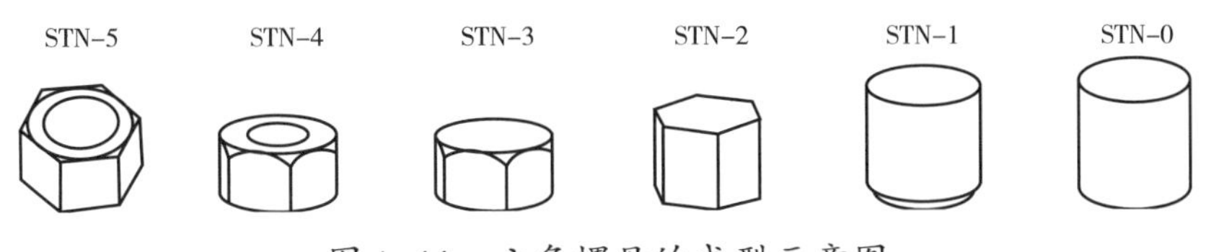

图 4–11　六角螺母的成型示意图

（2）切削加工。冷镦加工成型的紧固件毛坯若未获得理想的工件外形，则还需进行切削加工，以达到尺寸、形状和表面质量的要求。由于车削加工的生产效率、材料利用率低于冷镦加工，因而车削加工一般不作为大批量紧固件生产的主要成型工艺，实际生产中常作为冷镦加工后的工序，来进一步提高紧固件工件的尺寸精度和表面质量。

紧固件生产中常用的切削加工方法有车削、铣削、磨削等。其中，常用的车削工艺有车外圆、车端面、车螺纹、车锥面、车孔、切断、切槽、铰孔等，适用于螺栓、螺钉、销、高锁螺栓等轴类紧固件；常用的铣削工艺有铣平面、铣四方、铣六方、铣槽等，适用四方、六方螺栓螺母，含一字槽、圆弧槽的螺栓、螺钉，以及开槽螺母等紧固件；常用的磨削工艺有平面磨削、外圆磨削、内圆磨削、无心磨削等，适用于表面要求较高的垫圈类紧固件、螺栓类圆柱体紧固件等。

（3）螺纹加工。螺纹加工在紧固件行业中占有重要地位，螺栓、螺钉、螺母等常用连接件都涉及螺纹加工。紧固件行业大批量生产最常用的螺纹加工方法主要是滚压外螺纹和攻制内螺纹，除此之外的螺纹加工方法还有车削螺纹，但由于车削螺纹一般用于大直径、大螺距的单件和小批量生产的外螺纹加工，本书不做介绍。

1）外螺纹的滚压加工。滚压螺纹属于冷作加工方法，螺纹的形成是通过使金属产生塑性变形来实现。滚压螺纹可以加工直径大小不等的外螺纹，具有生产效率高、螺纹强度高、表面硬度高以及螺纹表面粗糙度小等特点，能充分保证所加工紧固件的力学性能，因而是紧固件行业中应用最为广泛的螺纹加工方法。

外螺纹的滚压加工最常用的方法是搓丝板搓丝和普通圆柱滚丝轮滚丝。

搓丝板滚压螺纹成型原理：搓丝板由一块静板和一块动板组成一副，通常搓丝机上都采用平丝板，平丝板的齿面为展开螺纹。搓丝加工时，动板做往复运动，工件在动、静板之间受迫滚动而形成螺纹，其结构和工作原理如图4–12所示。

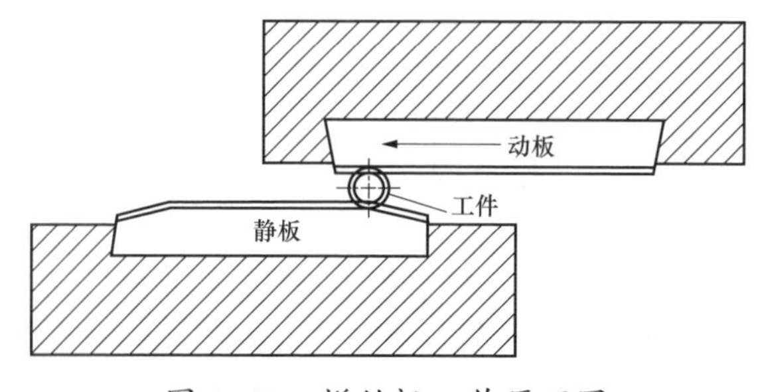

图4–12　搓丝板工作原理图

普通圆柱滚丝轮滚压螺纹成型原理：滚丝轮为多线螺纹圆柱形滚轮，一般两个为一副。滚丝轮的螺纹旋向与被滚压的螺纹旋向相反，升角相同，其结构和工作原理如图4–13所示。

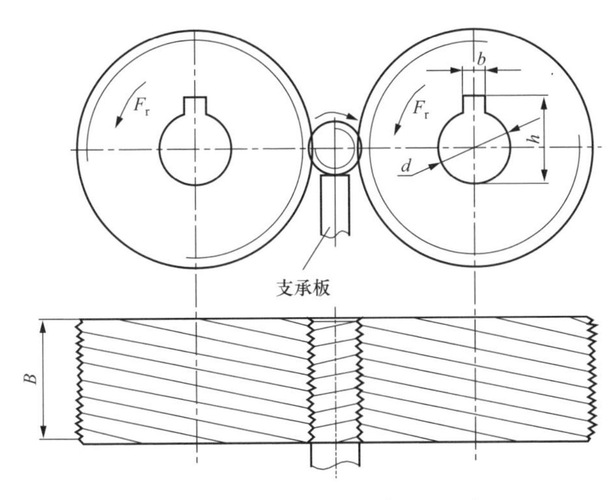

图 4–13 滚丝轮工作原理图

滚丝轮与被滚压螺纹相关的尺寸参数有滚丝轮直径、线数、宽度和滚丝轮牙型参数。滚丝轮的精度分为3级，与相应的螺纹精度有一定的对应关系。

2）内螺纹的攻制加工。除大规格内螺纹且小批量时采用车削加工以外，绝大部分内螺纹一般采用攻制的方法加工。

攻制内螺纹用到的工具主要为普通螺纹丝锥，它分为手动丝锥和机用丝锥两类，两者的基本尺寸和结构是相同的，主要区别是制造材料不同。螺纹丝锥一般由工作部分和柄部构成，结构图如图4–14所示。

3.后处理阶段

（1）紧固件的热处理。将固态金属材料、毛坯或半成品采用适当方式进行加热、保温和冷却以获得所需组织结构与性能的工艺称为热处理。

紧固件的热处理根据在生产工序中的位置，分为预备热处理和最终热处理。预备热处理的目的是为后续工序进行组织和性能的准备，包括两种情况：一是为下道工序做准备，如完全退火降低中碳钢硬度、正火提高低碳钢硬度，以便于机械加工；二是为最终热处理做准备，如调质处理。最终热处理的作用是使产品各项性能达到设计的服役状态，如适合的强度、硬度、韧性等。

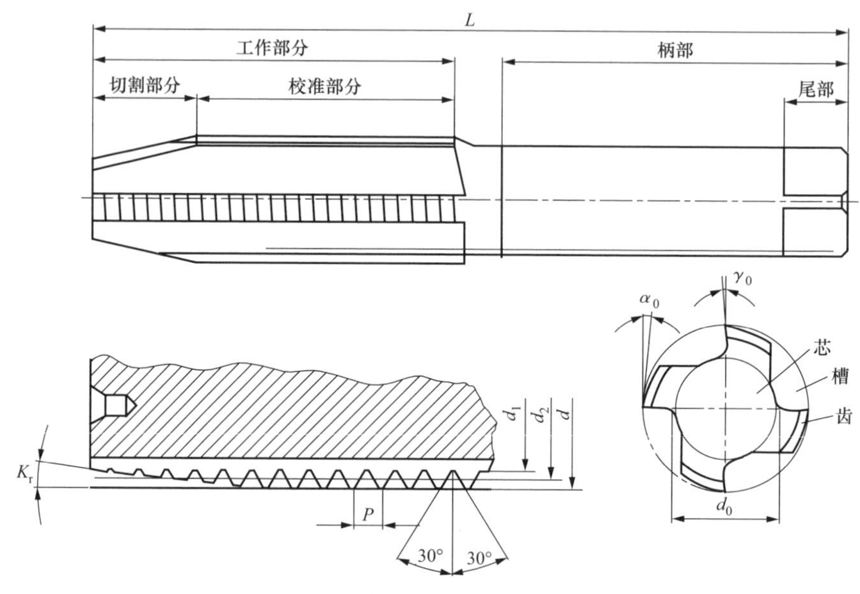

图 4-14　普通螺纹丝锥的结构图

根据热处理的工艺特点，紧固件的热处理可分为整体热处理、表面热处理、化学热处理等。

1）典型紧固件的热处理。

a.低强度要求的碳钢类螺栓、螺钉类紧固件，如强度要求为4.8级、5.8级、6.8级的螺栓、螺钉。这类紧固件的热处理通常只有一道工序，在冷镦后进行去应力退火。所用设备为空气电阻炉，退火温度范围为400 ~ 600℃。搓丝工序位于退火之前时，退火要取下限；反之要取中上限。螺栓成品也可采用真空炉进行退火处理。

b.高强度要求的碳钢类螺栓、螺钉类紧固件，如强度要求为8.8级、10.9级、12.9级和σ_b为1075 ~ 1275MPa的螺栓、螺钉。这类紧固件的热处理通常为冷镦或热镦后的去应力退火和淬火+回火。

c.碳钢类自锁螺母紧固件，如碳钢类自锁螺母紧固件（ML18、ML25、ML35等）。这类紧固件的热处理通常有两道工序，工序的位置一般分别在冷镦镦球后和收口后。镦球后采用再结晶退火，退火后不能有脱碳现象，球化级别为4 ~ 6级，采用真空气淬炉进行退火处理，退火温度采用700℃。收口后的热处理（淬火+回火），按正常热处理工艺进行，硬度控制在上限。

d.65Mn类的弹性紧固件，如弹性垫圈、弹性挡圈、波形弹性垫圈等。这类紧固件通常采用冷拉钢丝直接加工而成，不需淬火回火，仅需进行退火来消除应力，达到其需要的硬度和弹性的要求。波形弹簧加工时要采用淬火+回火处理，回火时要用定型工装拼紧。回火的设备为空气回火炉，回火规范选用（350～420℃）×60min空冷。钢丝挡圈回火规范一般为（280～320℃）×60min空冷。

2）紧固件各性能等级材料和热处理要求。根据GB/T 3098.1—2010《紧固件机械性能　螺栓、螺钉和螺柱》规定，紧固件各性能等级用钢的化学成分极限和最低回火温度见表4–7。

表4–7　　紧固件各性能等级用钢的化学成分极限和最低回火温度

性能等级	材料和热处理	化学成分极限（熔炼分析）（%）					最低回火温度（℃）
		C		P	S	B	
		min	max	max	max	max	
4.6	碳钢或添加元素的碳钢	—	0.55	0.050	0.060	未规定	—
4.8							
5.6		0.13	0.55	0.050	0.060		
5.8		—	0.55	0.050	0.060		
6.8		0.15	0.55	0.050	0.060		
8.8	添加元素的碳钢（如硼或锰或铬）淬火并回火	0.15	0.40	0.025	0.025	0.003	425
	碳钢淬火并回火	0.25	0.55	0.025	0.025		
	合金钢淬火并回火	0.20	0.55	0.025	0.025		
9.8	添加元素的碳钢（如硼或锰或铬）淬火并回火	0.15	0.40	0.025	0.025	0.003	425
	碳钢淬火并回火	0.25	0.55	0.025	0.025		
	合金钢淬火并回火	0.20	0.55	0.025	0.025		

续表

性能等级	材料和热处理	化学成分极限（熔炼分析）（%）					最低回火温度（℃）
		C		P	S	B	
		min	max	max	max	max	
10.9	添加元素的碳钢（如硼或锰或铬）淬火并回火	0.20	0.55	0.025	0.025	0.003	425
	碳钢淬火并回火	0.25	0.55	0.025	0.025		
	合金钢淬火并回火	0.20	0.55	0.025	0.025		
12.9	合金钢淬火并回火	0.30	0.50	0.025	0.025	0.003	425
	添加元素的碳钢（如硼或锰或铬）淬火并回火	0.28	0.50	0.025	0.025	0.003	380

（2）紧固件的表面处理。表面处理是紧固件加工中不可缺少的重要组成部分，紧固件的实际应用中要按照不同设备技术要求及应用场景来选用不同表面处理的紧固件，以满足防腐、润滑、耐磨和装饰等要求。随着现代制造业和材料科学的不断发展，紧固件表面处理技术也在不断进步，表面处理的新材料、新工艺、新设备也在不断出现。

紧固件的表面处理包括单金属电镀、合金电镀、化学氧化、磷化、钝化、阳极氧化、涂覆、抛光、喷砂、喷丸等。本节主要介绍最常用的热浸镀锌、电镀锌、磷化、氧化这四类表面处理方法。

1）热浸镀锌。热浸镀锌简称热镀锌，是将经过前处理的紧固件浸入熔融的锌浴中，在其表面形成锌和（或）锌—铁合金镀层的工艺过程和方法。

热镀锌一般的工艺流程为：前处理（除锈→脱脂→水洗→酸洗→水洗→助镀→干燥）→浸镀→后处理（离心或爆钝）→冷却。

热镀锌工艺流程各部分操作及说明见表4–8。

表4-8　　热镀锌工艺流程

分类	工艺	目的	方法
前处理	除锈	将附着在紧固件表面的热氧化皮、氧化物、锈蚀杂质清除。具体见酸洗与喷砂、喷丸	抛丸除锈、酸洗除锈
	酸洗	彻底清除零件表面的热氧化皮、氧化物、锈蚀等杂质，使镀覆表面完全显露出基体金属的晶格，且处于活化状态	强酸洗、弱酸洗、光亮酸洗
	喷砂	清除工件表面上的氧化皮、氧化色，使工件表面的外表发生变化	利用专门的喷砂设备，高速喷射喷料（石英砂等）到工件表面。
	喷丸	（与喷砂相似）	磨料与喷砂不同，采用钢铁丸、玻璃丸或陶瓷丸取代石英砂
	脱脂	（除油）将附着在紧固件表面的油脂、矿物油类、水溶性物质、粉末微粒等污染物清除干净	有机溶剂除油、乳化液除油、碱性化学除油、表面活性剂除油、电化学除油、超声波化学除油等
	助镀	清除紧固件表面残留铁盐、氧化物杂质，使表面挂上助镀剂盐膜，防止氧化。降低紧固件与锌液间的表面张力，使金属表面活化	助镀剂广泛应用氯化锌铵复盐
	干燥	避免紧固件表面的水分在后续浸镀时发生爆炸、飞溅现象	一般最佳120～150℃烘干
镀锌	浸镀	紧固件在经过溶剂助镀并烘干后浸入锌锅浸镀	常规热浸镀锌在440～465℃。紧固件应以稍快速度浸入锌液，使其与锌液充分接触；浸入后应反复抖动，最佳浸入位置沉入液面以下80～100mm，浸镀时间依据紧固件结构、种类、数量、热浸温度等确定；紧固件从锌液中提出可采用3.0～4.5m/min的提出速度，其影响镀层外观质量和厚度，根据工艺条件确定
后处理	离心	去除紧固件表面余锌	采用专制离心机进行立新处理。离心时间一般为2～5s
	爆钝	去除紧固件表面余锌	采用氯化铵溶液，爆钝2～3次，每次间隔8～10s，爆钝后清水水洗，防止氯化铵对镀层破坏
	冷却	冷却紧固件，一般采用空冷或水冷却	紧固件经离心机处理后，停留在空气中10～20s，然后放入冷却水槽进行冷却处理

紧固件的热镀锌的优点：紧固件可获得厚镀层，其耐腐蚀性能好；紧固件镀层的附着性良好，镀后紧固件可以进行适当的成型加工，如焊接、涂装等；镀层均匀、光亮；处理成本低，操作简单。

但是，紧固件的热镀锌也存在一些缺陷和问题：

a.由于紧固件尺寸较小，一般还需要进行螺纹配合，镀后螺纹拧合困难。热镀锌后余锌粘留在螺纹中不容易去除洁净，而且当锌层厚薄不平均，会影响螺纹件的配合。

b.热镀锌工艺过程的操作温度较高，一定程度上会降低高强度紧固件的机械强度。如8.8级螺栓经热镀锌后局部螺纹的强度低于规范要求，9.8级以上的螺栓经热镀锌后的强度基本上无法到达要求。

c.热镀锌作业环境较差，污染较为严重。待镀紧固件浸入锌池及溶剂烘干时会产生强刺激性氯化氢气体，以及锌池外表产生的锌蒸汽等。

尽管如此，由于热镀锌的明显优势，电力电网系统中的紧固件仍以此类表面处理为主。在GB/T 13912—2020《金属覆盖层　钢铁制件热浸镀锌层　技术要求及试验方法》、GB/T 2314—2008《电力金具通用技术要求》、JB/T 8177—1999《绝缘子金属附件热镀锌层　通用技术条件》中对绝缘端子的热镀锌提出了详细的要求，DL/T 284—2021《输电线路杆塔及电力金具用热浸镀锌螺栓与螺母》等相关标准中对热浸镀锌层技术要求、试验方法等做出了详细的说明。

2）电镀锌。锌镀层对于钢、铜材料来讲为阳极性镀层，能起到防电化学腐蚀的作用，因此对于工作在大气环境下的电网设备紧固件有较好的防护效果。电镀锌的标记方法为Ep·Zn。

电镀锌一般的工艺流程为：前处理（除油、去应力、酸洗、喷丸、喷砂等）→镀锌→后处理（去氢、钝化、涂保护剂等）。工艺过程中使用的设备包括超声波清洗系统、镀槽、恒温烘箱、冷冻机、过滤机、甩干机、空压机、滚筒等。

电镀锌工艺流程各部分操作及说明见表4-9。

表 4–9　　电镀锌工艺流程

分类	工艺	目的	方法
前处理	除油	将附着在紧固件表面的油脂、矿物油类、水溶性物质、粉末微粒等污染物清除干净	有机溶剂除油、乳化液除油、碱性化学除油、表面活性剂除油、电化学除油、超声波化学除油等
	酸洗	彻底清除零件表面的热氧化皮、氧化物、锈蚀等杂质，使镀覆表面完全显露出基体金属的晶格，且处于活化状态	强酸洗、弱酸洗、光亮酸洗
	喷砂	清除工件表面上的氧化皮、氧化色，使工件表面的外表发生变化	利用专门的喷砂设备，高速喷射喷料（石英砂等）到工件表面
	喷丸	（与喷砂相似）	磨料与喷砂不同，采用钢铁丸、玻璃丸或陶瓷丸取代石英砂
	消除应力	消除热处理后经机械加工、研磨、冷成型造成的内应力（一般在喷丸、清洗和电镀前进行）	热处理去应力，根据零件类型选择去应力温度和加热时间
镀锌	施镀	锌的电沉积过程中控制镀槽内槽液成分严格处于工艺范围内，按照工艺要求控制电流密度	滚镀时，零件装载量不超过滚筒容积的 2/3，滚筒转速 4 ~ 12r/min；挂镀时，采用阴极移动，零件装挂长度不能超过阳极板长度 15cm
后处理	除氢	电镀锌过程中，还伴随着氢离子的还原析氢副反应，一部分以氢原子形态渗入镀层和基体金属，使零件内应力增加，易形成氢脆	热处理除氢，根据零件类型选择除氢温度和加热时间
	钝化	锌的化学性质活泼，易发生氧化发暗，镀后应钝化处理形成一层钝化膜	铬酸盐彩虹色钝化、白色钝化、军绿色钝化、黑色钝化等
	染色	锌层染色，保持金属光泽，并获得要求的色彩	利用钝化膜在 70 ~ 80℃染色液中产生裂纹吸附染色剂；利用锌层光处理产生微孔吸附染色剂
	封闭	在钝化膜的微观空隙中填充一些微细的物质，并在其表面生成一层连续的覆盖层，提高抗腐蚀能力	封闭剂有水溶性和油性两种，水溶性需用水做稀释剂、油性用有机溶剂稀释使用
	磷化	一种锌及锌合金的转化膜处理方式，可提高锌层的防护性能和对涂层的附着力	（下节介绍）

紧固件常用的镀锌方法主要包括有氰镀锌、无氰碱性镀锌和无氰氯化物镀锌。

有氰镀锌是一种碱性镀锌，具有分散能力和深镀能力好、结晶细密、与基体结合力好、耐蚀性能好、工艺范围宽、镀液稳定易操作和对杂质不太敏感等优点，在过去半个世纪中一直被使用，但由于氰化物的毒性剧烈，对管理和使用要求严格，对环境的污染严重，有氰镀锌逐渐被无氰镀锌替代。

无氰碱性镀锌具有低脆性、高分散能力等优点，但镀液抗杂质能力弱、不耐高温，需要冷却，镀层除氢后钝化膜易发黄、发暗、发雾，因此其发展受到了一定的制约。

氯化钾镀锌是氰化物镀锌的又一个替代工艺，其优点在于镀液电流效率高（95%以上）、沉积速度快、分散能力和深镀能力好，不含络合剂、废水容易处理，镀层结晶细致、光亮性和整平性优于其他镀液体系，氢脆敏感性较小，环保性好等，其缺点在于镀层钝化膜易变色。

3）磷化。磷化膜由一系列大小不同的晶体组成，在晶体连接点上将会形成由细小裂缝组成的多孔结构。这种多孔的晶体结构，使钢铁表面的耐蚀性、吸附性、减摩擦性等性能得以改善。根据基体材质、工件的表面状态、磷化液组成及磷化处理时采用的工艺条件可得到不同种类、厚度、表面密度、结构、颜色的磷化膜。钢铁磷化的标记方法为Fe/Ct·Ph或Fe/Ct·Ph·E。

磷化的一般工艺流程为：验收→前处理（脱脂、除锈）→磷化（中、高温）→后处理（除氢、皂化、填充、浸油）。

磷化工艺的前处理与镀锌工艺的前处理类似，较为常用的前处理工序为喷砂，具体流程参照上节电镀锌前处理部分。磷化过程中，需要控制磷化温度、总酸度和游离酸度，并要定期清理槽底脚料。磷化工艺的后处理可按照紧固件的用途不同而进行选择，主要目的是提高磷化膜的抗蚀性能。

4）氧化。紧固件材质大多为钢制，其表面的锈蚀物为一种疏松多孔的氧化物，无法保护内层金属不受到锈蚀。采用化学或电化学处理方法，可以在紧固件的表面生成一层完整、致密且具有一定机械强度的氧化膜，此过程称为钢铁的着色。经过着色处理后，紧固件表面形成一定厚度的氧化膜，表面表现出一种特殊的氧化色，一般称为紧固件的发蓝或发黑。

紧固件的氧化能显著提高紧固件的防锈能力，并具有一定程度的美观性。

在紧固件表面所形成的这层氧化膜层厚度很薄，所以对紧固件的尺寸及精度几乎无任何影响。另外，氧化过程中不会析氢，不会产生氢脆，紧固件表面的黑色还具有消光作用，因此对钢制件的发黑处理被广泛应用于精密机械零部件、弹簧构件、仪表、标准件、枪支零件和光学仪器等方面，在紧固件行业中应用普遍。钢铁氧化的标记方法为Fe/Ct·O。

氧化工艺的一般工艺流程为：前处理（除油、酸洗、去应力等）→化学氧化（发黑或发蓝）→后处理（去氢、填充、上油）。工艺过程中使用的设备包括超声波清洗系统、镀槽、温控系统、甩干机、空压机等。氧化工艺的前处理和后处理的具体操作与电镀锌基本一致，可参照前文电镀锌部分的介绍。

钢制紧固件化学氧化处理分为高温型和常温型两类，这两类化学氧化的材料和氧化原理见表4–10。

表 4–10　紧固件化学氧化处理种类和原理

项目	碱性高温化学氧化	常温发黑
材料	氢氧化钠、亚硝酸钠	硫酸铜、亚硒酸
反应机理	溶液温度接近沸点时，钢铁开始溶解，反应中生成磁性氧化铁，最终生成三氧化铁水化物。 $Fe+[O]+2NaOH=Na_2FeO_2+H_2O$ $2Fe+3[O]+2NaOH=Na_2Fe_2O_4+H_2O$ $Na_2FeO_2+Na_2Fe_2O_4+2H_2O$ $=Fe_3O_4+4NaOH$ $Na_2Fe_2O_4+(m+1)\ H_2O$ $=Fe_2O_3mH_2O+2NaOH$ $Fe_2O_3mH_2O=Fe_2O_3(m-n)\ H_2O+nH_2O$	酸性条件下，钢铁表面析出铜，与基体形成微电池，氧化效率高，最终生成黑色的氧化膜。 $Fe+Cu^{2+}\rightarrow Cu\downarrow+Fe^{2+}$ $3Fe+Cu^{2+}+SeO_3^{2-}+6H^+$ $\rightarrow 3Fe^{2+}+CuSe\downarrow+3H_2O$ $3Fe+SeO_3^{2-}+6H^+$ $\rightarrow 2Fe^{2+}+FeSe\downarrow+3H_2O$ $3Cu+2SeO_3^{2-}+6H^+$ $\rightarrow Cu^{2+}+2CuSe\downarrow+3H_2O$

4.3.3　紧固件常见缺陷与失效类型

紧固件在制造过程中，由于原材料的质量问题、成型工艺、热处理和表面处理工艺不当等原因都会造成紧固件产生表面或内部缺陷，或者在使用过程中出现失效的情况，达不到质量要求。

4.3.3.1 常见制造缺陷

1.原材料缺陷造成的紧固件缺陷

紧固件原材料存在脱碳、裂纹、折叠等缺陷。原材料的脱碳缺陷是由于钢材厂退火不当造成的，因此脱碳层通常在紧固件产品未加工表面检测。紧固件原材料上的裂纹、折叠是在材料改制阶段的金属拉拔所造成的，在后续的紧固件成型过程中，缺陷会留在表面。表面脱碳会导致紧固件的强度严重降低，表面裂纹和折叠会导致紧固件过载断裂或疲劳断裂。

紧固件原材料存在残余缩孔和疏松缺陷。原材料残余缩孔是由于钢材厂对钢锭冒口切除不净而导致的，使用有残余缩孔的原材料加工紧固件，会使其芯部产生贯通孔洞或不规则的内裂纹，极易造成断裂失效。原材料的疏松一般是由于轧制工艺不当造成的，心部最后结晶部位的显微疏松没有焊合，导致制造出的紧固件中心存在疏松，也易造成断裂失效。

紧固件的选材不当或所选材料的成分不合理，也会造成紧固件出现缺陷或失效问题。设计和使用时，要对紧固件的产品材料成分进行检查分析，所选用的材料成分是否符合图纸的设计要求和使用要求等。

2.紧固件成型工艺与加工工艺不当造成的缺陷

紧固件常见的工艺不当的相关因素包括尺寸超差、螺纹精度超差、高强度螺栓头杆连接处未进行冷滚压、变形不当造成热处理后组织不合格等。

紧固件冷镦头部成型时，头部的变形量大小不应该在临界变形区内。如果紧固件的冷镦变形比不当，变形量位于临界变形区内，经过热处理，紧固件的头部变形晶粒就会不正常长大，由于紧固件的杆部还未冷镦成型，杆部晶粒不长大，就会造成头、杆的组织不均匀，在装配和使用过程中就会在粗细晶粒交界处产生扩展裂纹。另外，冷镦成型工艺不当时，会使紧固件头部的金属流线分布不合格，会导致紧固件强度降低，使用过程中极易造成断裂缺陷。

螺纹滚压时要求毛坯直径和滚压压力符合工艺要求，当毛坯直径过大或滚压压力过大时，经滚压螺纹后有时螺纹端中心呈开口孔洞或出现内部中心封闭孔洞，中心呈开口孔洞，螺纹端中心呈开口孔洞的螺钉，其端面中心会呈不规则的孔洞缺陷，该缺陷不要与缩孔残余相混淆。螺钉螺纹端头表面中心呈不规则孔缺陷。

螺栓、螺母等紧固件冷镦或热镦时，镦锻的温度选择不当会造成缺陷。当加热温度低或镦锻温度低，就容易产生裂纹，裂纹一般出现在大变形量处，当加热温度过高，容易产生过热组织，晶粒粗大，或者产生过烧，局部晶界烧熔，沿晶界出现小孔。这些缺陷都会导致紧固件的强度降低，使用过程中易出现断裂失效。

3.热处理工艺不当造成的缺陷

紧固件规格种类较多，热处理工艺和要求比较复杂，如果热处理操作出现问题，容易造成紧固件的组织和机械性能不符合要求等缺陷。

紧固件热处理的温度和时间要严格控制，控制不当就会产生相应的缺陷。例如淬火加热温度低或保温时间短，组织转变不充分，造成强度硬度低；淬火温度正常但回火的加热温度低或时间不够，会造成硬度过高、综合性能不好；淬火加热温度过高，结构钢、马氏体不锈钢、高温合金等材料的紧固件会产生组织粗大、过热或过烧的问题。这些缺陷都会使紧固件强度不符合要求，使用时易出现失效。

在电网设备中，不乏出现因热处理原因造成紧固件不合格的案例，如某±1100kV特高压线路上出现8.8级螺栓热处理不合格，因此需要在入网采购时加强检测。

热处理脱碳问题。产生此类问题的原因是盐炉脱氧不好或连续网带炉保护气氛不好等，造成紧固件表面脱碳，导致紧固件硬度强度降低，严重时导致螺纹脱扣变形掉牙失效。

结构钢类紧固件采用水淬或淬火油，有水分时会产生淬火裂纹，裂纹从应力集中处产生并扩展。淬火裂纹会导致紧固件的强度降低，使用中容易出现断裂失效问题。

高温合金类紧固件的固溶热处理要采用真空炉固溶或采用氩气保护固溶，如果漏气或真空度不够好或氩气保护不好，均会造成紧固件表层晶界氧化腐蚀。

4.表面处理工艺不当造成的缺陷

紧固件表面处理工艺要根据所镀金属的种类、厚度和其他相关要求，严格控制工艺过程。当工艺操作不当时，就会导致紧固件表面处理质量不好，产生缺陷。

电镀件在酸洗和电镀的过程中，由于发生化学或电化学反应，会有一定量的氢离子渗入铁基体中，在铁的晶粒交界面上聚集并向内部扩散，在应力作用下，易造成脆性断裂，称为氢脆现象。氢原子在紧固件显微组织的高应力晶界偏聚会引起严重的脆化，低于断裂强度的应力就能够发生氢脆断裂。对于需要进行除氢处理的紧固件，除氢温度和时间要满足工艺要求，若未进行除氢或工艺操作不合理，就可能造成承受重载的紧固件的氢脆断裂失效。

电网设备在使用时，紧固件表面锈蚀是一种常见现象，一方面是由于紧固件表面处理工艺不当，另一方面也有可能是使用环境条件特别恶劣，如酸雨、沿海盐雾等都将加速锈蚀过程。图4-15为某变电站设备的螺栓出现严重锈蚀现象，针对这一问题，需要安排定期检查，并采取修复或更换的措施。

图4-15　某变电站设备的锈蚀螺栓

4.3.3.2　常见失效及预防措施

1.螺纹紧固件松脱

螺纹类紧固件是电网设备中使用最多的紧固件，如螺钉的连接、螺栓和螺母的连接等。在多种情况下，如设备振动、温差变化以及受到冲击作用等，易引起螺纹松动，存在危害输电线路和电网设备，甚至引发严重事故的风险。因此，必须重视螺纹类紧固件的防松问题。

螺栓防松常采用的措施有摩擦防松、机械防松和永久防松。机械防松和摩擦防松属于可拆卸防松，永久防松属于不可拆卸防松。机械防松的方法相较于摩擦防松比较可靠，对于可拆卸的重要连接，主要采用机械防松的方法。永久防松的方法在拆卸时基本都要破坏螺纹紧固件，无法重复使用该紧固件。

（1）摩擦防松。摩擦防松常见的方法有垫圈防松、自锁螺母防松以及对顶双螺母防松等。

1）弹簧垫圈防松。弹簧垫圈的材料为弹簧钢，装配后弹簧垫圈被压平，利用其反弹力可使螺纹之间保持压紧力和摩擦力，阻止螺纹之间相对转动，从而实现螺纹防松。

2）对顶双螺母防松。利用两颗螺母的对顶作用，使螺栓始终受到附加的拉力和附加的摩擦力。这种防松方式结构简单，一般用于低速重载的场合，但是由于多使用一颗螺母，且只能用于较弱松动趋势的场合，无法起到十分可靠的防松效果，因此目前已经较少采用了。

3）自锁螺母防松。自锁螺母的一端为开缝后径向收口或非圆形收口，当自锁螺母拧紧后，其上的收口胀开，利用收口的弹力作用使旋合的螺纹之间压紧。这种防松结构简单，效果可靠，能够多次拆装且不降低防松性能。

4）弹性圈螺母防松。弹性圈螺母采用螺纹旋入处嵌入纤维或尼龙的方式来增加摩擦力。如尼龙圈锁紧螺母通过嵌在螺母中的尼龙圈，在装配拧紧后尼龙圈内孔被螺栓箍紧而起到防松作用。这种弹性圈还有防止液体泄漏的功能。

（2）机械防松。机械防松常见的方法有开口销防松、止动垫圈防松及串钢丝防松等。

1）开口销和槽形螺母防松。槽形螺母装配旋紧后，使用开口销从螺栓尾部的小孔穿过并通过螺母的槽口，也可以使用普通螺母，在装配旋紧后进行配钻销孔，这种防松方法十分可靠。

2）止动垫片防松。将止动垫片的内舌嵌入螺栓的槽内，在螺母装配旋紧后，将止动垫片的外舌之一弯折嵌于止退螺母的一个槽口内。

双耳止动垫片的防松方法，是通过止动片的两个折边，分别折弯贴靠在螺母和被连接件的侧面，以此起到防松作用。若两个螺栓需要双联锁紧时，可以使用双联止动垫片进行防松处理。

3）串联钢丝防松。在螺钉头部的贯穿孔内穿入钢丝，将各个螺钉通过该钢丝串联起来，使这些螺钉通过钢丝的作用相互止动防松。串联钢丝的基本原则为若某一螺栓存在松动趋势，钢丝会被拉动，使其附近的螺栓有旋紧趋势，因此要注意钢丝穿入的方向。

（3）永久防松。永久防松常见的方法有冲边防松、电焊防松、粘合防松及铆接防松等。这些方法使紧固件螺纹之间失去运动副特性，形成不可拆卸的连接。

冲边防松指在螺母旋紧后在螺纹末端冲点破坏螺纹副的防松方法；粘合防松一般使用厌氧胶粘结剂涂覆于螺纹的旋合表面，在螺纹装配旋紧后自行固化，防松效果良好；电焊防松，是在螺纹装配旋紧后，将螺母与螺栓上的螺纹通过焊接固定住，起到永久防松的作用，仅适用于装配后不再拆开的场合。

（4）特殊结构的防松螺栓螺母。为了解决螺纹紧固件的松脱问题，世界上许多的科学家和工程师进行了大量的试验和研究，其中最著名的就是日本哈德洛克（Hard Lock）防松螺母。

哈德洛克防松螺母的防松原理在于其独特的结构设计。阴螺纹的牙底处有一个30°的楔形斜面，在螺栓螺母旋紧配合时，螺栓的牙尖就紧紧地顶在哈德洛克螺母的螺纹楔形斜面上，产生了很大的锁紧力。因为牙形角度的改变，使得作用在螺纹间接触所产生的法向力与螺栓的轴线呈60°，这就与普通螺纹的30°有极大的区别，法向压力远大于扣紧压力，而由此产生的防松摩擦力也极大地增加了。另外，阳螺纹的牙顶在哈德洛克螺母的阴螺纹而产生咬合时，牙顶处的齿尖易发生形变，使载荷能够均匀分布在所接触螺旋线的全长上，区别于普通螺纹的咬合，普通螺纹80%以上的总载荷集中作用在第一和第二牙的螺纹面上。因此，哈德洛克防松螺母的螺纹连接具有优异的防松性能，且能延长紧固件的使用寿命。图4-16为哈德洛克防松螺母。

图4-16　哈德洛克防松螺母

除此以外，另一种有效防松的结构为弹性螺纹分离式防松螺母，其采用菱形截面的弹性螺纹，使螺栓和基体内螺纹之间形成弹性连接，减小了内外螺纹的间距，使载荷均匀分布，可以大幅度提高螺纹连接强度。普通螺母内螺纹内旋人弹性螺纹后，在螺钉拧紧过程中与其产生相对运动的不再是低强度材料的机件螺牙，取而代之的是分离式的弹性螺纹。该种螺纹强度高，光洁度好，防腐蚀性能好，不会被螺钉的螺纹所损伤，能有效地保护螺纹并提高螺纹连接件强度和使用寿命。图4–17为弹性螺纹分离式防松螺母。

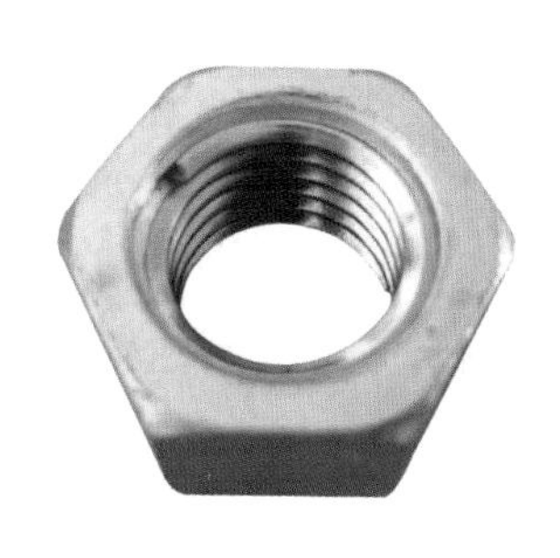

图4–17　弹性螺纹分离式防松螺母

2.螺纹紧固件滑牙

螺纹连接有时会出现螺纹滑牙的现象，造成这一失效的原因一般为螺纹脱碳。

螺纹滑牙的主要现象：旋紧过程中，有时会感觉扭矩加不上；在螺栓拆下后，发现螺纹全部或部分被磨平；螺栓的螺纹或螺母的螺纹表面硬度较低；内外螺纹尺寸配合时，由于啮合的螺纹长度短、内外螺纹不在中径以内接触、配合精度不高，使相配合的螺纹副之间接触面积小等。

为了避免螺纹滑牙，在装配过程中必须避免装配不对孔的强行拧紧，合理选择紧固件的类型。采用适当的表面涂层、表面润滑剂，选用适当表面粗糙度的螺栓、螺母等紧固件，保持螺纹孔清洁、无异物等。

3.紧固件疲劳断裂

螺栓连接后的设备使用过程中，最主要的断裂失效为疲劳断裂。产生疲劳断裂的原因主要：预紧力不足，夹紧力衰减过大，螺栓的尺寸和性能不符合使用要求，以及装配零件间的相互配合、使用工况和装配环境不符合设计要求等。

为了降低紧固件的疲劳断裂风险，除了合理设计和选型以外，在安装过程中要考虑拧紧力矩的要求。受拉螺栓和不活动的受剪螺栓都需要拧紧，以产生足够的预紧力。要合理地控制预紧力的大小，预紧力过大会影响螺栓的强度，预紧力过小会影响螺栓的疲劳强度，以及影响连接件的正常使用，通常合理的预紧力为螺栓抗拉强度的0.2倍左右。重要的螺栓连接部位，必须在技术条件或图样中规定拧紧力矩的大小。在螺栓连接处用定力扳手旋紧螺母，对于螺母的工作高度不高于0.8倍的螺栓直径时，螺栓的最大拧紧扭矩按照HB 6586—1992《螺栓螺纹拧紧力矩》规定执行。

在电网设备中，紧固件发生疲劳断裂的案例也时有发生，在设计和使用时应引起重视。如西北某地750kV线路中用于固定避雷针的螺栓，在长期的风激励下发生疲劳断裂。

4.3.4 紧固件出厂检测

1.紧固件常规检测

紧固件常规的检测项目包括外观检测、几何尺寸检测、形位公差检测、螺纹检测等。

外观检测项目包括紧固件的表面粗糙度、表面颜色、表面磕碰伤和表面缺陷等，采用的方法为目测检测。

几何尺寸检测、形位公差检测和螺纹检测等项目采用的测量仪器有千分尺、游标卡尺、百分表，以及螺纹千分尺、螺纹环规、螺纹塞规等专用量具。检测内容和要求按照相应紧固件的标准执行。

2.紧固件机械性能检测

（1）螺栓拉力试验。为了确定螺栓、螺柱、螺钉和脚钉的抗拉强度，需要进行拉力试验。拉力试验的试样分为实物和机械加工试样。

测定抗拉强度对螺栓和脚钉成品的拉力试验是为测定上述成品的抗拉强度R_m。该实验的适用范围为无螺纹杆径$d_s>d_2$（螺纹的基本中径）或$d_s \approx d_2$、螺栓公称长度$l \geqslant 2.5d$（螺纹公称直径）、螺纹长度$b \geqslant 2d$、$d \leqslant 39$mm的所有性能等级的螺栓和脚钉。试验设备采用符合GB/T 16825.1—2008《静力单轴试验机的检验　第1部分：拉力和（或）压力试验机测力系统的检验与校准》规定的拉力试验机，夹具和螺纹夹具应按标准规定。装夹时，应避免斜拉，可使用自动定心装置。试验时，螺栓或脚钉试件拧入内螺纹夹具，螺纹有效旋合长度应不小于d，未旋合长度应不小于d，试验机夹头的分离速率不应超过25mm/min。试验应持续进行直至断裂，测量极限拉力载荷F_m。螺栓和脚钉应断裂在未旋合螺纹的长度内或无螺纹的杆部。

螺栓和脚钉实物的拉力试验是为测定试件断后伸长率A_f和0.0048d非比例延伸应力R_{pf}。该实验的适用范围为$d_s>d_2$或$d_s \approx d_2$、$l \geqslant 2.7d$、$b \geqslant 2.2d$、$d \leqslant 39$mm的所有性能等级的螺栓和脚钉。试验设备采用符合GB/T 16825.1—2008《静力单轴试验机的检验　第1部分：拉力和（或）压力试验机测力系统的检验与校准》规定的拉力试验机，夹具和螺纹夹具应按标准规定。装夹时，应避免斜拉，可使用自动定心装置。试验时，螺栓或脚钉试件拧入内螺纹夹具，螺纹有效旋合长度应不小于d，对承受载荷的未旋合长度应不小于1.2d，试验机夹头的分离速率不应超过25mm/min。试验可直接借助适合的电子装置（如微处理机），或者以及载荷–位移曲线持续测量拉力载荷F，直至断裂。

试验详细要求和方法请参照DL/T 284—2021《输电线路杆塔及电力金具用热浸镀锌螺栓与螺母》。

（2）螺栓楔负载试验。楔负载试验是考核凸头螺栓的头下圆角处承受（倾斜产生的）偏斜拉伸试验载荷的能力。试验时在螺栓头下放置一个楔形垫圈，楔形垫圈的角度由标准给定。逐步施加拉伸载荷，直至螺栓断裂。断裂时的载荷不能小于标准规定的最小拉力载荷，而且不能在头杆结合处断裂。

螺栓的楔负载试验可测定螺栓成品的抗拉强度R_m、头与无螺纹杆部或螺纹部分交接处的牢固性。试验适用范围为螺栓公称长度$l \geqslant 2.5d$（螺纹公称直径）、螺纹长度$b \geqslant 2d$、$d \leqslant 39$mm的所有性能等级的螺栓。试验设备采用符合GB/T 16825.1—2008《静力单轴试验机的检验　第1部分：拉力和（或）压力试验机测力系统的检验与校准》规定的拉力试验机，不能使用自动定心装置，夹具、楔垫和螺纹夹具应按标准规定。试验时，未旋合长度应不小于d，按GB/T 228《金属材料　拉伸试验》的规定进行楔负载拉力试验，试验机夹头的分离速率不应超过25mm/min。拉力试验持续进行至断裂，测量极限拉力载荷F_m。试验详细要求和方法请参照DL/T 284—2021《输电线路杆塔及电力金具用热浸镀锌螺栓与螺母》。

（3）螺栓保证载荷试验。保证载荷试验包括实施规定的保证载荷和测量由保证载荷产生的永久伸长两个步骤。该实验的使用范围为无螺纹杆径$d_s>d_2$（螺纹的基本中径）或$d_s \approx d_2$、螺栓公称长度$l \geqslant 2.5d$（螺纹公称直径）、螺纹长度$b \geqslant 2d$、$d \leqslant 39$mm的所有性能等级的螺栓。试验设备采用符合GB/T 16825.1—

2008《静力单轴试验机的检验　第1部分：拉力和（或）压力试验机测力系统的检验与校准》规定的拉力试验机，夹具和螺纹夹具应按标准规定。装夹时，应避免斜拉，可使用自动定心装置。试验时，试件每端应进行适当加工，为测量施加载荷前后的长度，应将螺栓置于带球面测头的台架式测量仪器中，使用手套或钳子，以使温度影响的测量误差减少到最小，测量施加载荷前螺栓的总长度l_0；将螺栓试件拧入内螺纹夹具，螺纹有效旋合长度应不小于d，未旋合长度应为d，对螺栓轴向施加固定的保证载荷，试验机夹头的分离速率不应超过3mm/min，应保持保证载荷15s；卸载后，测量螺栓总长度l_1。试验详细要求和方法参照DL/T 284—2021《输电线路杆塔及电力金具用热浸镀锌螺栓与螺母》。

（4）螺栓硬度试验。硬度试验用于测定螺栓和脚钉的硬度，可以在适当表面或者螺纹横截面上测定硬度。该实验的使用范围为所有规格和性能等级的螺栓和脚钉。试验方法采用维氏硬度试验或洛氏硬度试验测定硬度，其中，维氏硬度试验应按GB/T 4340.1的规定，洛氏硬度试验应按GB/T 230.1的规定。螺纹横截面测定硬度试验时，应在距螺纹末端d处取一横截面，并应经适当处理；在1/2半径与轴心线间的区域内测定硬度。表面测定硬度试验时，应去除表面镀层或涂层，并对试件适当处理后，在头部平面、末端或无螺纹杆部测定硬度。维氏硬度试验的最小试验载荷为98N。试验详细要求和方法参照DL/T 284—2021《输电线路杆塔及电力金具用热浸镀锌螺栓与螺母》。

（5）螺栓脱碳试验。脱碳试验可测定淬火并回火螺栓和脚钉表面脱碳和碳层深度。由热处理工艺造成的超过标准规定的脱碳层会降低螺纹强度，严重时造成其失效。紧固件表面碳量的状态可用金相法或硬度法测定。金相法可测定螺纹全脱碳层的深度G和螺纹未脱碳层的高度E，适用于8.8级、10.9级所有规格的螺栓和脚钉；硬度法可测定螺纹未脱碳层的高度E，用显微—硬度法测定不完全脱碳层的厚度，适用于8.8级、10.9级、螺距$P \geq 1.5$mm的螺栓和脚钉。试件制备、详细程序和技术要求参照DL/T 284—2021《输电线路杆塔及电力金具用热浸镀锌螺栓与螺母》。

（6）螺栓增碳试验。增碳试验适用于测定淬火并回火螺栓和脚钉的表面在热处理工艺中是否形成增碳。增碳由于增加表面硬度能造成脆断或降低抗疲劳性，所以是有害的（应区分由冷作硬化引起的硬度增加）。对于表层增碳状态的评定，基体金属硬度和表面硬度的差值是决定性指标。增碳试验可采用在纵向截面上测定硬度或在表面测定硬度的试验方法。纵向截面上测定硬度适用于8.8级、10.9级、螺距$P \geqslant 1.5$mm的螺栓和脚钉；在表面测定硬度的试验方法适用于8.8级、10.9级所有规格的螺栓和脚钉。试件制备、详细程序和技术要求参照DL/T 284—2021《输电线路杆塔及电力金具用热浸镀锌螺栓与螺母》。

（7）螺栓再回火试验。再回火试验用于检验热处理工艺最低回火温度，适用于8.8级、10.9级所有规格的螺栓和脚钉。测定试件上三点维氏硬度数值，使试件再回火，在同一试件上与第一次测定位置相同，测定新的三点维氏硬度值。试验详细要求和方法参照DL/T 284—2021《输电线路杆塔及电力金具用热浸镀锌螺栓与螺母》。

（8）螺母保证载荷试验。紧固件的脱扣是逐渐发生的，往往难以发现，增加了失效而造成事故的危险性。因此，对螺纹连接的设计，总希望失效形式是螺杆断裂。

对于规格不小于M10的螺母，保证载荷试验是仲裁方法。将螺母安装在淬硬的螺纹芯棒上。仲裁时应以拉伸试验为准。在拉力试验机上对试件施加轴向载荷，载荷达到规定的保证载荷后保持15s，螺母应能承受该载荷而不得脱扣或断裂。当卸载后，应能用手将螺母旋出，或借助扳手松开螺母，但不得超过半扣。在试验中，如果螺纹芯棒损坏，则试验作废。螺纹芯棒的硬度应大于45HRC，螺纹芯棒的螺纹公差为5h 6g，但大径应控制在6g公差带靠近下限1/4的范围内。试验详细要求和方法参照DL/T 284—2021《输电线路杆塔及电力金具用热浸镀锌螺栓与螺母》和GB/T 1800.2—2020《产品几何技术规范（GPS） 线性尺寸公差ISO代号体系　第2部分：标准公差带代号和孔、轴的极限偏差表》。

（9）螺母硬度试验。螺母硬度实验的常规检查应去除螺母表面镀层，并对试件进行适当处理后，在螺母的一个支承面上进行试验，去间隔约120°的三点硬度的平均值作为该螺母的硬度。若有争议应在通过螺母轴心线的纵向截面上，并尽量靠近螺纹大径处进行硬度试验。维氏硬度试验为仲裁试验，应采用HV30的试验力。试验详细要求和方法参照DL/T 284—2021《输电线路杆塔及电力金具用热浸镀锌螺栓与螺母》、GB/T 4330.1《金属材料维氏硬度试验》、GB/T 231.1《金属材料　布氏硬度试验　第1部分：试验方法》、GB/T 230.1《金属材料　洛氏硬度试验　第1部分：试验方法》。

3.紧固件表面涂覆层检测

紧固件表面涂覆层检验用于验证紧固件表面涂覆层是否达到预定功能。紧固件的涂覆层种类较多，包括热镀锌层、电镀层、化学镀层、转化膜层、涂层，常见的工艺有镀锌、镀锡、镀铬、化学氧化等，每种涂覆层要按照相应紧固件的质量标准进行检验。

（1）涂覆层外观。涂覆层的外观质量包括颜色和光泽等项目，可采用目测直观鉴别，也可采取化学方法或使用仪器进行定性或定量分析。涂覆层应具有均匀、细致、结合力好的基本特点。光亮涂覆层应有足够的光泽度。轻微的挂具痕迹和水迹及其他一些不影响涂覆层使用性能的涂覆层缺陷允许存在。涂覆层不允许有针孔、条纹、起泡、起皮、结瘤、脱落、开裂、剥离、斑点、麻点、烧焦、暗影、粗糙、树枝状和海绵状沉积、不正常色泽及应当镀覆而没有镀覆等缺陷。

检测涂覆层外观的方法：在天然散射光线或无反射光的内色透明光线下用目视直接观察。光的照度应不低于300lx（即相当于距40W日光灯500mm处的光照度）。通用的检查内容包括涂覆层种类的鉴别、涂覆层的宏观结合力、涂覆层的颜色、光亮度、均匀性及涂覆层缺陷等。

（2）涂覆层厚度。涂覆层厚度是衡量涂覆层质量的重要指标之一，直接影响零件的耐蚀性，因而很大程度上影响产品的可靠性和使用寿命。一般而言，厚度测量应尽量采用零件本身进行测量，如零件确实不能测量，必须采用试样时，应采用与零件相似形状的试样。测量时，零件或试样的测量位置按GJB 715.6《紧固件试验方法　金属覆盖层厚度》和GB 5267.1《紧固件　电镀层》的规定。

测定涂覆层厚度的方法很多，根据涂覆层是否因测试而破坏可分为破坏法和无损法。破坏法包括溶解法、点滴法、库仑法（电量法）、断面金相显微镜法、轮廓仪法、干涉显微镜法等。无损法包括磁性法、涡流法、P射线反向散射法、X射线光谱测定法（X射线荧光法）、双光束显微镜法和尺寸转换法等。紧固件的测量通常采用尺寸转换法、溶解法、库仑法、断面金相显微镜法、磁性法、涡流法、X射线光谱测定法（X射线荧光法）。其中断面金相微镜法为仲裁方法。

热镀锌层厚度试验方法按GB/T 4956《磁性基体上非磁性覆盖层　覆盖层厚度测量　磁性法》规定的磁性法进行镀层局部厚度的检查，测量位置为标准规定的螺栓和螺母的端面和侧表面。测量时，至少取5个测量点测厚，计算平均值即为镀层局部厚度。因几何形状的限制不允许测5个点的情况下，可以用5个试件的测厚平均值。如有争议，应采用GB/T 13825《金属覆盖层　黑色金属材料热镀锌层　单位面积质量称量法》规定的称重法。

（3）涂覆层耐蚀性。电网设备由于大量暴露在室外，所用紧固件的耐蚀性能尤为重要，一旦紧固件因腐蚀问题而失效，就容易造成比较严重的事故。

紧固件的涂覆层耐蚀性检测方法有户外暴晒腐蚀试验和人工加速腐蚀试验。其中，最常采用的检测方法为人工加速腐蚀试验。人工加速腐蚀试验的试验方法有盐雾试验、腐蚀膏试验、周期浸润试验、二氧化硫试验、电解腐蚀试验等，常用的为盐雾试验。

盐雾试验的盐液在使用前必须过滤，喷雾盐液只能一次性使用。盐雾试验箱的结构应符合相关标准要求，盐雾箱的容积一般不小于0.2m^3，试验前调好盐雾沉降率，盐雾不得直接喷射在试样上，盐雾室顶部凝聚的液滴也不能滴在试样上。

（4）涂覆层均匀性。紧固件热镀锌层的均匀性测定，采用硫酸铜溶液侵蚀试验方法。

（5）涂覆层附着强度。热浸镀锌层的附着力很强，一般不做附着强度试验。需进行试验时，可采用硬刀划线法。试验方法为用一把硬刀的尖端用力一次切入或划入镀锌层至金属基体。如果在刀尖的前面镀层或划出线的两边镀层有成片的剥落或分离，露出基底金属，则判定附着强度不合格。

（6）检测实例。某输电线路紧固件螺栓检测，针对新建输电线路工程按批次分别取样抽检。具体要求为每批次各强度等级，抽取4套完整的样品，选取其中3套样本进行检测。其中，同一性能等级、材料、材料炉号、螺纹规格、长度（长度不大于100mm时，长度相差不大于15mm；长度大于100mm时，长度相差不大于20mm，可作为同一长度）、机械加工、热处理工艺、热镀锌工艺的螺栓为同批；同一性能等级、材料、材料炉号、螺纹规格、机械加工、热处理工艺、热镀锌工艺的螺母为同批。

在到货验收阶段或安装调试阶段现场取样，采用拉力试验机进行实验室检测。螺栓楔负载、螺母保证载荷试验为破坏性试验，抽检试件不可再用于工程。

紧固件的检测及质量判定依据DL/T 284—2021《输电线路杆塔及电力金具用热浸镀锌螺栓与螺母》、《国家电网公司物资采购标准杆塔卷　铁附件卷》、GB/T 3098.1—2010《紧固件机械性能　螺栓、螺钉和螺柱》、GB/T 3098.2—2015《紧固件机械性能　螺母》等标准的要求。

检测的3个样本中任何一个样本不满足标准要求，则认为该批次不合格。对不合格的螺栓、螺母进行整批更换，对更换后的螺栓、螺母进行复测，合格后方可使用。

4.4 钢构件

4.4.1 概述

钢构件是指用钢板、角钢、槽钢、工字钢等型钢拼接而成的能承受和传递荷载的钢结构组合构件，其拼接方式可以是焊接或紧固件连接。电力系统中钢构件主要应用于输电铁塔和钢管杆等设施。作为输电线路中十分重要的结构，输电铁塔的钢构件制造工艺和检验过程，直接影响电网输电线路的安全。

铁塔是采用型钢制成的钢结构件，大多采用热轧等边角钢制造，再通过焊接或螺栓连接成空间桁架结构，具有高强度、易加工的特点。对于500kV以上线路、运输和施工条件困难的山区线路，以及受力较大的耐张型杆塔、转角杆塔、跨越杆塔等应用场景，均部分或全部采用铁塔。近年来，使用钢管制造的钢管塔也开始逐渐采用，其空气动力学性能、截面力学特性和承载能力均优于角钢铁塔，但制造成本高于角钢塔。

输电铁塔一般采用Q235、Q345钢材，有条件时也可采用Q390钢材。GB 50017—2017《钢结构设计标准》规定，钢材的质量标准应符合GB/T 700—2006《碳素结构钢》、GB 1591—2018《低合金高强度结构钢》的规定。

4.4.2 制造工艺

1.切割

钢材需经过切割以达到钢构件加工的尺寸要求。目前钢材切割采用的方法有火焰切割、水切割、等离子切割、数控切割等。在钢构件制造工艺中最常采用的是火焰切割，它具有成本低、操作简便、技术成熟、使用广泛等特点。

钢材切割应符合GB/T 2694—2018《输电线路铁塔制造技术条件》的技术要求。钢材切割后，其断口上不应有裂纹和大于1.0mm的边缘缺棱，切断处切割面平面度不大于0.05t（t为厚度），且不大于2.0mm，割纹深度不大于0.3mm，局部缺口深度允许偏差1.0mm。

切割允许偏差按表4–11规定。

表4–11　　　　　　　　　　　切割的允许偏差

项目	允许偏差	示意图
长度L或宽度b	±2.0	
切断面垂直度P	$\leq t/8$且不大于3.0	
角钢端部垂直度P	$\leq 3b/100$且不大于3.0	

2. 制弯

钢材制弯使用的设备主要有压力机、火曲机、冲床等。根据工艺所需温度，制弯分为冷曲和火曲两类。火曲部件的加热温度一般控制在900～1000℃，钢材的颜色由红变黄时，必须停止加热。碳素结构钢和低合金结构钢在温度分别下降到700℃和800℃之前，应完成加工流程。冷曲需要注意的是，碳素结构钢在环境温度低于–16℃或低合金结构钢在环境温度低于–12℃时，不得进行冷弯曲加工。

3. 制孔

输电铁塔钢构件采用样板法、胎具法制孔时执行GB 50205—2020《钢结构工程施工质量验收标准》的相关要求。高强度螺栓孔采用钻—型孔，檩条等结构采用冲孔。钢构件使用的高强度螺栓（大六角头螺栓、扭剪型螺栓等）、半圆头铆钉自攻螺丝等用孔的制孔方法可采用钻孔、铣孔、冲孔、铰孔等。钢构件制孔优先采用钻孔方式，只有在证明某些材料质量、厚度和孔径条件下，冲孔后不会引起脆性时，允许采用冲孔。

制孔表面不应有明显的凹面缺陷，大于0.3mm的毛刺应清除。制孔后孔壁与零件表面的边界交接处，不应有大于0.5mm的缺棱或塌角。

4. 清根、铲背和开坡口

清根是针对全熔透焊缝的操作。对于质量要求较高的双面焊接成型的全熔透焊缝（焊后要求进行无损探伤，如UT和RT探伤合格的情况），在施焊完一面进行反面施焊之前，使用适当的工具从反面对已完成焊缝根部进行清理的过程，称为清根。一般焊缝可以用碳弧气刨、风动铲子、电动砂轮进行清根操作，特殊焊缝如核电设备焊缝不允许使用碳弧气刨，因为它会对焊缝造成渗碳，从而产生不可预知的影响。

铲背操作是由于角钢内侧是有圆角的，而角钢背侧为直角，当要把一根角钢放入另一根角钢里时，为了使两根角钢结合紧密，需要把放入内侧的角钢背部铲成弧度，这一操作称为铲背。

根据设计或工艺需要，在焊件的待焊部位加工成的一定几何形状的沟槽，称为坡口。坡口主要为了焊接时保证焊缝质量，普通情况下用机加工方法加工出型面，要求不高时也可以气割，但需清除氧化渣（如果是需全部长度超声波探伤的重要焊缝，则仅允许使用机加工方法）。根据需要，有K形坡口、V形坡口、U形坡口等，但大多要求保留一定的钝边。焊接坡口加工尺寸的允许偏差应符合GB/T 985.1—2008《气焊、焊条电弧焊、气体保护焊和高能束焊的推荐坡口》和GB/T 985.2—2008《埋弧焊的推荐坡口》中的有关规定或按工艺要求。

5.焊接

钢构件焊接采用自动焊接或人工焊接，焊接质量执行GB 50205—2020《钢结构工程施工质量验收标准》和各类焊接相应国家标准要求。为防止出现附加应力，焊接顺序应按交叉对称施焊。

（1）选择焊接材料。选择焊接材料时要匹配母材的机械性能。对于低碳钢通常按照焊缝金属和母材等强度的原则来选择焊接材料；对于高强度低合金结构钢通常按照焊缝金属和母材等强度或略高于母材强度，但不能高出50MPa以上，而且焊缝金属一定要具有优良的韧性、塑性和抗裂性；对于焊接不同强度等级的钢材，要选用与其中强度较低的钢材合适的焊接材料。另外，保护气体等辅助材料的纯度要符合相关标准。

（2）清理母材。在焊前，母材的焊剂坡口和两侧30～50mm区域内，要清除气熔渣、割化皮、锈、油、涂料、水分、灰尘等杂质。

（3）定位焊。定位焊是钢构件正式焊缝的一部分，因此定位焊缝不允许存在不能够最终溶入正式焊缝的缺陷，如裂纹等缺陷。确定定位焊缝位置时，要避免选择钢构件的端部和棱角等在工艺和强度上易出问题的部位。另外，应在两侧对称进行T形接头定位焊，尽量要避免在坡口内进行定位焊。

（4）设置引出板。针对接焊时的引弧端与熄弧端，安装的引出板需与母材材料相同，以保证焊接质量。引出板的坡口形式和板厚原则上宜与构件相同。对于引出板的长度：手工电弧焊及气体保护焊为25～50mm，半自动焊为40～60mm，埋弧自动焊为50～100mm，熔化嘴电渣焊为100mm以上。

（5）胎夹具。钢结构的焊接应尽可能使用胎夹具，能够使主要焊接工作处于平焊位置并有效控制焊接变形。

（6）预热。钢结构焊接时，需要按照钢材的强度和所用焊接方法来确定合适的预热方案。碳素结构钢厚度大于50mm，高强度低合金结构钢厚度大于36mm，焊接前预热温度宜控制在100～150℃。预热区在焊道两侧，其宽度各为焊件厚度的2倍以上，且不应小于100mm。

（7）引弧和熄弧。引弧时，要在操作上注意避免产生熔合不良、弧坑裂缝、气孔和夹渣等缺陷，另外，不得在非焊接区域的母材上引弧，以防止出现电弧击痕。当焊缝终端收弧或电弧因故中断时，要应避免发生弧坑裂纹，一旦出现裂纹，必须彻底清除后，才可以继续焊接。

（8）对接焊接。要求熔透的双面对接焊缝，在一面焊接结束和另一面焊接前，进行反面焊接要彻底清除焊根缺陷至正面金属。采用埋弧且能保证焊透的条件下，可不进行清根。采用背面钢垫的对接坡口焊缝，垫板与母材之间必须紧密接合，使焊接金属与垫板完全熔合。对接不同厚度的工件时，厚板一侧要加工为平缓过渡形状，若板厚差超过4mm，板厚一侧要加工为1∶2.5～1∶5的斜度，对接处与薄板厚度相等。

（9）填角焊接。等角填角焊接的两侧焊角，不允许有明显的差别；不等角填角焊缝，应注意保证焊角尺寸，且使焊趾处过渡平滑。角焊缝若要求焊成凹形，通常使用船形位置施焊等措施使母材和焊缝金属过渡平缓，注意不允许在焊缝表面留下切痕。

填角焊缝或单个表面焊道的凸度C值不得超过该焊缝或焊道实际表面宽度值的7%+1.5mm。当角焊缝的端部在构件上时，转角处宜连续包角焊，起落弧点不宜在端部或棱角处，应距焊缝部10mm以上。当填角焊缝焊脚尺寸大于18mm，从经济性和减少焊接变形考虑，工艺上应将填角焊缝改为开坡口部分熔透焊缝更为合理。

（10）部分熔透焊接。对于部分熔透焊缝，焊接前先应检查坡口深度，以保证达到要求的焊透深度。若采用手工电弧焊进行焊接，打底焊适合采用 ϕ 3.2mm 或以下的小直径焊条，来保证足够的熔透深度。

（11）多层多道焊。多层焊接要采用连续施焊，且在每一层、每一道焊接完成后及时清理和检查是否有影响质量的缺陷，并在修复后继续焊接。多层焊缝缺陷修补时，在焊缝连接处的焊层和焊层之间要错开30~50mm，以形成阶梯过渡。

（12）完工焊缝的清除。焊接钢构件完毕，要清理焊缝两侧的飞溅物和表面熔渣，检查焊缝外观及质量，合格后按工艺要求打上焊工钢印。

（13）焊后消除应力处理。若焊件需要焊后应力消除处理时，一般按照母材的材料成分、焊接厚度、焊接类型、焊接接头的拘束度以及钢构件的使用条件等，按照相关要求采用消除应力的措施。

6.矫正

钢构件加工后尺寸偏差不符合要求的，需要进行矫正操作。矫正后的零件不允许出现表面裂纹、不应有明显的凹面和损伤，表面划痕深度不应大于该钢材厚度负允许偏差的1/2，且不大于0.5mm。构件一次热矫正后仍没达到要求时，不应在原位置进行重复加热。镀锌件的矫正应采取措施防止锌层受到破坏。

7.热镀锌

用于热镀锌的锌浴主要应用熔融锌液构成。熔融锌中的杂质总含量（铁、锡除外）不应超过总质量的1.5%，所指杂质参照GB/T 470《锌锭》的规定。

钢构件表面镀锌层的颜色一般呈灰色或暗灰色，锌层表面应连续完整，并具有实用性光滑，不应有过酸洗、起皮、漏镀、结瘤、积锌和锐点等影响使用的缺陷。

钢构件锌层厚度和镀锌层附着量按表4-12规定。

表4-12　镀锌层厚度和镀锌层附着量

镀件厚度（mm）	厚度最小值（μm）	最小平均值	
		附着量（g/m²）	厚度（μm）
$T \geqslant 5$	70	610	86
$T < 5$	55	460	65

注　在镀锌层的厚度大于规定值的条件下，被镀制件表面可存在发暗或浅灰色的色彩不均匀。

钢构件镀锌层应与金属基体结合牢固，应保证在无外力作用下没有剥落或起皮现象。经落锤试验后，镀锌层不凸起、不剥离。

钢构件表面出现漏镀情况时，应进行修复操作，修复的总漏镀面积不应超过每个镀件总表面积的0.5%，每个修复漏镀面不应超过10cm^2；若漏镀面积较大，应进行返镀。修复方法可以采用热喷涂锌或涂富锌层进行修补，修复层的厚度应比镀锌层要求的最小厚度厚30μm以上。

8.试组装

在加工完成后，各钢构件要进行试组装。试组装采用卧式或立式，并保证各零部件处于自由状态，不能进行强行组装。试组装前应制定试组装方案，包括安全措施、质量控制办法等。当分段组装时，一次组装的段数不应小于两段，分段部位应保证有连接段组装，且保证每个部件号都经过试组装。试组装时，所用的螺栓直径应和实际所用螺栓相同，所使用的螺栓数量应保证构件的定位需要，且不少于该组螺栓总数的30%。

4.4.3 常见缺陷

1.钢材原材料质量问题

（1）钢材表面有裂纹、夹渣、分层、缺棱、结疤、重皮、气泡、发纹、锈蚀、麻点等。

产生原因：主要为冶金缺陷。

预防措施：严格检验钢材原材料，进场材料及时进行原材料见证取样试验，及时排除有缺陷材料。

（2）钢材表面锈蚀、划痕损伤、凹陷等。

产生原因：材料存储不当导致锈蚀；起吊装卸时夹具应力、运输过程中钢丝绳捆绑处无保护措施等。

预防措施：对进场前的材料进行严格检查，对外观有人为损伤的不得接收，尽量采用近期生产的板材；进场后的钢材进入专用存储区，做到下铺上盖；吊装搬运过程中采用强磁吸附，使用叉车运输时做到分层垫实，平起平放。

（3）钢型材、板材尺寸负偏差。

产生原因：钢材生产厂家在轧制过程轧辊调整不当，后期质量检查不严格。

预防措施：材料进厂后严格检查，达不到质量要求的，立即退厂。

2.零部件加工质量问题

（1）零部件尺寸超差。

产生原因：工艺要求出错，技术交底文件不清；测量器具未经校核或出现问题未及时更换；下料时未预留加工余量或余量不足；未采用样板下料，导致尺寸多样等。

预防措施：机械切割、气割下料时考虑加工余量以及工艺要求余量；下料前核对图纸，明确工艺交底内容，严格执行加工工艺；测量器具定时校准，不合格或损坏及时更换；对零部件先试加工，首件检查合格后进行批量加工，其他件进行抽检；下料后的变形矫正达到要求，避免测量误差；工序之前实行交接检，对工序发现的问题及时反馈及时解决。

（2）零部件切割面缺陷。

产生原因：切割机运行速度过快，轨道未及时校正；切割气体压强偏低、纯度不够、气体混合比例错误，切割深度不够，并多次断火；切割面不平。

预防措施：采用数控火焰切割或等离子切割设备切割；采用数控火焰切割时，根据板厚不同选择调整气体压力和切割速度、割嘴距板的距离；对厚度超过12mm不得使用机械剪切。

（3）零部件制孔孔距超标。

产生原因：样板件孔距尺寸存在偏差；钻床钻孔时夹具滑动；钻床老化未及时更新；人工钻孔时磁性吸力不足产生滑移。

预防措施：采用数控钻床并经常校核；样板件画线定位检查无误后钻孔，检查样板件孔位无误后再进行大批量生产；工序自检、交接检，发现超差及时纠正。

3.焊缝质量问题

（1）气孔。

产生原因：焊接区域不清洁；焊接材料受潮；酸性焊条烘焙温度过高；焊接时电流过大；气体保护焊时气体不纯、未有防风措施、焊丝生锈。

预防措施：进行焊接工艺评定，根据焊接工艺评定报告的相关技术参数进行焊接；焊接处50mm范围内油漆等杂质清理干净；焊接材料根据技术要求进行烘焙；合理使用保护气体并有防风措施。

（2）夹渣。

产生原因：焊接区域不清洁；焊条破损、焊丝生锈；电流太小，焊速度过快；分层焊接时，清理不彻底。

预防措施：进行焊接工艺评定，根据焊接工艺评定报告的相关技术进行焊接；焊接处50mm范围内油漆等杂质清理干净；使用保存完好的焊接材料施焊；分层焊接时，表面熔渣及时清除干净。

（3）未焊透。

产生原因：焊接电流太小，速度过快；焊接工艺不当，未采用坡口焊或坡口不合理；双面焊时，背部清根深度不够、不彻底。

预防措施：进行焊接工艺评定，根据焊接工艺评定报告的相关技术参数进行焊接；正确选用坡口形式、尺寸和间隙；焊接角度正确。

（4）热裂纹。

产生原因：电压过低，电流过高，在焊鏠冷却收缩时焊道的断面生产裂纹；弧坑处的冷却速度过快，弧坑的凹处未充分填满。

预防措施：进行焊接工艺评定，根据焊接工艺评定报告的相关技术参数进行焊接；合理的电压、电流；在焊缝两端设置引弧板和收弧板。

（5）冷裂纹。

产生原因：焊接金属中含氢虽过高；焊接接头处的约束力较大；焊接母材的含碳虽过高；非正常冷却。

预防措施：使用低氢型、韧性好、抗裂性好的焊条并及时预热；对焊接材料根据存储要求存储，必要时进行烘焙；选择合理的焊接顺序和焊接方向。

（6）焊瘤。

产生原因：焊接时热融金属流溢到未能熔化的母材或焊缝上凝固成金属瘤。

预防措施：焊接电压、电流要适当；装配间距要适当；坡口边缘污物清理干净。

（7）弧坑。

产生原因：熄弧处停留的时间过短；焊接时电流过大。

预防措施：在收弧处焊条应在熔池稍作停留，待熔池金属填满后再引向一侧熄弧。

4.钢结构组装质量问题

（1）拼接缝不符合要求。

产生原因：下料时未进行预排料；组装时未对组装人员进行技术交底。

预防措施：加工技术人员进行预排料，明确拼接缝位置；严格按图纸进行下料，不任意加长或缩短；对组装人员进行技术交底，严格按图纸组拼。

（2）截面大小偏差。

产生原因：下料时未考虑切割线的宽度，未预留切割余量；拼接时腹板边缘处未清理干净，与翼板未顶紧；组立机未校正，导致腹板与翼板不垂直，腹板偏离中心位置；人工组装时腹板偏中，翼板不垂直。

预防措施：保证下料的净尺寸；及时校正组立机；人工组装时增加临时连接板进行固定。

（3）构件尺寸误差。

产生原因：图纸表述不合理；测量时未自一端为起点，多个尺寸累加出现数值计算错误；劲板位置与腹板或翼板焊接间距不符合要求。

预防措施：对图纸进行审核，分尺寸与总尺寸对应；测点位侧自一端开始，避免连续测量；预排料，合理控制拼装缝的位置；构件拼装全部制作胎架，胎架检查合格后方可在其上拼装。

5.镀锌表面漏镀和锈蚀问题

输电线路钢构件进行热浸镀锌的过程中，时而发生局部漏镀的现象，需要进行返镀，在人工及设备等方面都造成了浪费。

产生原因：输电线路钢构件热镀锌之前的工艺主要有脱脂、水洗及除锈，如果没有进行良好的预处理就可能导致漏镀的情况发生；助镀剂的溶度低，而水分含量高，导致工件表面出现氧化，或者在助镀剂溶液中存在杂质，也存在接触空气的时间过长表面返锈的现象，这些因素导致出现漏镀。

预防措施：酸洗时溶液的浓度和温度时必须要控制在一定范围之内，通常使用的盐酸溶液浓度应该达到15%～20%，酸洗速度必须要达到标准，尽量在30min以内完成，并且在新盐酸中可以加入适量的旧盐酸，起到稳定的作用。另外，可以通过在盐酸溶液中添加一些缓蚀剂，以防止出现返锈现象。在进行镀锌时必须要时刻测量助镀剂溶液的温度以及浓度，两者均需要严格控制在一定范围之内。如果使用助镀剂的时间较长，就必须要控制铁离子的浓度，做到时刻监测，并且要定期应用一些方法降低铁离子的含量。可以应用过滤器降低助镀剂当中存在的一些杂质，如果出现铁锈时，必须要在助镀剂当中重新进行长时间浸泡，以防止出现漏镀现象。

6.使用过程中的腐蚀锈蚀问题

对于地处沿海地区的变电站构架、输电杆塔等钢构件，由于受沿海季风气候的影响，使用环境普遍存在降雨量大、盐雾重等特点，使用过程中易出现钢构件材料的腐蚀、锈蚀问题。钢构件材料的腐蚀问题，会直接影响电网电气设备机械性能、结构承载能力和使用寿命，最终威胁电网的安全稳定运行。

通常来说，当钢构件的涂层防腐蚀性能不佳或镀锌层厚度不均匀时，在使用3年内，会产生不同程度的锈蚀，高温、高湿、高盐分的恶劣环境更会加剧户外钢构件的腐蚀情况。某现场金属支架腐蚀照片如图4-18所示。因此，输电杆塔钢构件的材料材质、防腐工艺和涂覆层质量对于降低金属材料腐蚀、提升电网安全至关重要。除了加大重视钢结构防腐工艺和措施，按照相关标准做好钢构件镀锌层及涂层质量检测尤其关键。

图4-18　金属支架腐蚀照片

4.4.4　出厂检测

根据GB/T 2694—2018《输电线路铁塔制造技术条件》规定，钢构件出厂检验包括钢材质量（包括钢材外观、外形尺寸、物理性能及化学成分）、零部件尺寸（包括下料长度、切断面垂直度、角钢端部垂直度、清根、铲背、切角、开合角、孔形、孔位、制弯、挠曲等）、锌层质量（包括锌层外观、厚度、附着性及均匀性）、焊接件装配质量、焊缝质量（包括焊缝外观、外形尺寸及内部质量）、试组装（包括部件就位率、同心孔通孔率、控制尺寸）等项目。

本节对塔材和钢构件的常规检测项目从外观检测、镀锌层质量检测和机械性能检测三方面进行介绍。

1.外观检查

（1）钢材表面质量检查。采用目测方法，零部件表面要平整、光滑，无裂纹、结疤、夹杂和重皮，零件制弯后边缘过渡圆滑，表面无明显折皱、凹面和损伤，表面无过酸洗现象。

（2）零部件尺寸测量。使用钢卷尺、角尺、钢板尺、卡尺等测量工具，检测零部件在各项工艺后的尺寸是否达到技术要求。相关尺寸测量项目及要求见表4–13。

表4–13 尺寸测量项目及要求

尺寸测量项目	技术要求
切割	其断口上不得有裂纹和大于1.0mm的边缘缺陷，切断处切割面平度不大于0.05t（t为钢材厚度），且不大于2.0mm，割纹深度不大于0.3mm，局部缺口深度允许偏差1.0mm；切割长度（宽度）尺寸偏差不大于 ±2mm
制弯	零件制弯后，其边缘应圆滑过渡，表面不应有裂纹和明显的折皱、凹面和损伤，划痕深度不应大于0.5mm
制孔	制孔表面不应有明显的凹面，大于0.3mm的毛刺应清除。制孔后孔壁与零件表面的边界交界接处，不应有大于0.5mm的缺棱或塌角，孔形、孔位偏差应符合标准要求
标识	零件以钢字模压印作标识，钢印应排列整齐，字形不应有缺陷，字体高度为8～18mm。材料厚度不大于8mm时，钢印深度0.3～0.6mm，材料厚度大于8mm时，钢印深度0.5～1.0mm。钢印不宜压在孔位或火曲部位，焊接部件的钢印不应被覆盖
其他工艺	均要满足各项工艺的相关标准

2.镀锌层质量检测

（1）镀锌层外观检测。对于钢铁制件热镀锌层的外观检查，要求目测所有热浸锌制件，其主要表面应平滑，无滴瘤、粗糙和锌刺，无起皮，无漏镀，无残留熔渣剂，在有可能影响热镀锌工件的使用或耐腐蚀性能的部位不应有锌瘤和锌灰。

（2）镀锌层均匀性检测。采用硫酸铜试验方法，将准备好的试样用四氯化碳、苯等有机溶剂擦拭，用流水冲洗、净布擦干，将试件露出的基本金属处涂以油漆或石蜡，方可进行试验。将表面处理好的试样浸入配置好的硫酸铜溶液中，1min后取出试样，用毛刷除掉试样表面或孔眼处的沉淀物，用流水冲洗，净布擦干，立即进行下一次浸蚀，直至试验浸蚀终点为止。经过硫酸铜试验4次不露铁，即为合格。

（3）镀锌层附着性检测。采用落锤试验方法，试验锤安装在固定的木制试验台上，试验面保持与锤子底座同样高度。试样置于水平平面，调整试样位置，使打击点距试样边、角、端部不小于10mm，锤头面向台架中心，锤柄与底座平面垂直后自由落下，以4mm的间隔平行打击5点，检查锌层表面状态，打击处不得重复打击。经锤击试验后，镀锌层应无脱落、无剥离、不凸起。锤击试验装置如图4–19所示。

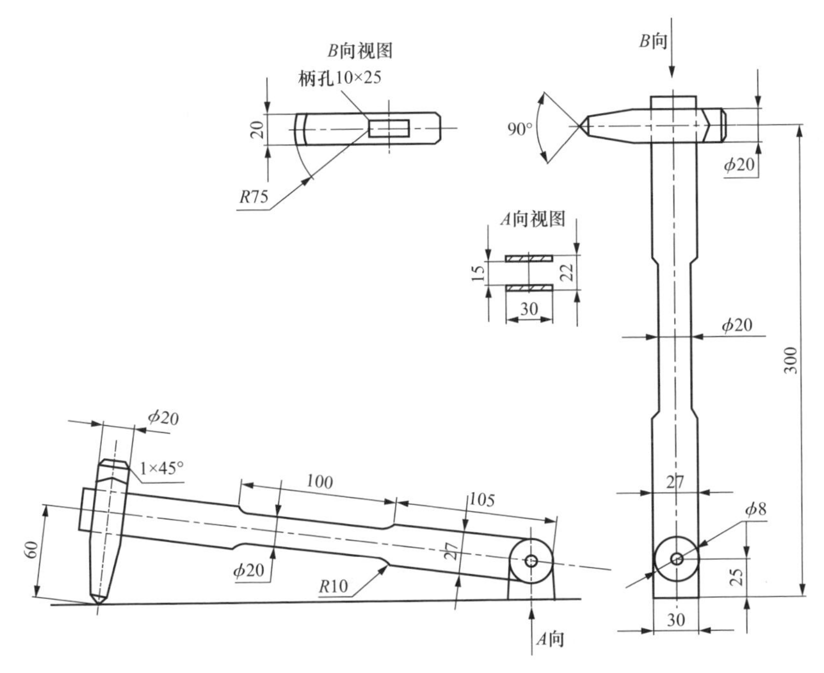

图 4–19　锤击试验装置

（4）镀锌层厚度（附着量）检测。在制件的尺寸允许的情况下，镀层的厚度测量不应在离边缘少于10mm的区域、火焰切割面或边角进行。厚度测量方法可以采用称量法、磁性法、横截面显微镜法和阳极溶解库仑法。称量法是仲裁方法，且为破坏性试验方法，按GB/T 13825《金属覆盖层　黑色金属材料热镀锌层　单位面积质量称量法》要求进行；磁性法是非破坏性试验方法，按GB/T

4956《磁性基体上非磁性覆盖层　覆盖层厚度测量　磁性法》要求进行；横截面显微镜法是破坏性试验方法，且仅代表某一点，按GB/T 6462《金属和氧化物覆盖层厚度测量显微镜法》要求进行；阳极溶解库仑法是破坏性试验方法，按照GB/T 4955《金属覆盖层　覆盖层厚度测量　阳极溶解库仑法》进行。

镀锌件抽样测量锌层厚度，测量时，测试点应均匀分布，选取12个测试点（角钢试样每面3处各1点，钢板试样每面6处各1点），取算数平均值计算结果。得到锌层厚度后即可通过乘以锌的密度计算出锌层附着量。

镀锌件厚度小于5mm的，镀锌层厚度均值应不小于65μm，且最小值不小于55μm；镀锌件厚度大于等于5mm时，镀锌层厚度均值应不小于86μm，且最小值不小于70μm。

3.机械性能检测

根据标准将塔材和钢构件样品制成拉伸标准试样和冲击试样，使用万能试验机、冲击试验机进行机械性能试验，试验结果应符合样品材料的相关力学性能要求。

4.5　铁附件

4.5.1　分类

铁附件是电力线路输变电用构（附）件的俗称。是根据用户的特殊要求而进行生产的非标准金具，范围覆盖10kV以下，35、110、220kV输电线路及变电站用构件。铁附件主要分类见表4-14。

表4-14　铁附件主要分类

分类	用途	常见举例
横担类	支撑电缆、电线	直线担、耐张担、马鞍担等
抱箍类	拉导线或固定电杆	拉线抱箍、电缆抱箍、绝缘子架等
拉线棒类	连接拉盘及钢绞线	单耳拉线棒、双耳拉线棒
台架类	支撑变压器	—
接地体	埋于地下疏导雷电电流	接地扁钢、接地角钢、复合接地体等
其他	—	耐张联板、M垫铁等

1.横担类

横担是电线杆顶部横向固定的角铁，上面有绝缘子，是杆塔中重要的组成部分，配合绝缘子、金具，来支撑导线、电缆，并使之按规定保持一定的安全距离。根据用途和安装位置，横担类包括直线担、耐张担、马鞍担、台区用横担、引线担、跌落开关（熔丝具）担、刀闸横担、避雷担等。

直线担、耐张担主要原材料为等边角钢，其规格根据角钢大小及横担长短命名，如∟75×8×1500。直线担和耐张担用于10kV及以下输电线路单杆的安装。

马鞍担主要材料也是等边角钢，因样子类似于马鞍而得名，这种结构的方便之处是鞍架与横担按照一定的要求焊接在一起，省略了中间的瓷瓶架，安装维护方便。

2.抱箍类

抱箍是用一种材料抱住或箍住另外一种材料的构件，由左、右两半片抱箍对合后联结而成，左右两半片抱箍均成半圆环状，半圆环两端向外弯折，各形成一个安装耳，安装耳上有螺栓连接孔，用螺栓连接安装，主要原材料为扁钢、角钢等。常见抱箍种类有普通抱箍、加强抱箍、电缆抱箍、横担抱箍等。

普通抱箍和加强抱箍是最常见的类型，是线路中用拉线来固定电杆的。根据拉线方式和强度，主要分为普通抱箍、加强（拉线）偏抱、双拉线抱箍及四拉线抱箍等。一般用扁钢的规格和所抱杆件的直径来表示其规格。

绝缘子架抱箍又名杆顶帽、中导线帽。安装在电杆杆顶，有单杆顶、双杆顶之分。

电缆抱箍用于搬运电缆上下杆时固定电缆，其根据固定电缆的数量分为单电缆抱箍、双电缆抱箍及多电缆抱箍。

羊角抱箍用于线路工程中安装撑脚，一般有单羊角和双羊角两种。

U形抱箍俗称U抱，又名圆钢抱箍，采用圆钢加工而成，用于单根角钢类构件与圆杆件的连接。其一般每套含四颗螺母、两块方垫。其规格根据所用圆钢规格和所抱杆件直径表示。

横担抱箍是在加强抱箍延伸出来的，配合横担使用，所以称横担抱箍。单个横担抱箍是无法使用的，必须配上加强抱箍才是完整的。

3.拉线棒类

拉线棒是一种将拉线连接到地锚杆件或其他金属部件的非标金具，主要用于固定电杆。按照外观分为单耳拉线棒和双耳拉线棒。单耳拉线棒一头螺纹、一头环。双耳拉线棒按照拉线棒两头折弯的角度，又分为90°和180°双耳拉线棒。拉线棒的规格用圆钢直径及成型后的长度来表示。

4.台架类

台架主要原材料为槽钢，是变压器及真空开关的抬梁横担，装在抬抱上面。台架的规格型号以所用的槽钢大小及长度表示。

5.接地体

接地体用于电力线路及变电站等场所连接避雷设施，起到疏导雷电电流的作用。根据加工材料的不同，分为接地扁钢、接地角钢、接地圆钢。每一种类别中又有不同种类，如接地扁钢分为冲孔接地扁钢和不冲孔接地扁钢，接地角钢分为冲孔接地角钢、加强型接地角钢和焊线接地角钢，接地圆钢分为不焊板接地圆钢、焊单板接地圆钢和焊双板接地圆钢等。

6.其他铁附件

其他类型的铁附件种类较多，如M形垫铁、耐张联板、拉板、爬梯、各种型式的支撑铁等。

M形垫铁用于辅助角钢类横担与电杆连接。主要材料为扁铁，其规格根据安装电杆位置确定。为使M形垫铁安装范围增大，其双头栓孔均加工成腰形孔。

耐张联板又名五眼联板、双横担联板。一般用于10kV及以下架空线路转交及终端杆中，连接在转角、耐张单杆两横担的绝缘子孔上，起到连接双横担、固定和安装标准金具的作用。其联板上两条孔中心距随安装电杆大小的不同而不同，长度也随两条孔中心距变化而变化。

拉板又名拉铁、弯拉板、Z字铁，规格根据所用扁铁的规格来表示。

由于铁附件种类、型号繁多，仅举典型的例子进行了简单介绍，供读者对该结构有一定了解，其他种类的铁附件不再赘述。

4.5.2 制造工艺

1.铁附件用材

制造铁附件所采用的材料主要为Q235，型材类型主要包括扁钢、圆钢、槽钢、角钢及钢板。所有杆塔结构的钢材均应满足不低于B级钢的质量要求，钢材表面不得有裂缝、夹渣、折叠、结疤、重皮缺陷等。

铁附件所用钢材的化学成分、力学性能和其他质量应符合GB/T 700—2006《碳素结构钢》和GB/T 1591—2018《低合金高强度结构钢》的规定。铁附件所使用的钢材的尺寸允许误差要符合相关的标准，圆钢、扁钢应符合GB/T 702—2017《热轧钢棒尺寸、外形、重量及允许偏差》的规定，槽钢、角钢应符合GB/T 706—2016《热轧型钢》的规定，钢板应符合GB/T 709—2019《热轧钢板和钢带的尺寸、外形、重量及允许偏差》的规定。

铁附件所用紧固件性能等级要符合相关标准。螺栓应按照GB/T 3098.1—2010《紧固件机械性能　螺栓、螺钉和螺柱》的要求，性能等级不低于4.8级；螺母应按照GB/T 3098.2—2015《紧固件机械性能　螺母》的要求，性能等级不低于4级。

接地体的用材需要符合要求：接地体不应采用铝导体；中性或酸性土壤地区接地金属宜采用热浸镀锌钢；强碱性或钢制材料严重腐蚀的土壤地区，宜采用铜制、铜覆钢或其他等效防腐性能材料的接地网，其中铜覆钢的技术指标应符合DL/T 1312—2013《电力工程接地用铜覆钢技术条件》的要求；对于室内变电站及地下变电站宜采用铜制材料的接地网。

2.铁附件加工工艺流程

典型铁附件横担和拉线棒的加工工艺流程如图4-20和图4-21所示，本节介绍主要的加工工艺。

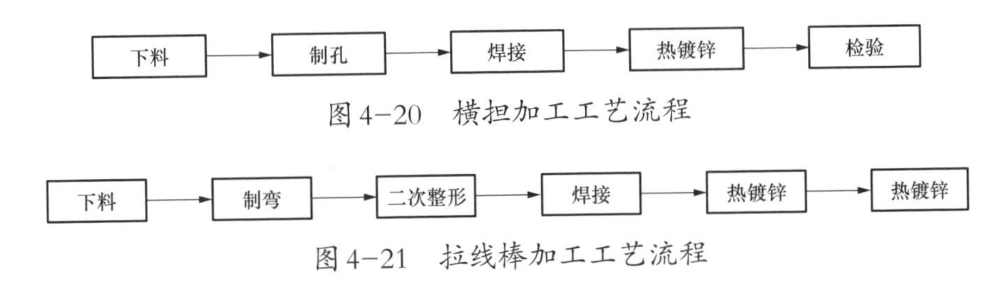

图4-20　横担加工工艺流程

图4-21　拉线棒加工工艺流程

3.切断

铁附件加工中钢材的切断一般采用机械剪切。切割后的构件四周应平整光滑，断口处不得有裂纹和大于1.0mm的缺棱，并在切割后清除断口的毛刺。

4.制弯

铁附件加工中零部件的制弯采用冷弯或均匀热弯。冷弯是在室温下将金属材料板，直接采用机械弯曲的方式，制成铁附件加工要求的形状和尺寸；均匀热弯则需加热材料至900～1000℃，并在温度下降到700℃之前结束加工。冷弯常采用的加工方法有辊弯、压弯、拔弯和折弯，其优点有可以得到轧制工序不能生产的各种特薄、特宽和形状复杂的型材，节省金属材料，制品机械性能好。

零部件制弯后，钢材的边缘应圆滑过渡，表面不应有明显的折皱、凹面和损伤，表面划痕深度不大于0.5mm。制弯允许偏差按GB/T 2694—2018《输电线路铁塔制造技术条件》规定执行。

5.制孔

铁附件一般厚度不大于16mm，因此主要采用冲制工艺制孔，而对于厚度超过16mm的特殊铁附件，必须采用钻孔工艺制孔。铁附件上制孔的技术要求主要为孔壁与零件表面的边界交界处，不得有大于0.5mm的缺棱或塌角，制件表面不得有外观可见的凹面，铁附件表面大于0.1mm的毛刺需要清除。

6.焊接

铁附件焊接按照GB 50205—2020《钢结构工程施工质量验收标准》的相关要求进行，焊缝高度要满足设计要求，不能熔透时需要按规定打坡口后焊接，以保证焊接的强度。各焊接构件连接时不得有空隙，焊接构件在热浸镀锌前需要清除焊渣。

焊接连接组装要满足相关技术要求。焊接连接组装前，连接表面及沿焊缝每边30～50mm的铁锈、毛刺和油污等杂质必须清理干净；定位点焊所用的焊条型号应与正式焊要求相同，点焊高度不宜超过设计焊缝高度的2/3；焊接连接组装允许偏差按GB/T 2694—2018《输电线路铁塔制造技术条件》规定执行。

接地体的焊接应采用搭接焊，扁钢搭接长度为其宽度的2倍，且至少3个棱边焊接；圆钢搭接长度为其直径的6倍；扁钢与圆钢连接时，其搭接长度为圆钢直径的6倍。接地体引出线的垂直部分和接地装置焊接部位外侧100mm范围内应防腐处理。

7.热镀锌

铁附件的镀锌层表面应光滑平整、颜色均匀、不应有明显色差。镀层连续完整，不得有结瘤、锌灰和露铁现象。

铁附件镀锌层附着量、镀锌的均匀性和附着性应符合GB/T 2694—2018《输电线路铁塔制造技术条件》的规定；铁附件热喷涂锌的涂层厚度、涂层外观、结合性能应符合GB/T 9793—2012《热喷涂　金属和其他无极覆盖层　锌、铝及其合金》的标准。

4.5.3　常见缺陷

铁附件加工过程中常见缺陷的产生原因，主要有钢材原材料质量问题、零部件加工质量问题、焊接质量问题和镀锌层质量问题。铁附件常见缺陷及预防措施见表4–15。

表4–15　铁附件常见缺陷及预防措施

缺陷原因分类	缺陷内容	预防措施
钢材原材料质量	钢材表面出现冶金缺陷，如裂纹、夹渣、重皮、缺棱等。在储存过程中出现锈蚀、划伤、凹痕等	严格检验入厂钢材原材料质量，及时排除有缺陷材料；合理控制材料存储条件等
零部件加工质量	零部件尺寸超差	合理考虑加工余量；及时抽检批量加工件；变形矫正要达到要求等
	切断后，零部件断面有毛刺；切割零部件，切割面存在缺陷	合理调整切割设备的参数，选择合适的切割方式、气体压力和切割速度等
	零件制弯后，产生弯曲裂纹、折皱和或损伤等缺陷	根据钢材的不同计算最小弯曲半径，选择合理的弯曲半径和弯曲加热温度等
	零部件制孔孔距超标	及时校核钻床参数；提前检验样板件孔位精度等
焊接质量	焊缝出现气孔、夹渣、未焊透、冷裂纹、热裂纹、弧坑、焊瘤等缺陷	选用合适的焊条并预热处理；合理控制焊接电流、速度和时间；进行焊接工艺评定等
镀锌层质量	铁附件表面漏镀、结瘤、积锌、过酸洗等缺陷	酸洗的浓度和温度控制好；镀件做好预处理；合理控制助镀剂溶度等

4.5.4　出厂检测

铁附件出厂的常规检测项目有构件外观检测、尺寸检测、焊接质量检测、镀层外观检测、镀锌层厚度测量、镀锌层附着性检测和镀锌层均匀性检测等，具体检测情况可参考表4–16。

表4-16　　铁附件的检测项目、技术要求及检测方法

检测项目		技术要求	检测方法
构件外观检测		零部件表面要平整、光滑，无裂纹、结疤、夹杂和重皮；零件切断和冲孔处，材料断面不得有裂纹及材料起层现象；零件制弯后边缘过渡圆滑，表面无明显折皱、凹面和损伤，表面无过酸洗现象	目测
尺寸检测	切断	其断口上不得有裂纹和大于1.0mm的边缘缺陷，切断处切割面平度不大于0.05t（t为钢材厚度），且不大于2.0mm，割纹深度不大于0.3mm，局部缺口深度允许偏差1.0mm；切割长度（宽度）尺寸偏差不大于±2mm	采用钢卷尺、钢直尺、角度尺、千分尺、卡尺、R规、塞尺等测量
	制弯	零件制弯后，其边缘应圆滑过渡，表面不应有裂纹和明显的折皱、凹面和损伤，划痕深度不应大于0.5mm	
	制孔	制孔表面不应有明显的凹面，大于0.3mm的毛刺应清除。制孔后孔壁与零件表面的边界交界接处，不应有大于0.5mm的缺棱或塌角，孔形、孔位偏差应符合标准要求	
	其他工艺	均要满足各项工艺的相关标准	
焊接质量检测		保证焊缝的机械性能不低于母材的最低标准，或按焊缝的标准等级评定，设计未注明焊缝质量等级均按GB/T 2694—2018《输电线路铁塔制造技术条件》中三级焊缝质量要求。尺寸偏差应符合相关标准规定	外观：目测； 裂纹：放大镜检测； 其余：采用焊缝检测尺检测
镀锌层检测	镀锌层外观检测	镀锌层的颜色一般为灰色或暗灰色。镀锌层表面应连续完整，并具有实用性光滑。不得有过酸洗、漏镀、结瘤、积锌和锐点等缺陷	目测
	镀锌层厚度测量	镀锌件按规定选取12个测试点，取算数平均值计算结果。得到锌层厚度后即可通过乘以锌的密度计算出锌层附着量	采用金属涂层测厚仪测量
	镀锌层附着性检测	按规定采用锤击试验后，镀锌层应保证无脱落、无剥离、不凸起等	落锤试验
	镀锌层均匀性检测	经过硫酸铜试验4次浸蚀，镀锌试件不露铁，则均匀性合格	硫酸铜试验

4.6 电力金具

4.6.1 电力金具分类与命名

1.电力金具分类

根据GB/T 5075—2016《电力金具名词术语》，电力金具是指连接和组合电力系统中的各类装置，起到传递机械负荷、电气负荷及某种防护作用的金属附件。通俗地讲，架空电力线路中用于连接或保护导线、绝缘子、杆塔等部件的金属附件，以及配电线路中用于连接导线、绝缘子、构架和组合各类母线、配电装置的金属附件均称为电力金具。

按使用场所的不同，电力金具可以分为线路金具和变电金具两大类。其中，线路金具是指在架空电力线路上安装使用的金具，变电金具是指在发电厂、变电站线路中使用的金具。

按主要性能和用途的不同，电力金具又大致可分为以下几类：

（1）悬垂线夹。悬垂线夹是架空电力线路中用于将导线悬挂在悬垂串组或杆塔上的金具，在运行线路中主要承受垂直方向上负荷而不承受输电导线的张力。

（2）耐张线夹。耐张线夹是用于固定导线，以承受导线张力，并将导线挂至耐张串组或杆塔上的金具，在运行线路中承受输电导线的全部张力。

（3）连接金具。连接金具是用于将绝缘子、悬垂线夹、耐张线夹及保护金具等连接组合成悬垂或耐张串组的金具，在运行线路中不起导电作用，仅起连接作用，承受机械载荷。

（4）接续金具。接续金具是用于两根导线之间的接续，并能满足导线所具有的机械及电气性能要求的金具，如接续管、补修管、并沟线夹、跳线线夹等。

（5）防护金具。防护金具是用于各类电气装置或金具本身，起到电气性能或机械性能保护作用的金具，如防振锤、间隔棒、阻尼线、屏蔽环、均压环等。

（6）接触金具。接触金具是用于导线或电气设备端子之间的连接，以传递电气负荷为主要目的的金具。

（7）固定金具。固定金具是用于配电装置中各种硬母线或软母线与支柱绝缘子的固定、连接的金具。

2.产品型号及命名方法

依据DL/T 683—2010《电力金具产品型号命名方法》规定，电力金具产品型号标记一般由汉语拼音字母和阿拉伯数字组成，如图4-22所示。

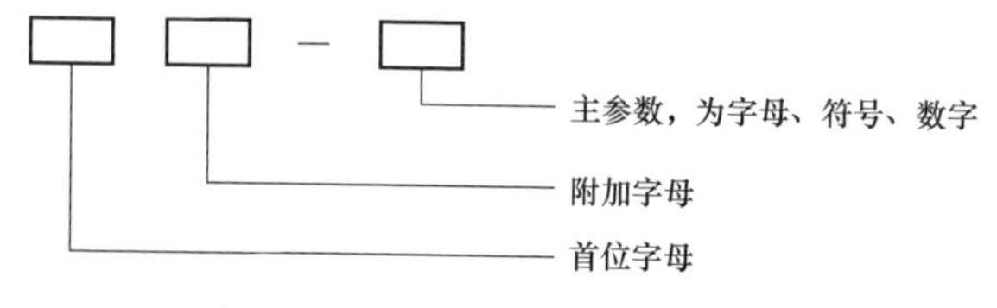

图4-22　电力金具的型号标记

其中，首位字母是金具的分类类别或金具名称的第一个汉字汉语拼音首字母（首字母为I或O时，应顺延至第二个汉字的汉语拼音首字母，或使用附加字母区分），表4-17给出了首位字母的含义。

表4-17　金具型号标记首位字母含义

字母	表示类别	表示连接金具产品的名称
D	—	调整板
E	—	EB挂板
F	防护金具	—
G	—	GD挂板
J	接续金具	—
L	—	联板
M	母线金具	—
N	耐张线夹	—
P	—	平行
Q	—	球头
S	设备线夹	—
T	T形线夹	—
U	—	U形
V	—	V形挂板

续表

字母	表示类别	表示连接金具产品的名称
W	—	碗头
X	悬垂线夹	—
Y	—	延长
Z	—	直角

附加字母是对首位字母的补充表示，以区别不同的型式、结构、特性和用途，同一字母允许表示不同的含义。

主参数中的字母是补充性的区分标记，数字则用以表述下列中的一种或多种组合：

（1）表示适用于导线的标称横截面积（mm^2）或直径。

（2）当产品可适用于多个标号的导线时，为简化主参数数字，采取组合号以代表响应范围内的导线标称直径，或按不同产品型号单独设组合号。

（3）表示标称破坏载荷标记。

（4）表示间距（mm、cm）。

（5）表示母线规格（mm、mm^2）。

（6）表示母线片数及顺序号。

（7）表示导线根数。

（8）表示圆杆的直径或长度（mm、cm）。

4.6.2　电力金具的制造工艺质量标准

按功能和使用工况的不同，电力金具及其各个组件在制造过程中使用的材料和工艺方法各不相同。

悬垂线夹按材料和制造工艺的不同可分为铝合金悬垂线夹、钢板冲压悬垂线夹、可锻铸铁（马铁）悬垂线夹。其中，铝合金悬垂线夹的线夹本体、压板均采用非磁性的高强度稀土铝合金材料压铸而成；钢板冲压悬垂线夹的船体是由钢板冲压而成；可锻铸铁悬垂线夹的船体、压板和碗头为可锻铸铁，闭口销及其余组件为钢制件，可锻铸铁和钢制件均采用热镀锌工艺。

耐张线夹按结构和安装条件大致可分为螺栓型、爆压型、预绞式、压缩型、楔形和大跨越用耐张线夹。各种耐张线夹所用材料和制造工艺也不尽相同，比如常见的螺栓型耐张线夹中，可锻铸铁倒装式螺栓型耐张线夹是采用可锻铸铁制造而成的，铝合金螺栓型耐张线夹是采用高强度铝合金铸造而成的，冲压式耐张线夹是以钢板冲压制造而成的。

连接金具按使用条件和结构特点划分，可分为球—窝系列、环—链系列和板—板系列。环—链系列连接金具中U形挂环是以圆钢锻制而成，延长环采用焊接工艺制作而成，拉杆由圆钢锻制而成并经过热镀锌防腐处理，花篮螺栓一般采用钢件加工而成并经过热镀锌防腐处理；板—板系列连接金具一般采用钢件经冲压、切割成型，并经过热镀锌防腐处理。

接续金具中，接续管一般采用钢管或铝管制造，铜铝过渡设备线夹采用光焊工艺制造。

防护金具中，防振锤的锤头采用灰铸铁制造并经过热镀锌防腐；间隔棒的夹头本体采用铝合金制造，连杆、球铰均为钢制件；悬重锤的重锤片使用可锻铸铁铸造；均压环采用铝圆管制造。

因此，按制造工艺的不同，可将电力金具及其组件分为可锻铸铁件、锻制件、冲压件、球墨铸铁件、铝制件、焊接件等。下文按制造工艺的不同分别叙述相应的技术要求。

1.电力金具制造的一般技术要求

（1）电力金具均应按现行相关标准规定的图样制造。

（2）未定型的非标准金具应根据有关部门提出的技术条件进行制造。

（3）电力金具所用的材料，应按金具加工图所规定的材料牌号选用，并按有关材料标准的技术要求进行加工。

（4）所有紧固件应按图样的规定，采用现行国家标准和行业标准中的标准紧固件，尽可能少用或不用非标准紧固件。

（5）电力金具的一般技术条件应符合GB/T 2314—2008《电力金具通用技术条件》的规定。

（6）电力金具公称尺寸偏差，应符合加工图的规定。当图纸未注明公差时，其偏差值按自由公差取值。

2.可锻铸铁件

可锻铸铁件的生产方法及化学成分必须达到GB/T 9440—2010《可锻铸铁件》规定的黑心可锻铸铁牌号及相应的机械性能指标。黑心可锻铸铁的机械性能以试样的抗拉强度和伸长率作为验收依据。电力金具常用牌号机械性能见表4-18。

表4-18　　黑心可锻铸铁的机械性能

牌号	试样直径 d（mm）	抗拉强度 σ_b	屈服强度 $\sigma_{0.2}$	伸长率 δ（%）$L_0=3d$	硬度HB
		N/mm^2			
		≥			≤
KTH330-08	15±0.7	330	—	8	150
KTH350-10		350	200	10	
KTH370-12		370	—	12	

铸件的形状和尺寸应符合图样或订货协议的要求。经热镀锌的铸件，其基本尺寸均为镀锌后尺寸。除图样注明配合、组装和连接的尺寸偏差外，一般铸件的尺寸偏差不包括由铸造斜度而引起的尺寸增加，但铸件的铸造斜度不应影响装配和连接，不得降低产品的机械强度。

铸件表面应清理干净，型砂、浇冒口、氧化皮及披缝毛刺和其他杂物均应清除。铸件表面应光洁、平整，不允许有裂纹、缩松存在，铸件重要部位不允许有气孔、砂眼、渣眼及飞边等缺陷存在。铸件在与其他零件连接和与导线或地线接触部位（如挂耳、线槽）及有防电晕要求的部位，不允许有胀砂、结疤、毛刺等妨碍连接及损坏导线或地线的缺陷。

除另有协议外，铸件都应进行热镀锌处理以防腐。

3.锻制件

锻制件所用材料应符合产品图样及相关的材料标准的要求，表面存在裂纹、折叠、结疤、鳞皮、严重锈蚀等缺陷的材料不得使用。

锻制件尺寸应符合按规定程序批准的产品图样和技术文件的要求。

锻制件的尺寸偏差不包括由模锻斜度引起的尺寸增减，模锻斜度应保证不影响金具配合和联结，且不能降低机械强度。当产品图样未做规定时，模锻斜度一般应按表4-19规定。

表4-19　　产品图样未做规定时的模锻斜度

高度与直径（或宽度）之比 h/d	外斜度（°）	内斜度（°）
＜1	3	5
1～2	5	7
＞2～4	7	10
＞4	10	12

锻制件的未注尺寸偏差的极限偏差，应符合表4-20的规定。

表4-20　　产品图样未做规定时的模锻斜度　　单位：mm

基本尺寸 b	≤6	6～18	18～50	50～100	100～200	200～300	300～450	＞450
极限偏差	±0.5	±0.7	±1.0	+1.5 −1.0	+2.0 −1.5	+2.5 −1.5	+3.5 −2.0	±0.01b

锻制件应平整光洁、不允许有毛刺、裂纹和叠层等缺陷，不允许有过烧、局部烧熔及氧化鳞皮存在。锻制件在热镀锌后应保证其表面质量，可采用硫酸铜试验或磁力测厚试验。锻制件机械强度试验应按GB/T 2317.1—2008《电力金具试验方法　第1部分：机械试验》的规定进行，并符合相关产品标准的规定。

4.冲压件

冲压件所用材料应符合产品图样及相关的材料标准要求。

冲压件尺寸应符合按规定程序批准的产品图样和技术文件的要求。冲压件未注尺寸公差的极限偏差及弯曲处的板件宽度尺寸极限偏差，应符合表4-21规定。

表4-21　　未注尺寸公差的极限偏差　　单位：mm

材料厚度＼基本尺寸 b	≤10	10～25	25～50	50～100	100～200	200～400	＞400
≤4	±0.80	±0.90	±1.00	±1.20	±1.50	±1.90	±0.006b
＞4	±0.90	±1.00	±1.20	±1.50	±1.90	±2.40	±0.008b

镀锌冲压件的所有尺寸是指镀锌后的尺寸。

冲压件的机械强度试验应按GB/T 2317.1—2008《电力金具试验方法　第1部分：机械试验》的规定进行，并应符合相关产品标准的规定。

冲压件的剪切、压型和冲孔不允许有毛刺、开裂和叠层等缺陷。冲压件表面应无起泡、锈蚀斑点、油污及其他夹杂物存在。热弯件不允许有过烧、叠层、局部烧熔及氧化皮存在。铜铝件的电气接触面应平整、光洁，不允许有毛刺或超过板厚极限偏差的碰伤、划伤、凹坑及压痕等缺陷。铝制件的电气接触平面，不允许有碰伤、划伤、凹坑及压痕等缺陷。

5.球墨铸铁件

球墨铸铁材料的牌号应符号产品图样的规定。每批球墨铸铁金具的机械性能，应参考跟该批金具同时浇铸、同时热处理的试样的机械性能（抗拉强度和伸长率），检验方法按相关标准规定进行。球墨铸铁金具的球化率不得小于80%。

球墨铸铁件应按经规定程序批准的图样制造。图样未注尺寸公差的极限偏差应符合表4–22的规定。

表4–22　　图样未注尺寸公差的极限偏差值　　单位：mm

基本尺寸b	极限偏差
≤50	±1.0
＞50	$\pm 0.02b$

铸件一般部位的错型不得大于0.8mm，与导线接触部位的错型不得大于0.3mm，与其他零件连接的部位及球窝顶部和底部不得大于0.5mm。球铁件的两对称壁厚偏差不得大于1.00mm。球铁件的铸造拔模斜度按JB/T 5105《铸件模样　起模斜度》的规定，当产品图样未做特殊规定时，铸件的尺寸偏差不包括由铸造拔模斜度而引起的尺寸增减，其增减不得影响装配和连接，不得由此降低产品的机械强度。

铸件应清除粘砂、氧化皮、多肉、浇冒口及披缝。铸件的任何部位不允许有裂纹、缩松、气孔，在图样标注不允许降低破坏载荷的重要部位不允许有砂眼、渣眼及飞边、毛刺等缺陷存在。铸件在与其他零件的连接部位及与导线接触的部位（如挂耳、线槽等）不允许有胀砂、结疤、毛刺、多肉缺陷存在。铸件热处理后不应有过烧及严重的氧化皮等缺陷存在。

6.铝制件

铝制件所用材料应符合产品图样及相关的材料标准要求。

在不与其他零件连接和不与导线接触的部位，砂型铸铝件的错型不大于1mm，金属型铸铝件不大于0.7mm，与导线接触部位的错型不大于0.3mm。对未注尺寸公差的部位，其极限偏差应符合以下规定：金具的基本尺寸不大于50mm时，其允许极限偏差为±1.0mm；金具的基本尺寸大于50mm时，其允许极限偏差为基本尺寸的±2%。

当产品图样未做特殊规定时，铸件的尺寸偏差不包括由于铸造斜度而引起的尺寸增减，铸件的铸造斜度不应影响金具的装配和连接，在重要部位不得由此降低产品的机械强度。

挤压铝管外径及内径尺寸极限偏差应符合表4–23规定。

表4–23　挤压铝管外径及内径尺寸极限偏差　单位：mm

外径 ϕ		内径 d	
基本尺寸	极限偏差	基本尺寸	极限偏差
$\phi \leqslant 32$	+0.4 −0.2	$d \leqslant 22$	+0 −0.3
$32 < \phi \leqslant 50$	+0.6 —	$22 < d \leqslant 36$	+0 −0.4
$50 < \phi \leqslant 80$	+1.0 —	$36 < d \leqslant 55$	+0 −0.5

铝制件可采用热挤压、重力铸造、低压铸造、压铸、冲压工艺生产。

铝制件的非电气接触平面可进行喷砂、喷丸处理，处理后必须进行防腐处理。

拉制和挤压铝管的布氏硬度不大于HB25，抗拉强度不低于80N/mm^2。

铝制件的表面应光洁，不允许存在冷隔、可见裂纹。铝制件与导线接触面的表面及与其他零件连接的部位，接续管与压模的压缩部位，以及有放电晕要求的部位，不允许有胀砂、结疤、凸瘤等缺陷。铸铝件的重要部位（指有机械载荷要求的部位，按产品图样标注部位）不允许有缩松、气孔、砂眼、渣眼、飞边等缺陷。铸铝件的一般表面不允许有直径大于4mm，深度超过1.5mm的孔洞类缺陷存在。铸铝件非加工表面允许留有分型、顶杆及排气塞等痕迹，但凸出表面不得超过1mm或凹下表面不得超过0.5mm。冲压铝件不允许有毛刺存在，钻孔应倒棱去刺。

7.焊接件

用于焊接的母材（钢材、型钢、铜材或铝材等）必须符合有关标准或图样的规定。焊接材料的选用应满足以下要求：

（1）保证焊接接头的机械性能不低于母材响应性能的最低值。

（2）纯铝和防锈铝合金焊接接头的抗拉强度不小于母材 σ_b（母材供货状态抗拉强度的下限）的90%。

（3）对于低合金钢和抗裂性能要求较高的零部件焊接，一般选用与母材相应的低氢型焊条。焊条在施焊前应按工艺规范进行烘干处理。

焊缝坡口的基本形式应符合GB/T 985.1—2008《气焊、焊条电弧焊、气体保护焊和高能束焊的推荐坡口》的规定；坡口的制备以机加工的方法进行；坡口应无裂缝、重皮、坡口损伤、毛刺和缺陷。

焊接件应按规定程序批准的图样及有关技术文件制造。焊接件的未注尺寸公差的极限偏差应符合表4–24规定，该偏差值适用于焊接件的长度、宽度、内外部尺寸及中心距。

表4–24　焊接件未注尺寸公差的极限偏差值　单位：mm

基本尺寸 a	$30<a\leq120$	$120<a\leq315$	$315<a\leq1000$	$1000<a\leq2000$
极限偏差	±1	±2	±3	±4

焊接件的未注公差角度的极限偏差应符合表4–25规定。如在图样上标注角度时，可采用表中的角度偏差；如在图样上未标注角度，而只标注基本尺寸时，则极限偏差按mm/m计。

表4–25　未注公差角度的极限偏差

基本尺寸 b（mm）	$b\leq315$	$315<b\leq1000$	$1000<b\leq2000$
角度极限偏差（′）	±45	±30	±20
极限偏差（mm/m）	±13	±9	±6

4.6.3 金具的出厂检测

金具在出厂前须经制造厂的技术检验部门检验合格后方能出厂。金具的验收试验可分为例行试验、抽样试验和型式试验。

金具例行试验时应按标准规定逐只进行，试验项目包括外观质量检查和组装检查，如发现与标准中任意一项要求不符合时则判定为不合格金具。

金具应按批次进行抽样试验，抽样试验应在例行试验检验合格后进行。抽样试验的试件数量为每批次的0.5%，但不少于6件。抽样试验项目包括尺寸检查、热镀锌层均匀性检查和破坏载荷试验等。各抽样试验项目应按相应的加工图纸中有关的技术条件、有关制造工艺和质量标准以及GB/T 2317.4—2008《电力金具试验方法　第4部分：验收规则》的规定进行。

对于任何新设计或首次投产的金具，或金具的原材料、结构或工艺发生改变时，还应进行型式试验。型式试验项目执行按照GB/T 2317.1—2008《电力金具试验方法　第1部分：机械试验》、GB/T 2317.2—2008《电力金具试验方法　第2部分：电晕和无线电干扰试验》及GB/T 2317.3—2008《电力金具试验方法　第3部分：热循环试验》的有关规定。

1.常见缺陷及外观质量检查

经过铸造、锻造、冲压、焊接等工艺制造加工出金具后，金具表面可能存在一定的缺陷，因此需要进行外观质量检查。金具外观质量除了厂标、型号等标识清晰可辨之外，还应符合下列要求：

（1）黑色金属铸件的外观质量。

1）铸件表面应光洁、平整，不允许有裂纹等缺陷。

2）铸件的重要部位（指不允许降低机械载荷的部位，以产品图样标注为准）不允许有气孔、砂眼、缩松、渣眼及飞边等缺陷存在。

3）在与其他零件连接及与导线、地线接触部位（如挂耳、线槽）不允许有胀砂、结疤、毛刺等妨碍连接及损坏导线或地线的缺陷。

（2）锻制件、冲压件的外观质量。

1）冲裁件的剪切断面斜度偏差应小于板厚的1/10。

2）锻件、冲压件、剪切件应平整光洁，不允许有毛刺、开裂和叠层等缺陷。

3）锻件、热弯件不允许有过烧、叠层、局部烧熔及氧化皮存在。

（3）铝制件的外观质量。

1）铝制件表面应光洁、平整，不允许有裂纹等缺陷。

2）铝制件的重要部位（指不允许降低机械载荷的部位，以产品图样标注为准）不允许有缩松、气孔、砂眼、渣眼、飞边等缺陷。

3）铝制件与导线接触面及其他零件连接的部位、接续管与压模的压缩部位、有防电晕要求的部位，不允许有胀砂、结疤、凸瘤等缺陷。

4）铝制件的电气接触面，不允许有碰伤、划伤、凹坑、凸起、压痕等缺陷。

（4）铜铝件的电接触表面外观质量。铜铝件与导线的接触面应平整、光洁，不允许有毛刺或超过板厚极限偏差的碰伤、划伤、凹坑、凸起及压痕等缺陷。

（5）焊接件的外观质量。

1）焊缝应为细密平整的细鳞形，并应封边，咬边深度不大于1mm。

2）焊缝应无裂纹、气孔、夹渣、未熔合、未焊透等缺陷。

3）焊缝表面不允许有药皮、熔渣，焊接件上的飞溅必须清理干净。

（6）紧固件外观质量。

1）紧固件表面不应有锌瘤、锌渣、锌灰存在。

2）外螺纹、内螺纹应光整。

3）螺杆、螺母均不应有裂纹。

4）螺杆头部应打印性能等级标记。

2.各类金具的抽样检测

（1）悬垂线夹。悬垂线夹的抽检内容包括外观尺寸、组装、热镀锌层、破坏载荷、握力、电晕和无线电干扰。成品抽检时需满足以下要求：悬垂线夹的线夹应具有良好的动态特性，其船体能自由、灵活地转动，相对于回转轴的转动惯量宜尽量减少；悬垂线夹设计除考虑正常的张拉应力之外，还应考虑在线夹出口（包括线夹内）的弯曲应力和挤压应力；悬垂线夹的连接装置应有足够的耐磨性，不应在长时间运行后因磨损而破坏；悬垂线夹的线槽及压条等与导线接触的表面应平整光滑，不允许存在毛刺、凸出物及可能磨损导线的缺陷。

（2）耐张线夹。耐张线夹的抽检内容包括外观尺寸、组装、热镀锌层、破坏载荷、握力、电阻、温升、热循环、电晕和无线电干扰。成品抽检时需满足以下要求：耐张线夹是用作电气连接的金具，其设计不得降低导、地线的导电能力；压缩型金具设计应减少内部空腔，防止运行中潮气侵入和滞留；耐张金具的设计，不应使安装后导线与原接触面的应力增以致在微风振动时破坏；线夹本体压缩区段应刻有清晰指示标志；铝管表面应光滑平整，不应有裂纹、划伤、剥层及碰伤等缺陷；焊缝应是细密平整的细鳞形，并应封边，咬边深度不大于1mm，焊缝应无裂纹、气孔、夹渣等缺陷；锌层厚度应符合标准要求值，附着性（锤击试验检验）和均匀性满足要求。

（3）连接金具。连接金具的抽检内容包括外观尺寸、组装、热镀锌层和破坏载荷。成品抽检时需满足要求：冲裁件的剪切端面斜度偏差应小于板厚的1/10；外观质量应光洁、平整，不允许有毛刺、开裂和叠层缺陷；锻件、热弯件不允许有过烧、叠层、局部烧熔及氧化皮存在；电气接触面应平整、光洁、不允许有毛刺或超过板厚极限偏差的碰伤、划伤、凹坑及压痕等缺陷；锌层厚度应符合标准要求值，附着性（锤击试验检验）和均匀性满足要求。

（4）接续金具。接续金具的抽检内容包括外观尺寸、组装、热镀锌层、破坏载荷、握力、电阻、温升、热循环、电晕和无线电干扰。成品抽检时需满足要求：用于电气连接的金具，其设计不得降低导、地线的导电能力；压缩型金具设计应减少内部空腔，防止运行中潮气侵入和滞留；接续金具的设计，不应使安装后导线与原接触面的应力增大以致在微风振动时破坏；铝管表面应光滑平整，不应有裂纹、划伤、剥层及碰伤等缺陷。

（5）防护金具。防护金具的抽检内容包括外观尺寸、组装、热镀锌层、破坏载荷、握力、电晕和无线电干扰。成品抽检时应满足以下要求：铝制件表面应光洁，不允许存在可见裂纹；铸铝件的重要部位（指有机械载荷要求的部位，按产品图样标注部位）不允许有缩松、气孔、砂眼、渣眼、飞边等缺陷；铝制件与导线接触面的表面及与其他零件连接的部位，接续管与压模的压缩部位，以及有放电晕要求的部位，不允许有涨砂、结疤、凸瘤等缺陷；铝制件的电气接触平面不允许有碰伤、划伤、凹坑及压痕等缺陷。

4.6.4　失效金具的检测及案例分析

电网中服役的金具由于本身存在或多或少的质量缺陷，以及在自然环境或所承受载荷的作用下，会发生不同种类的失效，如悬垂金具串的磨损、耐张线夹的断裂等。失效后的金具需由工程检修人员进行更换。为分析金具失效的具体原因，通常利用一系列检测技术进行检测试验，如前述的金相检验、超声检测、射线检测、材质分析等试验。本节将以实际案例来说明失效金具的检测及分析。

1.案例概况

2016年，国网××供电公司检修分公司在对线路进行停电检修过程中，发现部分出线门架跨线耐张线夹焊接部位存在开裂现象，之后立刻对该部分线夹进行更换。在故障线夹中抽取了3个引流板与压接管呈弯折结构的线夹（下文称弯折结构线夹）和2个呈平行结构的线夹（下文称平行结构线夹）进行了相关的检测分析，如图4–23所示。查阅线夹厂家设计图纸，该批次线夹引流板材质为99.5%的铝，压接管材质为1050A。

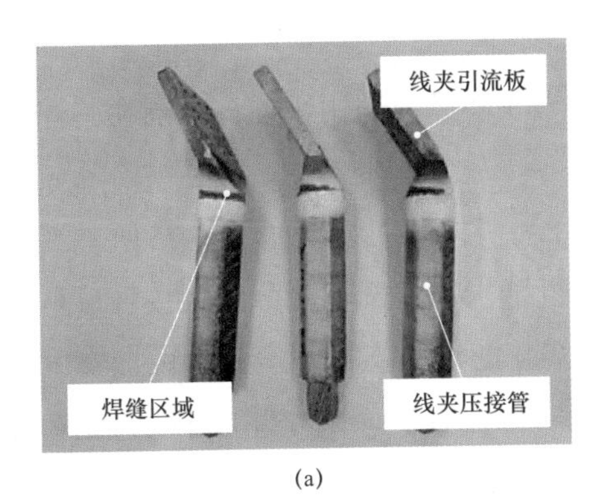

(a)

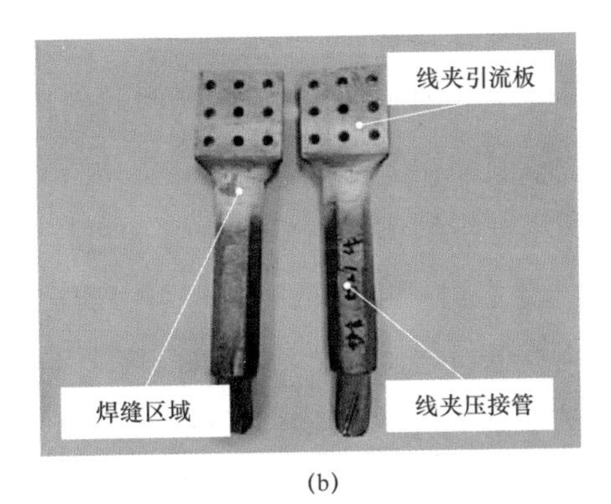

(b)

图 4–23　故障线夹

（a）弯折结构线夹；（b）平行结构线夹

2.渗透检查/空隙性吸红试验

对上述5个线夹进行渗透检测，结果显示3个弯折结构线夹的焊缝位置开裂明显，最长的裂纹已达到2/3周长，如图4–24所示。2个平行结构线夹表面均未发现裂纹缺陷。

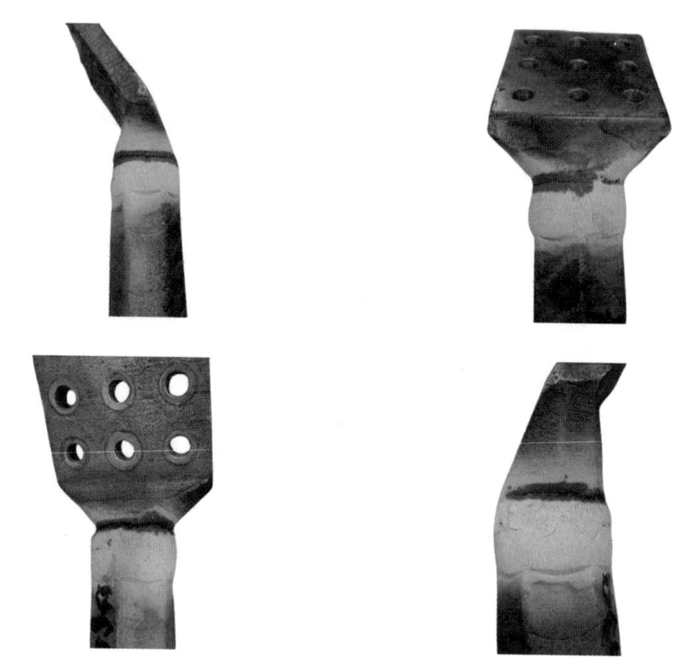

图4-24　弯折结构线夹的渗透检测结果

3.宏观检查

取上述裂纹达2/3圆周的弯折结构线夹和1个平行结构线夹，分别在其焊缝位置解剖并在体视镜下观察。

将弯折结构线夹沿轴向方向进行四等分剖切，剖切结果如图4-25所示。由图4-25（a）和图4-25（b）可以看出，弯折结构线夹剖切部分的压接管母材与引流板母材之间的焊缝基本已完全裂穿，实际的焊缝连接宽度只有设计宽度的1/3左右，其余为未熔合区域；由图4-25（c）可以看出，该弯折结构线夹剖切部分焊缝连接处裂纹已贯穿内外壁，而图4-25（d）中另一剖切部分的裂纹沿着焊缝熔合线扩展，至外壁还有约1/3的距离。

将平行结构线夹沿轴向方向进行四等分剖切，剖切后侧面的宏观照片如图4-26所示。可以看出，虽然在渗透检测时未发现裂纹缺陷，但剖切后发现焊缝底部未焊透，且焊缝与引流板结构部分母材未熔合，未熔合区域以裂纹的形式扩展，距外壁尚有1/2厚度，故在外表面未检测到裂纹缺陷。

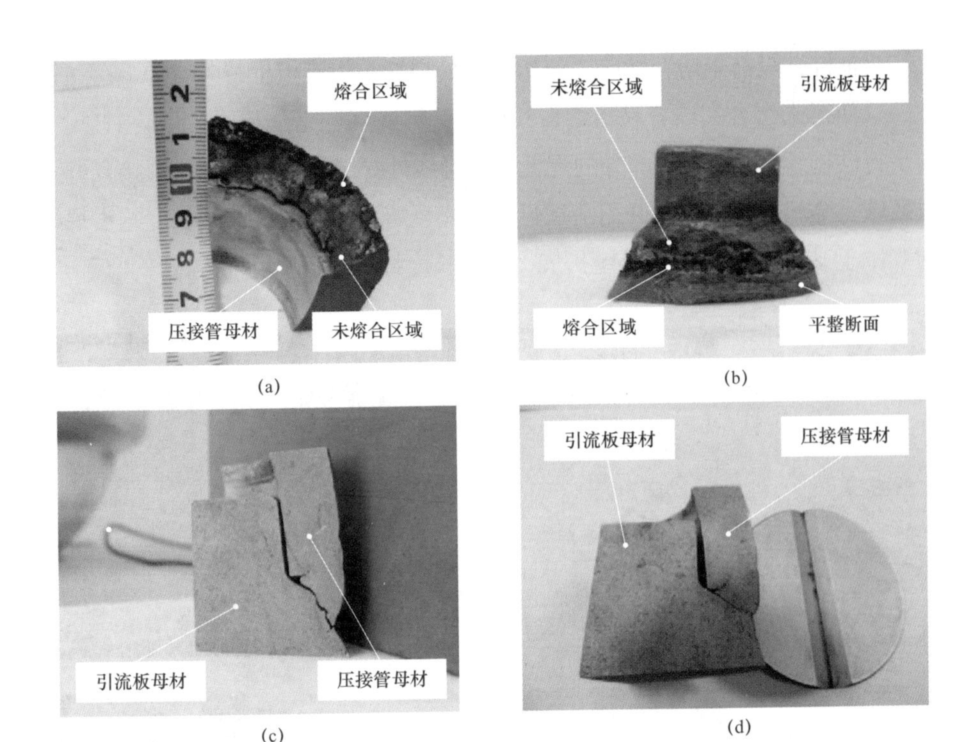

图4-25　弯折结构线夹剖切后的焊缝宏观图

（a）剖切部分1的压接管母材；（b）剖切部分1的引流板母材；（c）剖切部分2的焊缝宏观图；（d）剖切部分3的焊缝宏观图

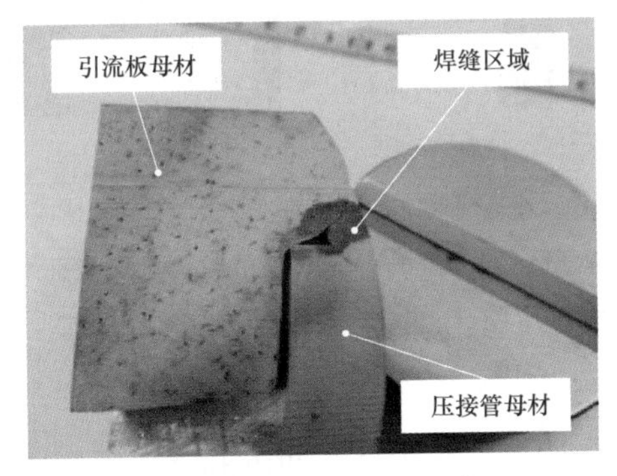

图4-26　平行结构线夹剖切后的焊缝宏观图

进一步，将上述的剖切试块抛光后制备成金相试样在体视镜下观察，可以看到焊缝位置的缺陷更加明显。图4-27（a）~图4-27（c）所示为弯折结构线夹3个剖切部分的焊缝，焊接处底部均未焊透，存在较大孔隙，熔合线处焊缝与压接管母材焊接相对良好，没有未熔合缺陷，但熔合线处焊缝与引流板母材未熔合，存在较大间隙，这使得未熔合裂纹容易沿熔合线向外壁扩展直至完全开裂。图4–27（d）所示为平行结构线夹1个剖切部分的焊缝，熔合线处焊缝与压接管母材焊接良好，熔合线区域完全熔合，而焊缝与引流板母材未完全熔合，未熔合区域长度约占焊缝厚度的1/5，且未熔合裂纹已向外壁扩展，裂纹长度约占焊缝厚度的1/2。

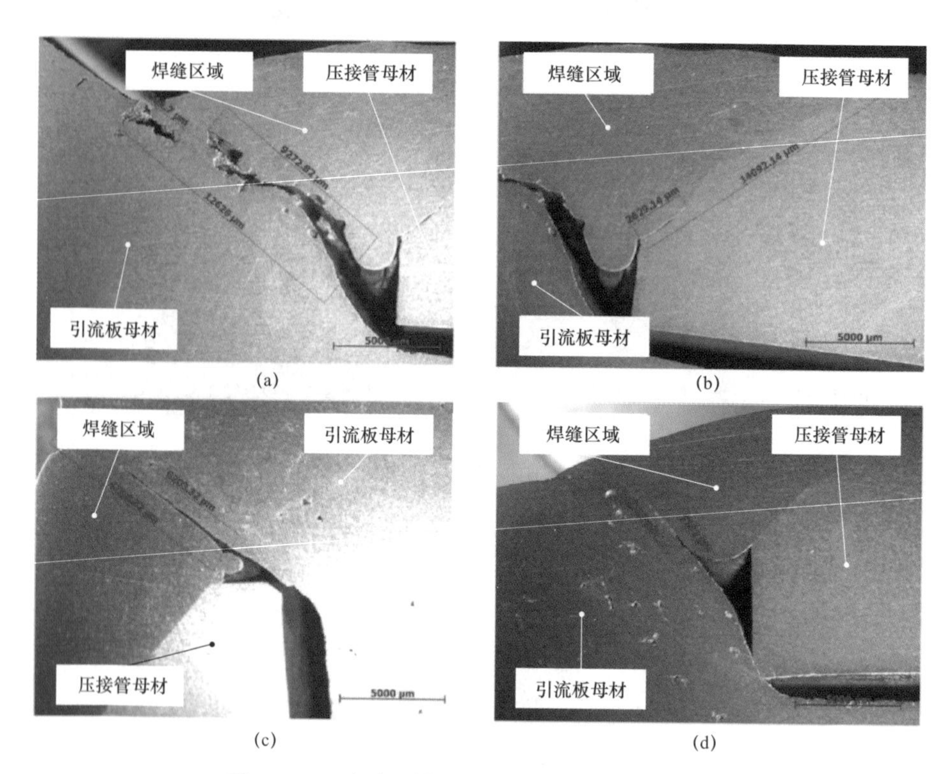

图4–27 线夹剖切后焊缝的体视镜观察图

（a）弯折结构线夹剖切部分1的焊缝；（b）弯折结构线夹剖切部分2的焊缝；（c）弯折结构线夹剖切部分3的焊缝；（d）平行结构线夹某剖切部分的焊缝

4.金相组织分析

将上述进行宏观检测后的弯折结构线夹和平行结构线夹在焊缝位置处打磨抛光后置于光学显微镜下观察其金相组织，分别如图4–28和图4–29所示。

由图4–28（a）可以看出，弯折结构线夹在该处裂纹已贯穿外壁，主裂纹附近还存在较多细小微裂纹和孔洞缺陷；由图4–28（b）可以看出焊缝与母材熔合区位置裂纹平直，是典型的未熔合缺陷；由图4–28（c）和图4–28（d）可以看出焊缝底部焊瘤未能进入两侧母材的间隙中导致未焊透，底部存在较大孔隙，焊缝与两侧母材均存在未熔合缺陷，导致裂纹容易扩展延伸；由图4–28（e）可以发现，引流板母材内部存在较多的细小孔洞缺陷。

(a) (b) (c) (d) (e)

图 4–28　弯折结构线夹剖切部分焊缝金相图

（a）某剖切部分 1 焊缝局部区域 1 金相图 25X；（b）某剖切部分 1 焊缝局部区域 2 金相图 25X；（c）某剖切部分 2 焊缝局部区域 1 金相图 25X；（d）某剖切部分 2 焊缝局部区域 2 金相图 25X；（e）某剖切部分 3 引流板母材局部区域金相图 100X

由图4–29（a）可知，平行结构线夹焊缝处未熔合缺陷明显，狭长的裂纹由焊缝底部向外壁扩展延伸；图4–29（b）为引流板母材局部区域金相图，可以发现其内部孔洞缺陷明显。

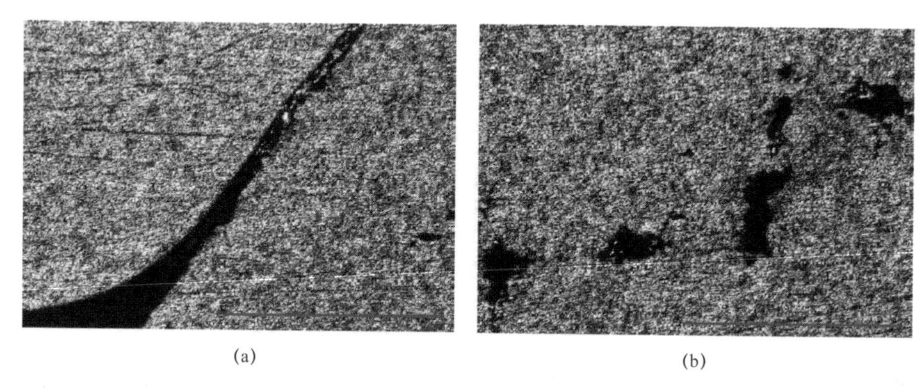

(a) (b)

图4–29　平行结构线夹剖切部分焊缝金相图

（a）某剖切部分1焊缝局部区域金相图25X；（b）某剖切部分1引流板母材局部区域金相图25X

5.综合分析

综合以上试验分析结果，可以看出弯折结构线夹的开裂，主要是由于其引流板与压接管结构焊接时存在未熔合、未焊透或孔洞等缺陷，而焊缝位置处恰好是线夹服役时承受载荷应力最为集中的部位，使得这些缺陷进一步扩展延伸形成贯穿性裂纹，最终导致线夹开裂失效。而对于平行结构线夹，其平行结构使得焊缝处的应力集中程度降低，所以裂纹扩展速率较小，发生开裂的可能性较低。此外，失效线夹的引流板母材中发现了较多的孔洞缺陷，这些孔洞缺陷会使材料力学性能降低，导致线夹更容易发生断裂。孔洞缺陷的存在说明该批次引流板采用铸造工艺制造的可能较大。

综上所述，本次线夹焊接部位开裂事故的主要原因在于线夹焊接质量不过关，焊缝内部存在未熔合、未焊透等缺陷。因此，需进一步加强对制造厂商线夹制造工艺过程的抽检评定，以避免不合格成品流入电网。

4.7　户外密封箱体

4.7.1　概述

变电站常见的户外箱体有机构箱、电源箱、端子箱、汇控箱等，这些箱体由于一直暴露在户外，可能会受到大风、雨雪、风沙等恶劣气候的影响。

户外密封箱体内部采用了大量的绝缘材料，如相间绝缘隔板、支柱绝缘子、穿墙套管、触头护套、电流互感器外壳等，在我国南方雨水丰沛的地区，这些有机材料长期处于潮湿环境中，其绝缘性能就会下降；当绝缘性能下降后其吸水能力就增强，吸收水分后又进一步加速了绝缘性能的下降，形成恶性循环，最终导致绝缘材料损坏，出现放电、短路、燃烧等绝缘故障，湿度过大也会造成设备锈蚀、线圈霉变，更严重的是造成箱体内部机构的误动作，如果箱体内部湿度较大，当环境问题温度改变时，空气中的水分就会在温度略低的箱体或者绝缘部件表面凝露，很容易造成二次回路的绝缘故障甚至击穿。

在我国北方风沙较大的地区，由于大量尘土和沙粒进入各种元器件，使断路器机构箱内继电器、接触器无法正常吸合，或者其动合、动断触点不能充分接触，影响断路器正常操作及故障时的正确动作。电力设备的母排、端子、开关、互感器、隔离开关、发动机、电动机、配电柜等表面沉积了污秽物质，其绝缘性降低，泄漏电流增大，造成短路、电弧等现象，将会增加运维成本甚至引发安全事故。尘土与沙粒等污秽物质中所含酸、盐成分等会对电气设备金属部件产生腐蚀，致使触点接触电阻上升，引起触点温度升高，严重时会引起跳火而造成断路或短路。在电气装置内部，静电吸附灰尘，使得元器件的绝缘电阻降低，影响设备的正常运行。

因此，了解户外箱体的制造和镀层工艺对户外箱体的质量、安全性、使用寿命等具有重要的意义。

4.7.2　制造工艺

变电站的户外密封箱体的形式有多种，其制造工艺也有差别，在制造中存在普遍的关键工艺特点，本节结合这些工艺特点说明户外密封箱体的制造工艺，包括箱体的材料、加工流程与工艺、镀层/涂层工艺等。

4.7.2.1 常用箱体材料

常用的箱体材料有冷轧板SPCC、不锈钢、SMC复合材料等。配电柜外壳材料一般根据产品用途及成本的不同，选用适当的材料来制作。

冷轧钢板SPCC（SPCC原是日本JIS标准的“一般用冷轧碳钢薄板及钢带”钢材名称，现在许多国家或企业直接用来表示自己生产的同类钢材）材质的箱体，具有成本低、质量可靠的优点，被广泛使用于配电箱体的制造，但是在户外环境中，这种箱体极易受到腐蚀，影响配电箱的正常工作。

不锈钢板配电箱最主要的特点就是防锈功能好、使用寿命较长，但是成本相对比较高。

SMC（Sheet Molding Compound）复合材料即片状模塑料，主要原料由GF（专用纱）、UP（不饱和树脂）、低收缩添加剂、MD（填料）及各种助剂组成，于20世纪60年代初首先出现在欧洲，1965年左右美国、日本相继发展了这种工艺。我国于20世纪80年代末引进了国外先进的SMC生产线和生产工艺。应用此材料制作的配电箱一般称为玻璃纤维箱，这种箱体具有高阻燃性、良好隔热防护性能、寿命长等优点。

4.7.2.2 加工流程与工艺

现有的户外箱体大多使用金属板材，其加工过程属于钣金加工。钣金加工是针对金属薄板（6mm以下）的一种综合冷加工工艺，显著的特征就是同一零件厚度一致。钣金加工的基本方法包括下料、成型、焊接和安装等。

1.下料工艺

下料方式主要有剪床下料、冲床下料、NC数控下料、激光切割下料、锯床下料等。

（1）剪床下料。剪切简单的料件，主要是为模具落料成型做准备，加工成本低，精度低于0.2mm，但只能加工无孔无边角的条料或是块料。

（2）冲床下料。用于将板材冲裁成所需的形状，其优点是耗费工时短、效率高、精度高、成本低，适用于大批量生产，但是需要使用模具。

（3）NC数控下料。常规板材厚度加工范围为冷轧板、热轧板不超过3.0mm，铝板不超过4.0mm，不锈钢不超过2.0mm。需要首先编写数控加工程序，利用编程软件，将绘制的展开图编写成NC数控加工机床可识别的程式，根据这些程式在平板上冲裁平板件，但是其结构受刀具结构所限，成本低，精度低于0.15mm。

（4）激光切割下料。利用激光切割方式，在大平板上将预设的形状切割出来，与NC下料一样需要编写程式，可以生产各种形状复杂的平板件，成本高，精度低于0.1mm。

2.成型工艺

户外箱体的加工过程中，主要的成型工艺为折弯加工。折弯指将平板件折成具有一定的角度的弯折件。钣金折弯主要有两种方法：一种是模具折弯，用于结构比较复杂、体积较小、大批量加工的钣金件；另一种是折弯机折弯，用于加工结构尺寸比较大的或产量较小的钣金件。这两种折弯方式有各自的原理、特点以及适用性。折弯时需要注意板材厚度、折弯方向、折弯角度、折弯尺寸、外观，电镀铬料件不允许有折痕。

3.其他工艺

在成型之后需要按照要求对材料进行一些其他加工，如对构件进行沉孔、攻丝、翻边、扩孔、钻孔等。沉孔角度一般是120°，用于拉铆钉，90°用于沉头螺钉，攻丝采用英制底孔。翻边又叫抽空、翻孔，是在坯料的平面部分或曲面部分上，利用模具的作用，使之沿封闭或不封闭的曲线边缘形成有一定角度的直壁或凸缘的成型方法，主要用于板厚比较薄的钣金加工，可以增强其强度和螺纹圈数，避免滑牙。

4.焊接工艺

焊接是将同种或是异种金属之间进行接合的工艺技术。常用的焊接方法包括手工焊条电弧焊、埋弧自动焊、气体保护焊、电渣焊、电阻焊、钎焊。

焊接方式的选用需要根据实际要求和材质而定，一般来说二氧化碳保护焊用于钢板类的焊接，氩弧焊用于不锈钢、铝板类焊接上，机器焊接可节省工时，提高工作效率和焊接质量。

5.安装工艺

户外的箱体一般是固定式的，出于保证行为尺寸的要求，组装常采用分步形式，即先保证外形要求再逐步安装内部构件。箱体边角的配合精度需要达到要求，否则安装的箱体外形会发生形变。部分箱体侧面的安装精度不够，容易产生凸起的现象。在安装过程中需要保证地基和箱体底面的平整，否则在安装排列的过程中累积误差将影响母线联结，产生箱体变形、组件安装异位、应力集中的问题，因此考虑排列时使用地基最高点作为安装参考点，然后逐步垫正扩排。在箱体安装完毕后，需要对箱体进行一定的整形，保证箱体外形变形量在要求范围以内。

户外箱体可设计成前单开门，背面密封不开门，也可设计为前后开门，有些箱体还可设计成内外双层门，内层用于安装指示灯、开关等，同时防止触电。

门把手采用防水型三点锁定式门锁，且可以挂锁，锁片上装有扁带滑轮锁杆，方便箱门开启和关闭，为了提高门锁使用寿命可以采用拨片式门锁。

户外箱体的门内采用自夹高密度封条，确保箱门和箱体密封良好，箱门内侧下部配置限位装置，门板带有一定的折弯角度，确保美观，门外背面还应附上箱内接线图。

如果安装了防止触电的金属内门板，门板应用铰链固定与外门通向开启。门铰链采用高硬度合金材料，保证门板开启过程中灵活，不会变形。外门打开后只露出开关、指示灯，内门打开后可检修更换电气元件。控制柜内部可安装防碰撞装置，以保护门板在开关时不损坏喷涂层和产生噪音。

箱体下方和底座左右两侧设置开口朝下的冲压型外凸式微型防水防雨排气孔，排气孔内侧加装防尘网。

箱体顶板采用一次成型制作，减少焊接过程，确保顶板的防水性能，并添加隔热层。箱体顶部设置5°倾角防雨帽檐，帽檐超出箱体30mm，往背侧倾斜或者自中间往前后两侧倾斜。

箱体下边还需要配备防止电缆被割伤的保护胶边。

箱体中部安装可拆卸板，进线电缆与可拆卸板之间的空隙用防火泥进行封堵，以加强电缆进箱处的密封性。

箱体与底座四角螺栓连接，底座四角螺栓与混凝土基础经膨胀螺栓连接。

箱体内部采用304不锈钢材料，厚度不小于1.5mm。安装板为活动式结构，方便安装时调整。

箱体四角及门角应确保焊缝的连续性，内部结构件应与箱体焊接牢固，箱体焊点和焊缝应光洁均匀，无焊穿、裂纹、焊渣和气孔现象。箱体内部边缘和开孔处应平整光滑，无毛刺和裂口现象。

箱体深、宽和高方向的尺寸误差应至少满足GB/T 1804—2000《一般公差　未注公差的线性和角度尺寸的公差》中的C级要求。箱体外表面不允许有褶皱、流痕、针孔、起泡、透底等现象，色泽应均匀。外壳的防护等级需要不小于IP54，外壳防撞等要不小于IK10。

4.7.2.3　镀层/涂层工艺

由于某些钣金材料不具备防锈防腐蚀的能力，因此进行有效的表面处理是十分必要的。对箱体进行表面处理可以提高产品在恶劣环境下的使用寿命，或是为了实现特定的表面效果及功能。箱体常用的表面处理工艺有拉丝、电镀、喷粉、电泳、浸塑等。

冷轧钢板的喷涂工艺主要包括多层长效防护涂料喷涂工艺、塑料粉末静电喷涂工艺、热喷锌加喷漆双层工艺、冷喷锌工艺。

1. 多层长效防护涂料喷涂工艺

多层长效防护涂料喷涂工艺包括钢板基底预处理、底涂、中涂、面涂、罩涂共五道工序。长效防护涂料采用空气喷涂工艺，涂料的防护年限最低为十年，期望值为30年。涂层的耐盐雾和加速老化试验不得低于1500h，涂层需要无起泡、无红锈、无开裂、无脱层、变色1级（色差不大于2.1）、失光1级（失光率不大于15%）、粉化1级，此外涂层的光泽小于等于80%（60度光泽仪），附着力为1级，硬度不小于2H铅笔的硬度。

在喷涂之前需要对钢板基底进行预处理，钢板表面质量不良会造成涂层的深层缺陷，严重影响涂料的防护性能。对钢板进行喷砂预处理后，涂层对钢板的防护作用更好，寿命更长。预处理后的钢板表面清洁度应达到GB 8923规定的Sa2.5级以上，表面粗糙度为35～75μm，除锈达St3级。

2. 塑料粉末静电喷涂工艺

塑料粉末静电喷涂工艺需要对钢板基材进行预处理，然后再进行材料涂覆，其防护年限最低为10年，期望值是30年。防腐性能应符合GB/T 5237.4—2017《铝合金建筑型材　第4部分：喷粉型材》和GB/T 1771—2007《色漆和清漆　耐中性盐雾性能的测定》要求，见表4-26。

表4-26　　塑料粉末静电喷涂工艺防腐要求

项目	性能要求	
耐湿热性（1000h）	涂层表面应无起泡，脱落或其他明显变化	
加速耐候性（Ⅱ级）1000h	变色程度	$\Delta E_{ab} \leqslant 2.5$
	光泽保持率	＞90%
耐中性盐雾性（1000h）	涂层表面应无起泡，脱落或其他明显变化，划线两侧无腐蚀	

物理性能应满足表4–27要求。

表4–27 塑料粉末静电喷涂工艺物理性能要求

检查项目	质量指标与要求	参照标准
厚度	60 ~ 120μm	GB/T 21776—2008、GB/T 13452.2—2008
硬度	≥3H	HG/T 2006—2006、GB 6739—2006
抗冲击性	50kg·cm	HG/T 2006—2006、GB 1732—1993
盐雾试验	>500h	HG/T 2006—2006、GB/T 1771—2007
光泽度	平（哑）光30% ~ 90% 皱纹30% ~ 40% 无光砂纹1% ~ 10%	抽检，GB/T 9754—2007
附着力	画圈法1级或划格法0级	HG/T 2006—2006、GB 1720—1979（1989）、GB 9286—1998
颜色	目视无明显色差	GB/T 11186—1989、GB/T 9761—2008

3.热喷锌加喷漆双层工艺

热喷锌预处理为喷砂，热喷锌温度不大于80℃，锌层厚度不小于80μm；热喷锌加喷漆总厚度不小于140μm。热喷锌加喷漆双层工艺，防护年限最低为10年，期望值是30年。油漆内层采用快干聚氨酯等防腐涂料，中间层及外层采用具有良好耐久性、耐磨性和复涂性的烘干型或自干型聚氨酯涂料。箱体现场局部修补采用手工冷喷锌修复工艺。

4.冷喷锌工艺

冷喷锌工艺的基材表面要经过抛丸或喷砂除锈处理，除此之外还需将基材表面的毛刺、铁锈、油污及其他附着物清除干净，使钢材表面露出银灰色。除锈等级需要求达到GB 8923规定的Sa2.5及以上。冷喷锌防腐涂装要求见表4–28。

表4–28 冷喷锌防腐

防腐工艺	要求
表面喷砂或抛丸处理	除锈等级Sa2.5级，粗糙度Rz40 ~ 70μm
冷喷锌（底漆），两道	总厚度100μm，每道50μm，工厂施工
配套冷喷锌封闭剂（中间漆），两道	总厚度80μm，每道40μm，工厂施工
聚氨酯改性面漆（面漆），两道	总厚度80μm，每道40μm，第一道工厂施工，第二道现场施工，一般呈灰色或者暗灰色

涂层外观质量按GB 50205—2020《钢结构工程施工质量验收标准》执行。冷喷锌附着力按GB/T 9286—2021《色漆和清漆 划格试验》进行附着力测定，附着力至少达1级。膜厚质量检查方法按GB 50205—2020《钢结构工程施工质量验收标准》执行。

4.7.3 主要缺陷及检测方法

1.焊接质量检测

箱体骨架焊接的主要问题有焊渣未清除，过门接地螺钉支架开焊或焊接不牢固，安装螺钉、铰链的焊接位置偏移等。操作时应严格执行焊接工艺守则。

检测时采用目测，焊接应牢固可靠，不得有虚焊、裂纹、未焊透、焊穿、豁口、咬边等缺陷，焊接尺寸、位置应符合要求。焊点直径小于$\phi 8$，焊点布置均匀，焊点上压痕深度不超过板材实际厚度30%，焊接后不能留下明显的焊疤，焊缝和焊点光洁均匀、无焊穿、裂纹、咬边、溅渣、气孔等。

焊接质量的检测标准可按照JB/T 6753.4—1993《电工设备 设备构件公差 焊接结构一般公差》。

2.螺栓连接检测

紧固件的连接应可靠，符合相关的扭力要求，不允许出现松动、滑丝等不良现象；一般螺钉螺栓拧紧后至少需露出2圈螺纹。

箱体比较常见的问题是保护电路连续性不符合标准要求。检测该项时要观察PE排、接地螺钉、过门保护导线，安装构件间的连接使用爪形垫圈或自攻螺钉等是否按需设置。此外需要检测螺栓表面是否粘漆。

3.镀层/涂层工艺检测

箱体的镀层/涂层工艺检测主要检查角铁骨架表面处理工作，检查是否出现泛锈、泛黄现象，检测是否有漆皮剥落，箱体角落没有喷到表漆，安装条、安装板的表漆破损划痕现象。若出现镀层生锈、剥落现象，必须重新电镀，表漆出现破损需要采用相同材料修补。

配电箱涂覆层应保证平整清洁、颜色均匀一致，主要表面（如面板、门）应无可见缺陷，如露底、遮盖不良、脱落、杂色、橘皮、针孔、颗粒、麻点、堆积、锈迹等。

明装箱体表面涂覆层轻微缺陷不得超出4处，暗装箱体表面涂覆层轻微缺陷不得超出6处，箱体内部轻微缺陷不得超出5处，堆积厚度不得超过8mm。配电箱内件的涂（镀）覆层应无起皮脱落、发霉、锈蚀、划伤等缺陷，必要时还应检测涂覆层质量。

涂覆层厚度采用涂层磁性测厚仪测5点以上，取平均值，国内配电箱涂覆层厚度规定为70μm以上，出口配电箱涂覆层厚度65μm以上。

涂覆层硬度用铅笔划痕法进行检测，不小于2H。

涂覆层附着力要大于1级，采用GB/T 9286—2021《色漆和清漆　划格试验》规定进行，即百格测试，破坏小格数量超过15%为不合格。

涂层耐腐蚀性试验，国内配电箱盐雾试验应大于48h，出口配电箱盐雾试验应大于250h。

涂覆层耐冲击性为1级，按GB/T 1732—2020《漆膜耐冲击测定法》规定进行。

镀层工艺的质量检测可参考GB/T 13452.2—2008《色漆和清漆　漆膜厚度的测定》、GB/T 6739—2006《色漆和清漆　铅笔法测定漆膜硬度》、GB/T 9286—2021《色漆和清漆　划格试验》、GB/T 1771—2007《色漆和清漆　耐中性盐雾性能的测定》、GB/T 1732—2020《漆膜耐冲击测定法》。

4.外形尺寸检测

检查箱体尺寸是否超差、外观质量等。检查非标箱体的设计是否规范，可依据GB/T 3047.1—1995《高度进制为20mm的面板、架和柜的基本尺寸系列》等标准。面板、侧板、门板等板类平面度的一般公差为任意平方米小于5mm，面板通常小于3mm，外形尺寸允许偏差根据尺寸范围和公差等级应满足上述标准所规定。

安装正常的铰链需要使门开启角度大于90°，锁具要安装正常，开启无阻隔。除此之外，在检测过程中，铰链材质差、间隙大、门锁质量粗糙、不灵活等缺陷应当及时发现。这些缺陷主要来源于加工误差、安装误差、变形、铰链质量等。在组装过程中应当使用质量可靠并且适合箱体的铰链，不能出现大箱体使用小铰链的情况，这会导致铰链受力超出设计值而被损坏。

5.密封性能检测

箱体的密封性能检测主要查看焊接是否存在缝隙，柜门密封胶条是否安装不正、老化，柜门和箱体是否存在空隙，底部防火泥铺设是否不均匀等。

需要检查箱体和盖板之间的缝隙是否使用喷涂玻璃胶等措施来进行密封，

玻璃胶的涂抹质量对于密封性的影响也很大。

现在部分的箱体也开始采用机械防水，即将所有有边缝的地方折弯成固定形状，这种设计加工难度高且费料，在检查时也要观察密封性能是否可靠。

4.8　弹簧

4.8.1　概述

弹簧是一种常见的机械零件，在产生形变时将机械能转化为弹性势能，恢复形变时将弹性势能转化为机械能。弹簧的分类方法有多种：根据形状不同，有螺旋弹簧、板（片）簧、杆簧、碟形弹簧、环形弹簧、平面涡卷弹簧、截锥涡卷螺旋弹簧及其他特殊弹簧；根据承载特点不同，有压缩弹簧、拉伸弹簧及扭转弹簧等；根据成型方法不同，有冷成型弹簧和热成型弹簧两大类；根据材质不同，有碳素钢弹簧、合金钢弹簧、不锈钢弹簧、磷青铜弹簧、铍青铜弹簧以及各种特殊合金弹簧等。

在电气设备中常用的弹簧主要是螺旋弹簧中的压缩弹簧、拉伸弹簧、扭转弹簧。例如，在户外隔离开关设备中的触头触指处，设置弹簧以保证触指与触头之间存在一定的夹紧力；在断路器中，弹簧首先被蓄能，在触头触指需快速分离时提供动能。

4.8.2　制造工艺

弹簧能够起到缓冲、储存能量、自动控制、回位定位等作用，因此广泛应用在开关类电力器材中。电力系统中的操作弹簧一般作为机械操动机构的储能元件，具有功能原理简单、可塑性高的特点，而且它的动作时间不受温度和电压变化的影响，工作稳定，如高压断路器中利用强力弹簧作为的操动能源进行分合闸操作。弹簧操动机构能满足自动合闸要求，动作时间和工作行程比较短，运行维护方便。但也存在一定的缺陷，如输出特性与断路器的负载特性配合比较差，在储能和合闸过程中容易产生冲击和振动。

弹簧的加工工艺一般包括卷绕成型、热处理、端面加工、机械强化处理、表面处理等工序。弹簧的卷绕成型方法有冷卷和热卷两种。

弹簧线材在常温下加工卷绕成型称为冷卷法。冷卷法是将已经过热处理的冷拉碳素弹簧在常温下卷绕，卷成后一般不再进行淬火处理，只用低温回火消除内应力。

弹簧线材在加热条件下加工卷绕成型称为热卷法。热卷法需要先加热至800～1000℃（具体温度按照弹簧直径大小选取），卷成后再经过淬火和回火处理。

弹簧的卷绕成型是弹簧制作的第一道工序，卷制的精度对整个制作过程起着极为重要的作用，其卷制分为有芯卷簧和无芯卷簧两种。对于有芯卷簧，因人工有芯卷簧存在劳动量大，生产效率低，卷制的弹簧回弹较大，材料利用率低，一致性差等缺点，所以生产上多采用自动有芯卷簧，该方法适用于中小批量或者特殊要求弹簧的生产；无芯卷簧采用专用的CNC全自动数控卷簧机操作，精度高，加工种类丰富适用于大批量生产。

在卷绕成型和端面加工后，为了提高弹簧的承载能力，可进行强压处理和喷丸处理等机械强化处理，最后弹簧还需要做表面处理以延长弹簧的使用寿命。

4.8.2.1 常用弹簧材料

常用的弹簧材料主要有碳素弹簧钢和合金弹簧钢，在一些特定要求的场合，如在酸碱度较高、潮湿的环境还经常用到不锈钢材料来制作弹簧。模具弹簧的材料一般选用铬合金钢。铬合金弹簧钢具有耐高温、刚性大、寿命长的特点。

（1）碳素弹簧钢丝按照GB 4357—2009《冷拉碳素弹簧钢丝》的定义是指用于制造在冷状态下缠绕成形而不经淬火的弹簧。碳素弹簧钢丝的线径为ϕ0.20～ϕ6.50mm，可塑性低、弹性强、抗应力能力强，多用于席梦思床、汽车及各种靠垫、机械制造、文具、电动工具、体育器械、扭簧用、拉簧用、电气设备等行业。

（2）合金弹簧弹钢是用于制造弹簧或者其他弹性零件的钢种。合金弹簧钢具有较高的抗拉强度、屈强比、弹性极限、抗疲劳性能，以保证弹簧有足够的弹性变形能力并能承受较大的载荷。同时，合金弹簧钢还要求具有一定的塑性、韧性和淬透性，不易脱碳及不易过热。一些特殊弹簧还要求有耐热性、耐蚀性或在长时间内保持稳定的弹性。相比于碳素弹簧钢，合金弹簧钢可制造截面较大、屈服极限较高的重要弹簧。

4.8.2.2 冷卷法制造工艺

（1）冷卷成型。线径在16mm以下所制弹簧考虑到加工成本和批量，多采用冷卷弹簧的制造工艺。冷卷弹簧直接用弹簧钢丝卷绕，回弹性较大，卷绕工具需考虑回弹补偿量，卷成后直接回火处理。加工设备有进口、国产各种卷簧机，像台湾的自如行，洛阳的机床厂及一些自制设备。

（2）热处理。对于直径小于8mm且经过强化处理的冷卷成型的中、小型弹簧，其性能已经基本达到技术条件的要求，不需要进行淬火，但需进行低温回火，以消除因冷成型所产生的内应力，并起到定型的作用，还可使其弹性极限和强度有所提高。回火的温度及保温时间要根据材料的种类及直径的大小而定。

1）碳素弹簧钢丝。碳素弹簧钢丝的回火温度一般为250～300℃。钢丝直径较小时，要用较低的温度及较少的保温时间。

对于拉伸弹簧回火时，要考虑是否有初应力要求。有初应力要求的拉伸弹簧在回火时，温度要按表4–29规范降低10～30℃。

表 4–29　　碳素弹簧钢丝回火规范

钢丝直径（mm）	加热温度（℃）	保温时间（min）
≤0.8	220～250	17
0.8～1.2	270～280	20
1.2～2.0		25
2.0～4.0		35
4.0～6.0		45

2）油淬火回火合金弹簧钢丝。对于油淬火回火合金弹簧钢丝，冷卷成型后也要进行消除应力的回火，其规范见表4–30。

表 4–30　　油淬火回火合金钢丝回火规范

材料牌号	钢丝直径（mm）	加热温度（℃）	保温时间（min）
50CrVA	≤2.0	360～380	20
50CrVA	＞2.0	380～400	30
60Si2MnA	≤2.0	380～400	20
60Si2MnA	＞2.0	400～420	30
65Si2MnWA	≤2.0	420～440	20
65Sin2MnWA	＞2.0	440～460	30

3）奥氏体不锈钢钢丝。奥氏体不锈钢钢丝的强度取决于拉拔时减面率的大小。钢丝直径愈小，拉拔次数愈多，强度就愈高。当直径大于6mm时，由于拉拔次数少、减面率小，强度较低。因此，直径较大的弹簧一般不选用奥氏体不锈钢。用冷拉奥氏体不锈钢丝冷卷成弹簧后，需要进行消除应力的回火处理，回火后强度可提高8%，见表4–31。

表4–31　　奥氏体不锈钢丝回火规范

钢丝直径（mm）	加热温度（℃）	保温时间（min）
≤3.0	340～380	30
>3.0	380～400	30

目前国内市场进口奥氏体不锈钢丝较多，由于各国工艺条件不同，所以在确定回火规范时要根据具体情况而区别。如日本进口的SUS–304钢丝用350℃回火为宜；瑞典的177PH，用380℃回火温度适合；国产奥氏体不锈钢丝的回火温度低于340℃，线径在1mm以下的小线径钢丝，其回火温度应为280～310℃。

4）铜合金线（锡青铜、硅青铜）。铜合金线（锡青铜、硅青铜）供货时均已经过冷拉强化加工。冷卷成弹簧后，只需要进行消除应力的回火处理。回火后，强度稍有提高，但回火温度高于220℃时强度将下降，见表4–32。

表4–32　　铜合金线回火规范

铜线直径（mm）	加热温度（℃）	保温时间（min）
≤2.0	180～200	40～60
>2.0	180～220	60～90

5）沉淀硬化不锈钢和铍青铜。沉淀硬化不锈钢和铍青铜冷卷弹簧后要进行时效处理，从而提高其强度并获得较高的综合力学性能，具体的操作规范见表4–33和表4–34。

表 4-33 沉淀硬化不锈钢时效处理规范

材料牌号	时效温度（℃）	保温时间（h）
Ni36CrTiAl	600 ~ 650	2 ~ 4
OCr17Ni7Al	480 ~ 500	1 ~ 2
OCr15Ni7Al	480 ~ 500	1 ~ 2
Ni42CrTi	550 ~ 600	2 ~ 4
Co40CrNiMo	450 ~ 550	4
NCu28-2.5-1.5	300 ~ 340	1 ~ 2
Ni42CrTi	600 ~ 650	2 ~ 4
Cr15Ni36W3Ti	一次 780 ~ 790，二次 730 ~ 740	8 ~ 25
Cr14Ni25Mo	650 ~ 700	8 ~ 16

表 4-34 青铜线时效处理规范

供货状态	时效温度（℃）	保温时间（min）
软（M）	300 ~ 330	180
1/2 硬（1/2Y）		120
硬（Y）		60

经回火后的弹簧如再经几何尺寸修整，则必须进行二次回火。二次回火时加热温度不变，而保温时间要缩短为原规范的 1/3。如拉伸弹簧和扭转弹簧一般均要在端部的钩、臂加工完成后进行二次退火。

4.8.2.3 热卷法制造工艺

1. 热卷成型

当弹簧所用材料直径大于 16mm 时，由于冷卷成型困难，多数用热卷工艺。对于线径为 5 ~ 10mm、旋绕比比较小的弹簧，有时也采用热卷的方法。热卷成型主要是利用材料在高温下强度低、塑性好的特点，使之容易成型。加热温度应按所用材料的热处理规范选择。热卷工艺一般采用进口设备，较好的是德国、英国企业制造的，造价很高，国内一些小规模的企业采用普通车床改制。

2. 热处理

热卷弹簧经几何尺寸修整后，均需进行淬火、回火处理。最好是在热成型后，利用余热立即淬火，这样可省去部分加热时间，并减少表面氧化脱碳的程度，既经济又保证了弹簧的表面质量。

弹簧的淬火温度可根据材料的临界温度而定。一般碳素弹簧钢丝淬火加热温度为780～830℃，硅锰钢丝如60Si2Mn淬火加热温度为860～880℃，65Mn钢丝淬火加热温度为810～830℃。目前淬火加热设备多为煤气火焰炉、电炉或盐浴炉。为了防止弹簧淬火加热变形，有时可采用各种专用的淬火夹具。

弹簧淬火后要进行中温回火，目的是要得到较高的弹性极限、强度极限和疲劳强度并保持适当的韧性。各类弹簧在淬火、回火后的硬度值为45～50HRC。常用弹簧材料热处理规范见表4-35。

表4-35　　常用弹簧材料热处理规范

材料型号	淬火			回火		适用范围
	加热温度（℃）	冷却介质	硬度（HRC）	加热温度（℃）	硬度（HRC）	
65	780～830	水或油	—	400～600	—	材料直径小于15mm的螺旋
75	780～830	水或油	—	400～600	—	弹簧，弹簧垫圈
85	780～820	水或油	—	380～460	36～40	载荷较小的小螺旋弹簧、片弹簧
65Mn	810～830	油或水	>60	400～500	42～45	板簧，5～10mm的簧片及材料直径在7～15mm的螺旋弹簧
55Si2Mn	860～880	油	>58	400～450	45～50	材料直径在10～25mm的螺旋弹簧
60Si2MnA	860～880	油	>60	400～440	45～50	
55Si2Mn	860～880	油	>58	480～500	363～444HBS	厚度8～12mm的板弹簧
60Si2MnA	860～880	油	>60	500～520		
70Si3MnA	840～860	油	>62	420～480	48～52	大截面的重载弹簧
65Si2MnWA	840～860	油	>62	430～480	48～52	
50CrMn	840～860	油	>58	400～550	—	截面较大，较重要的板簧及螺旋簧
50CrVA	850～870	油	>58	400～450	388～415HBS	大截面重要弹簧
				370～420	45～50	300℃以下工作的高温弹簧

续表

材料型号	淬火			回火		适用范围
	加热温度（℃）	冷却介质	硬度（HRC）	加热温度（℃）	硬度（HRC）	
60Si2CrVA	850 ~ 870	油	>60	430 ~ 480	45 ~ 52	—
50CrMnVA	840 ~ 860	油	>58	420 ~ 450	—	—
55SiMnMoV 55SiMnMoVB 55SiMnMoVNb	860 ~ 880	油	—	440 ~ 460	45 ~ 52	大截面的重载弹簧

4.8.2.4　端部加工

为了保证压缩弹簧的垂直度，使两支承圈的端面与其他零件保持接触，减少挠度，一般压缩弹簧的两端面均要进行磨削加工，有人工磨削和机器自动磨削两种，为了保证质量一般采用自动磨削处理。

4.8.2.5　机械强化处理

弹簧机械强化处理指用机械方法使弹簧材料内部产生与工作应力方向相反的应力，从而提高弹簧的承载能力、使用寿命。目前所用的强化处理工艺主要有两种：强压处理和喷丸处理。

1.强压处理

强压处理是一种将弹簧压缩（拉伸、扭转）至弹簧材料表层产生有益的与工作应力反向残余应力，以达到提高弹簧承载能力和稳定几何尺寸的一种工艺方法。其具体步骤是使用机械方法，将弹簧从自由状态强制压缩到最大工作载荷高度（或压并高度）3 ~ 5次，使金属表层产生塑性变形，从而得到与弹簧工作应力相反的应力。这样使弹簧在工作时，应力危险点从金属丝表面移到内部，从而提高弹簧材料弹性极限。

强压处理包括强压、强拉和强扭。对于工作应力较大，比较重要及节距较大的压缩弹簧应进行强压处理，如阀门弹簧、兵器上使用的撞针、引信弹簧等。

2.喷丸处理

喷丸处理是以高速弹丸打击弹簧，使其表面产生残余应力以提高疲劳强度的工艺，是提高机械零件疲劳寿命的有效方法之一，在弹簧制造中应用较广。

喷丸的效果取决于弹丸的材料、硬度、尺寸、形状及喷射的持续时间。喷丸处理主要应用大、中型弹簧，特别是热成型弹簧。

4.8.2.6 表面处理

弹簧在制造、存放、使用的过程中，可能会遭受周围介质的腐蚀。弹簧被腐蚀后弹性性能发生改变，使用性能受到影响，因此防止弹簧被腐蚀可以保证弹簧稳定工作，并延长其使用寿命。目前常用的有电镀、氧化和涂漆三种方法。

1.电镀

电镀形成的保护层不但可以保护弹簧不受腐蚀，同时能改善弹簧的外观。有些电镀金属还能改善弹簧的工作性能，例如提高表面硬度，增加抗磨损力，提高热稳定性。

电镀包括镀锌、镀镉、镀铜、镀铬、镀镍、镀锡等多种类型，应用最普遍的为镀锌。锌在干燥的空气中较安定，几乎不发生变化，不易变色。在潮湿的空气中会生成一层氧化锌或碳式碳酸锌的白色薄膜，这层致密的薄膜可阻止材料被进一步腐蚀，因此镀锌层可作为弹簧在一般大气条件下的防腐蚀保护层。在与硫酸、盐酸、苛性钠等溶液相接触，以及在三氧化硫等气体的潮湿空气中工作的弹簧，均不宜用锌镀层。

弹簧镀锌后要经过钝化和去氢处理，以提高防腐能力和避免氢脆。小弹簧更易发生氢脆，在酸洗和电镀时一定要特别注意。

2.氧化处理

氧化处理亦称发蓝、发黑、煮黑。氧化处理后，弹簧表面生成保护性的磁性氧化铁，此氧化膜一般呈蓝色或黑色，也有时呈黑褐色，其颜色决定于弹簧的表面状态、弹簧材料的化学成分和氧化处理工艺。氧化处理生成的保护膜厚度较小，为0.6～2μm，保护能力较差，因此氧化处理只能用于在腐蚀性不强的介质中工作的弹簧。氧化处理的防腐性能的高低取决于氧化膜的致密程度和它的厚度，影响因素包括氧化处理过程中的氢氧化钠浓度、氧化剂浓度、溶液温度等。

氧化处理成本低、工艺配方较简单、生产效率高，氧化膜有一定的弹性，基本上不影响弹簧的特性曲线，所以氧化处理较广泛地作为成形螺旋弹簧、弹簧垫圈及片弹簧等的防腐和装饰措施。除氧化处理外，还有磷化处理。磷化膜在一般大气条件下较稳定，其抗腐蚀能力比氧化处理高2～10倍。

3.涂漆

涂漆是弹簧防腐的主要方法之一，多在大、中型弹簧中使用，特别是热成型弹簧及板弹簧。涂漆形成的非金属保护层，膜层较厚，化学稳定性好，有较好的机械防腐蚀作用，但硬度较低，易被刮伤损坏，同时膜层存在老化问题。油漆的施工方法很多，用于弹簧的大都采用浸涂法、喷涂法、静电喷涂法。其中喷涂法工效高，施工方便，适应性强，而且漆膜厚薄比较均匀、平整、光滑。但喷涂法对油漆的有效利用率仅70%～80%，同时比其他方法需要更多的溶剂，这些溶剂又将全部挥发，因而损耗较大。另外，由于油漆雾粒扩散弥漫及溶剂的挥发，造成环境污染，影响工人健康。

4.8.3　主要缺陷及检测方法

弹簧检测可分为原材料的检测，弹簧几何尺寸的检测、弹簧的负载检测、弹簧喷丸质量和疲劳性能的检测、弹簧热处理和表面处理的检测以及弹簧的无损检测。弹簧原材料的标准可参考GB/T 18983—2017《淬火　回火弹簧钢丝》、GB/T 4357—2009《冷拉碳素弹簧钢丝》、GB/T 342—2017《冷拉圆钢丝、方钢丝、六角钢丝尺寸、外形、重量及允许偏差》、GB/T 702—2017《热轧钢棒尺寸、外形、重量及允许偏差》、GB/T 228《金属材料　拉伸试验》、YB/T 5311—2010《重要用途碳素弹簧钢丝》、GB/T 229—2020《金属材料　夏比摆锤冲击试验方法》、YB/T 5318—2010《合金弹簧钢丝》等。过程检测可参考GB/T 1239.1—2009《冷卷圆柱螺旋弹簧技术条件　第1部分：拉伸弹簧》、GB/T 1239.2—2009《冷卷圆柱螺旋弹簧技术条件　第2部分：压缩弹簧》、GB/T 1239.3—2009《冷卷圆柱螺旋弹簧技术条件　第3部分：扭转弹簧》、GB/T 23934—2015《热卷圆柱螺旋压缩弹簧　技术条件》、GB/T 10591—2006《高温/低气压试验箱技术条件》等，线径标准可参考GB/T 702—2017《热轧钢棒尺寸、外形、重量及允许偏差》。

1.弹簧的原材料检测

弹簧的原材料检测包括原材料的几何尺寸和表面质量的检测、原材料的机械性能检测、原材料的金相检测和化学成分的分析。

（1）原材料的几何尺寸的检测一般使用千分尺和卡尺，弹簧钢丝表面缺陷主要有裂纹、磷皮、划痕、拉丝、凹坑、锈蚀、发纹、竹节，通常情况下用肉眼观察即可，必要时可用不大于10倍的放大镜检查。

（2）原材料的机械性能检测包括拉力试验、扭转实验、弯曲试验、缠绕试验。

（3）金相检测的常见缺陷如脱碳层的检测、内部组织的检测等。化学成分分析指检测材料的各个元素的含量百分比。

2.弹簧几何尺寸的检测

以常见的压缩弹簧为例，弹簧几何尺寸的检测包括材料线径的检测、弹簧内外径的检测、弹簧自由高度的检测、弹簧的旋向和端圈间隙检测、弹簧间距的检测、弹簧垂直度的检测、弹簧端面平度和两端平度的检测、弹簧轴线直度的检测、弹簧端面粗糙度和端头厚度的检测、永久变形检测。

3.弹簧的负载检测

弹簧的负载检测通过数控弹簧试验机和弹簧压力试验机来进行检测，可以测定弹簧的拉力、压力、位移、刚度等。

4.弹簧喷丸质量和疲劳性能的检测

（1）喷丸强度。喷过丸的一面受到另一面牵制，使试片产生弧状弯曲，弯曲程度的大小表征了喷丸强度。

（2）喷丸覆盖率。试片被喷丸喷射后留下的痕迹面积与试片面积之比称为喷丸覆盖率。

衡量喷丸质量的主要指标就是喷丸强度和喷丸覆盖率，目前喷丸质量使用阿尔曼试片法来进行检测，疲劳性能通过弹簧高频疲劳试验机来检测。

5.弹簧热处理和表面处理的检测

经淬火和回火处理的弹簧硬度可以使用洛氏硬度计检测，硬度范围一般为HRC44～52。金相组织通过金相显微镜来检测，经过淬火后组织应当为马氏体，回火组织应当为屈氏体。表面处理的检测内容为镀层厚度、膜厚、漆膜附着力的检测等。

6.弹簧的无损检测

弹簧表面的一些缺陷，如裂缝、折叠、分层、麻点、凹坑、划痕等，有的来源于原材料缺陷，有的是加工过程中产生的缺陷，这些缺陷一般可以使用肉眼直接观测到，或者采用放大镜观测，但是对于细小的裂缝等可视性较差的缺陷就很难发现，此时可以使用无损检测。

无损检测的方法有多种，常见的有超声波检测、磁粉检测、渗透法检测等，具体使用哪种检测方法需要视实际情况而定。超声波检测虽然快速便捷，但是需要弹簧表面光洁，而且容易受到喷丸弹痕的影响，宽度小于超声波波长的缝隙无法被检测到；磁粉检测虽然能直接辨别缺陷性质和大小，但是无法定量测量缺陷深度。

4.8.4　弹簧失效案例及预防

弹簧是电网设备中一种常用的零件。如隔离开关设备中的触头触指处，弹簧用于维持触头触指之间的夹紧力；断路器中的弹簧用于蓄能，在触头触指需快速分离时提供动能。

在电网设备中弹簧的主要失效现象为弹簧弹力退化，常见的如户外隔离开关的触指处弹簧力退化，导致触头触指处发热异常，影响隔离开关正常工作。如图 4–30 所示为典型的高压隔离开关触头触指部位，弹簧片一端用螺栓固定住，另一端压在触指上，保证触指与触头之间的夹紧力。初始安装条件下，触头触指之间的夹紧力一般为 300 ~ 600N，此时接触电阻为 10μΩ 左右，满足使用要求。在反复开合多次之后，触指镀银层被磨损，或者触指触头接触面被氧化，导致接触电阻增大，因而温升增大，这使得弹簧片弹性退化，夹紧力降低，进而导致接触电阻继续增大，加速了温升速度，引发恶性循环。

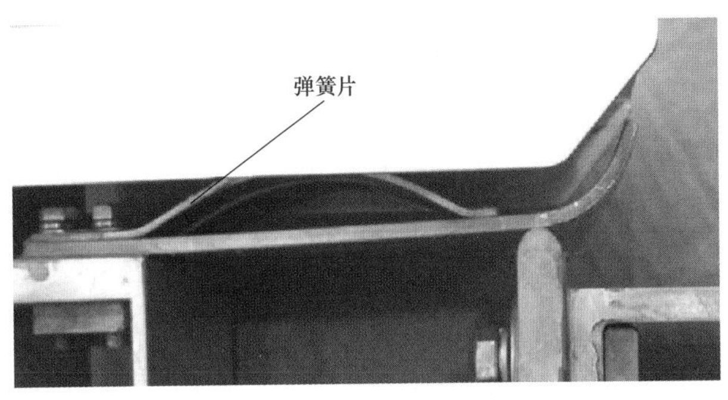

图 4–30　典型户外高压隔离开关触头触指接触图

电网设备中弹簧夹紧力退化应引起重视，在电网设备运行阶段应当建立规范的巡检制度，增加巡视和红外测温次数。如图 4–31 所示为隔离开关触头触指红外测温图，根据温度情况，判断是否要进行停电检修，并分析引起高温的原因。

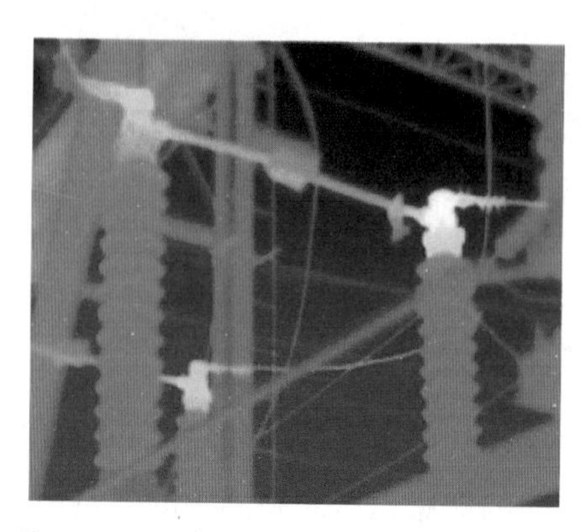

图4-31 隔离开关触头触指红外测温

弹簧在户外或环境较恶劣的地方使用，要加强弹簧表面的防锈处理，锈蚀也是弹簧常见的失效形式。

第 5 章　新材料、新技术在电网设备中的应用与展望

5.1　概述

经历了一百多年的发展，电网的规模和结构形态发生了很大的变化，从最初的局域小规模电网发展到今天的跨区互联大电网，输电的电压等级和容量也不断提高。近些年，国家电网已经建设了多条特高压输送变电线路，相应地对电网设备质量也提出了更高的要求。

电气设备所使用的材料的特性在很大程度上直接决定了电气设备的性能。如氧化锌避雷器、六氟化硫断路器、碳纤维复合芯导线等新型设备，其核心创新之处在于新材料的应用。本章重点介绍形状记忆合金这种新型材料，其基于形状记忆效应，具有一些十分特殊的性质，现如今已有部分电网零部件使用了形状记忆合金，在未来，形状记忆合金将更广泛地应用于电网设备中。

随着科技的发展，各种新的技术层出不穷，有些学者尝试将某些技术运用于电网设备中，以优化电网设备的设计制造过程，或提高电网设备的综合性能。比如基于石墨烯基防腐涂层的新型表面防蚀技术，能大大提高电网设备的耐蚀性；3D 打印技术，革新了制造领域，不同于传统的“减材制造”，这是一种增材制造方式。将这些新技术更广泛地应用于电网设备，是未来电网设备的主要创新方向。

5.2　形状记忆合金在电网设备中的应用

5.2.1　形状记忆合金概述

形状记忆合金（Shape Memory Alloys，SMA），是一种在加热升温后能完全消除其在较低的温度下发生的变形的合金材料，即拥有记忆效应的合金。其基础

原理是材料的形状记忆效应。

形状记忆效应是指材料处于低温相时变形，加热到临界温度，通过逆相变恢复其原始形状的现象。具有形状记忆效应的材料需要满足以下几个条件：

（1）马氏体相变是热弹性的。热弹性马氏体相变确保不破坏母相与新相之间的共格联系，新相在加热条件下容易向母相转变。

（2）母相和马氏体呈现有序的点阵结构。有序化材料具有较高的弹性极限，热弹性马氏体相变产生的小尺度畸变不会超过材料的弹性极限，逆相变中母相和马氏体相的界面保持弹性共格，为逆相变时重新构成原母相的结构提供有利条件。

（3）马氏体点阵的不变切变为孪生，亚结构为孪晶或层错。外力作用下，通过孪晶移动，某一取向的马氏体长大，其他不利取向的马氏体缩小（择优取向马氏体），保证马氏体变形时不会出现太多母相的等效晶体位向。

（4）马氏体相变在晶体学上是可逆的。通过逆相变，不仅在晶体结构上，而且在晶体位向上都恢复到相变前的母相状态。晶体学上的相变可逆性保证逆相变后形成有序性很高的原母相晶体，宏观变形也完全恢复。

金相学一般把马氏体相变开始和相变结束的温度记为 M_s 和 M_f，把马氏体逆相变（转变成奥氏体）开始和结束的温度记为 A_s 和 A_f，这是形状记忆合金领域四个重要的温度点。形状记忆效应示意图如图 5-1 所示。

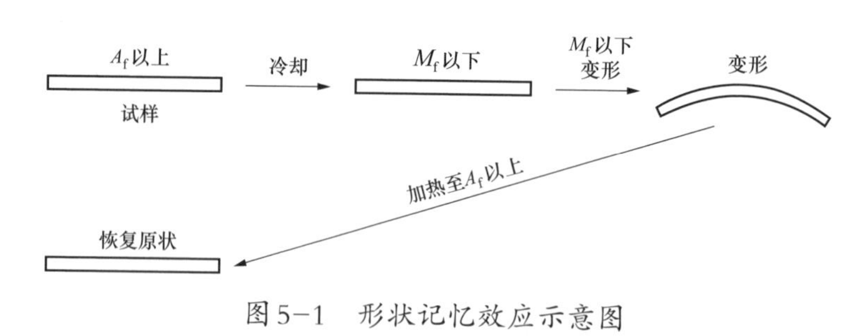

图 5-1　形状记忆效应示意图

5.2.2　形状记忆合金分类

1.按记忆特性

形状记忆合金按照其记忆特性可以分为三种：

（1）单程记忆效应。形状记忆合金在较低的温度下变形，加热后可恢复变形前的形状，这种只在加热过程中存在的形状记忆现象称为单程记忆效应。

（2）双程记忆效应。某些合金加热时恢复高温相形状，冷却时又能恢复低温相形状，称为双程记忆效应。

（3）全程记忆效应。加热时恢复高温相形状，冷却时变为形状相同而取向相反的低温相形状，称为全程记忆效应。

这三种记忆特性如图5-2所示。

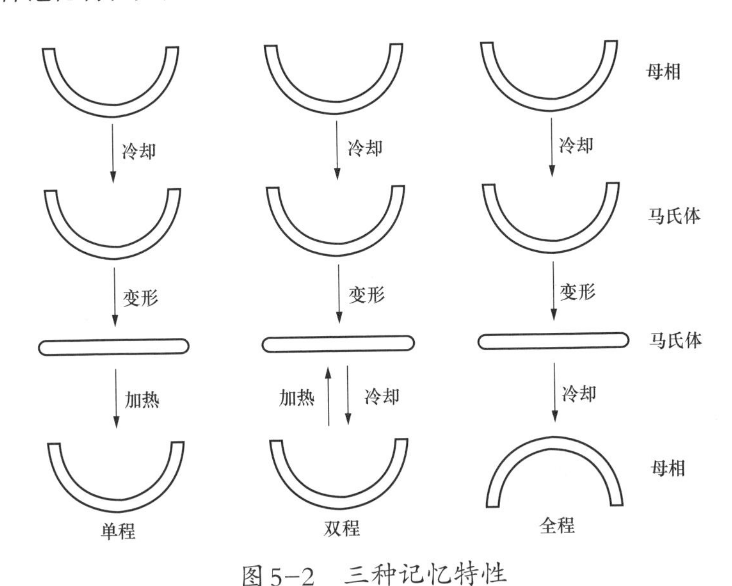

图5-2　三种记忆特性

2.按合金成分

形状记忆合金按照合金成分可分为Ni-Ti合金、Cu基合金和Fe基合金三类。

（1）Ni-Ti合金。Ti-Ni合金具有良好的形状记忆效应、超弹性和高阻尼性，是研究最为成熟可靠、应用也最为广泛的一类形状记忆合金。除了在医疗领域得到应用外，还广泛应用于飞行器、空间结构平台、核反应堆、建筑、桥梁、海洋结构等领域，用以对工程结构的形状或振动进行控制，并监测结构内部的应力、应变、温度、损伤等状况。

Ni-Ti合金的力学性能指标见表5-1。

表5–1　　Ni–Ti合金的力学性能指标

性能指标	测试结果
弹性模量	母相：83GPa 马氏体：28～41GPa
泊松比	0.33
屈服强度	母相195～690MPa 马氏体：70～140MPa
断裂强度	完全退火态：895MPa 加工硬化态：1900MPa
断裂时的延伸率	完全退火态：25%～50% 加工硬化态：5%～10%
应力集中系数K_t	8.5
形状记忆恢复率	98%
最大可恢复应变	7.3%
恢复力	463.5MPa
疲劳寿命	1.4×10^7
非线性超弹性应变量	8.1%
线性超弹性应变量	4.3%
阻尼性能	完全奥氏体：0.03 完全马氏体：0.1

（2）铜基形状记忆合金。铜基形状记忆合金又被称为相合金，因为其母相为体心立方结构。铜基形状记忆合金主要包括Cu–Zn–Al系和Cu–Al–Ni系。作为目前形状记忆合金的一个主要系列，铜基形状记忆合金的记忆性能仅次于Ni–Ti合金，同时还具有超弹性、高阻尼、良好的导电性、生产工艺简单、成本低廉等优良性能。

（3）铁基形状记忆合金。多种铁基合金如Fe–Mn–Si、Fe–Cr–Ni–Mn–Si–Co、Fe–Ni–Mn和Fe–Ni–C，经过形状记忆训练，能呈现出较好的记忆能力。Fe–Mn–Si系合金是迄今为止应用前景最好的一种铁基合金，它是一种利用应变诱发马氏体相变原理的形状记忆合金。铁基形状记忆合金由于价格低廉、易制造和易加工而引起人们的极大兴趣，并在管道连接、形状记忆夹具、紧固件等方面得到应用。

5.2.3　形状记忆合金制备方法

为了实现形状记忆合金的记忆功能，需要在制备时对其进行一定的热处理，这个过程一般称为形状记忆处理。以Ti–Ni合金为例，分别对于单程、双程、全程记忆效应，描述其形状记忆处理方法

1.单程形状记忆处理

单程形状记忆处理一般有中温处理、低温处理、时效处理三类处理方法。

中温处理是将轧制或拉丝后充分加工硬化的合金成形成给定形状，在400～500℃温度下保温几分钟到几小时，使之记住形状的方法。此方法由于工艺简单而被广泛采用。

低温处理是在高于800℃的温度下保温后进行完全退火，然后在室温下制成特定形状，在200～300℃的低温下保温一定时间，以记忆其形状的方法。由于是在完全退火的软状态下进行加工，有利于合金记住复杂形状或曲率很小的形状。

时效处理是一种在800～1000℃温度下固溶处理后进行淬火，然后在400～500℃的温度下进行几小时时效处理的方法。只对Ni含量高于50.5at%的富Ni合金有效。

2.双程形状记忆处理

合金具有双程记忆效应是因为合金中存在方向性的应力场或晶体缺陷，相变时马氏体容易在这种缺陷处形核，同时发生择优生长。可以通过记忆训练（强制变形）获得双程记忆能力，其步骤如下：

（1）先获得单程记忆效应，记忆高温相的形状。

（2）随后在温度低于M_s时，根据需要形状进行一定限度的可恢复变形。

（3）温度加热到A_s以上，待试样恢复到高温态形状后，温度又降低到M_s以下，再变形试件，使之成为低温所需形状。

将步骤（2）和步骤（3）反复多次后，就可获得双向记忆效应。

3.全程形状记忆处理

全程记忆效应的出现是由于与基体共格的$Ti_{11}Ni_{14}$析出相产生的某种固定的

内应力所导致，应力场控制了马氏体可逆相变的路径，使马氏体的可逆相变按固定路径进行。全程记忆处理的关键是限制性时效，必须根据需要选择合适的约束时效工艺。由于具有特殊的性能，形状记忆合金被广泛应用于电网设备中。

5.2.4 形状记忆合金应用实例

1.形状记忆合金弹簧片

形状记忆合金弹簧片一般用于高压隔离开关的弹簧型触指上，用于保证长时间稳定的夹紧力，降低触头触指温升速度和接触电阻。

采用形状记忆合金弹簧片的高压隔离开关触指如图5–3所示，该触指与原来传统的触指基本一样，只是用形状记忆合金弹簧片代替原来的弹性片簧。该弹簧片所用的形状记忆合金材料被训练成单程记忆，即温度上升时发生变形，温度降低后，变形不会消失，其变形方向为压紧触指方向。在使用过程中，如果由于某种原因接触电阻增大，导致触头触指处温度升高，这将使形状记忆合金弹簧片发生形变，从而压紧触指，增大了夹紧力，有效降低了接触电阻。这一过程有效地控制接触电阻不会过快增长，避免常规情况下由于温升，弹簧夹紧力退化，接触电阻进一步增长的恶性循环。

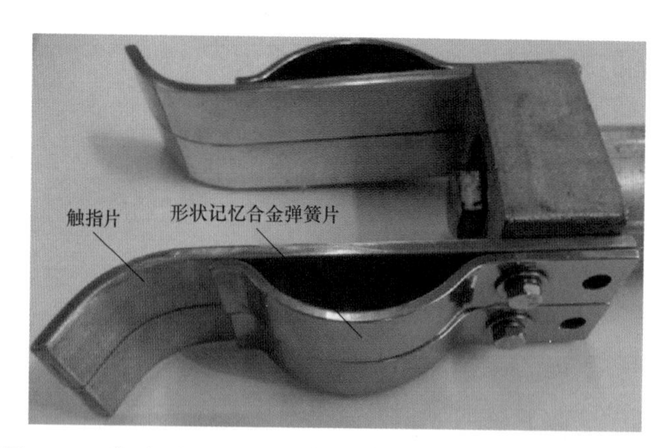

图5–3 采用形状记忆合金弹簧片隔离开关触指实物图

2.形状记忆合金垫圈

由形状记忆合金制成的智能垫圈，可用于各类电网设备电气连接处，目的是维持长期稳定的低接触电阻，减缓局部温升。

以高压隔离开关引电板为例，说明形状记忆合金垫圈的使用方法及工作原理。引电板是隔离开关与其他电气设备连接的接口，一般需要与线夹配合使用，两者之间用螺栓固定连接。实际使用时，电流由外部设备通过线夹及引电板流入导电臂，再通过触头触指流入另一侧导电臂，最后从另一侧线夹及引电板流出。

目前常用的引电板和线夹的连接情形如图 5–4 所示，引电板和线夹之间通过螺栓—螺母—弹簧垫圈的方式连接。由于线夹另一端连接到电线上，而在大风天气，电线不免被风吹得来回摇晃，此振动传到连接处，将导致引电板和线夹之间的螺栓松动，弹簧垫圈的防松效果有限，且没有任何的自动调节能力。

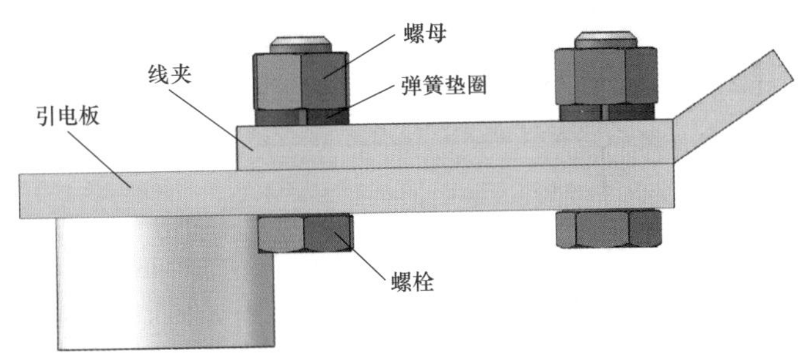

图 5–4　引电板和线夹连接示意图

形状记忆合金垫圈如图 5–5 所示，形状记忆合金垫圈被训练成单程记忆，当温度上升后，会发生形变。在此场合中，把原来的弹簧垫圈替换成形状记忆合金垫圈，其使用方法与普通弹垫一样，将螺母按照标准力矩拧上即可。在无温升时，形状记忆合金垫圈与普通弹垫一样，借助自身的弹性起到一定的防松效果；当温升发生后，形状记忆合金垫圈自动发生形变，向上突起，产生极大的恢复力，使引电板和线夹之间的正压力增大，从而降低接触电阻，控制温升。

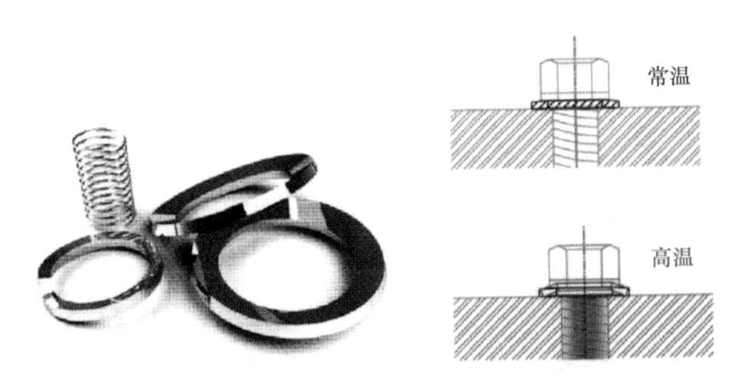

图 5–5　形状记忆合金垫圈实物图

3.形状记忆合金超温报警器

利用单程形状记忆合金制成的超温报警器，可用于电网设备电气连接处，与螺栓连接，用于监控设备温升。以变电站线夹连接处为例，说明该报警器的使用方法。安装该报警器后，结构如图5-6所示。

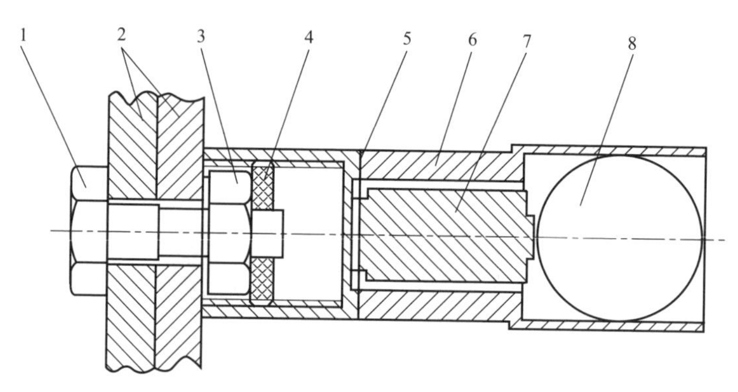

图5-6　形状记忆合金超温报警器结构

1—螺栓；2—线夹；3—螺母；4—螺纹套；5—销钉；6—外壳；
7—形状记忆合金；8—彩色信号球

在常态下，彩色信号球8被包容在外壳6内，巡检人员看不到信号球。当线夹2发生温升，超过设定温度时，形状记忆合金7伸长并顶出彩色信号球8，巡检人员看到彩色信号球弹出，即可判断此处线夹正处于过热状态或曾发生过热。在确认故障消除后，更换新的报警器，将原有的报警器进行相应的处理措施后，即可复原初始状态以供下次使用。

5.3　电网设备新型表面防蚀技术

5.3.1　概述

电网设备大多长期服役于自然环境中，其防腐蚀性能是决定供电系统安全可靠运行的关键因素之一。目前用来减缓户外电网设备大气腐蚀的重要途径是热镀锌，在无大气污染、相对干燥的环境中，热镀锌层具有良好的防护性能，对电网设备的防护时间可达十几年或以上。但输电系统中的金属设备工作环境是复杂多样的，当电网设备处于沿海地区、城市区域以及重工业污染区域时，大气中的硫氧化物、氮氧化物等腐蚀性气体和NaCl和$MgCl_2$等强吸湿性污染物质含量增大。此时，在空气湿度达到一定值时，热镀锌层可能会发生电化学腐蚀溶解，极大地缩短了镀锌层的服役年限，导致电网系统的金属设备腐蚀速率日益加快，使用寿命快速缩减，用于金属防腐的维护成本大大增加。

电网设备的腐蚀案例有很多，如，福建地区三明局220kV后山变电站至富兴变电站联络线，1～3号、5～10号铁塔主材、联板受锈蚀程度较重，调查显示主要原因为后山出线段附近有钢铁厂、化工厂及生产硫酸、盐酸的化学试剂厂，受酸雾的影响严重所致；厦门局处属于海洋气候，将鸿线7号、8号输电铁塔发现腐蚀严重；漳州220kV总南线与三明局220kV增列线位于山区环境中，服役环境潮湿，发现塔脚部位严重腐蚀等等。除输电铁塔的腐蚀案例以外，电网系统中的其他设备的腐蚀问题也十分常见，常见的有户外变电设备、电力金具、铁附件等电力设备的腐蚀问题，例如广州地区气候高温、沿海多雨潮湿，且受到工业排放、酸雨和滨海盐雾的影响，变电设备金属构件如隔离开关、端子箱、构架等一般投入使用几年就出现严重的腐蚀现象。

因此，传统镀锌防护的性能已不能满足电网设备寿命周期的设计要求和使用要求，需要开发新型防腐技术以解决电网设备复杂环境中的防腐蚀问题。

5.3.2　电网设备新型防腐涂层

1.石墨烯基防腐涂层

石墨烯是一种由单层碳原子组成的二维晶体材料，是碳材料中结构最为简单的一种同素异形体。石墨烯本来就在自然界存在，石墨烯一层层堆叠起来就是常见的石墨材料，但是难以将石墨剥离成单层结构。石墨烯被认为有望成为继硅之后的新一代革命性新材料。

（1）石墨烯性质。石墨烯是目前已知强度最高的材料，且具有很好的韧性，其理论杨氏模量达1.0TPa，固有的拉伸强度达130GPa。石墨烯理论厚度只有0.335nm，具有超高的比表面积，其理论比表面积高达2600m^2/g。石墨烯在室温下的载流子迁移率达15000cm^2（V·s），超过硅材料的10倍，且载流子迁移率在50～500K温度范围内受温度变化影响较小。同时，石墨烯还具有很好的热传导性能，单层石墨烯的导热系数达5300W/mK，是目前导热系数最高的碳材料。

石墨烯的优良性能与其内部结构有很大关系。石墨烯内部碳原子的排列方式与石墨单原子层一样，每个碳原子与其相邻的三个碳原子通过σ键形成稳定的C–C键，如图5–7所示，平面内的每个碳原子均以sp^2杂化轨道成键，并贡献剩余的一个p轨道形成离域大π键，电子可在离域大π键中自由移动，因而石墨烯具有优良的导电性能和光学性能。

图5–7　石墨烯分子结构

（2）石墨烯基重防腐涂料。由于石墨烯具有较大长径比且理论厚度仅为0.335nm，石墨烯的粉体在制备和干燥的过程中极易团聚，如果直接添加至涂料体系中，采用常规的高速搅拌或超声波分散等方式很难把团聚的石墨烯均匀分散。因此，制备石墨烯基防腐涂料的一个关键性问题就是如何将石墨烯均匀分散在涂料溶剂的体系中，并有良好的兼容性。

目前相关报道提到的石墨烯分散方法主要有化学分散法、物理分散法和溶剂分散法。化学分散法是通过在石墨烯苯环结构边缘接枝极性或非极性基团，这种方法可以提高石墨烯在溶剂中的溶解度，但改变了石墨烯的本征结构，会导致石墨烯的物理化学性能发生改变。物理分散法是根据石墨烯分子的共轭结构，合成小分子有同样的共轭性质，以π–π共轭来提高石墨烯的溶解能力，这种方法不破坏石墨烯的分子结构，但分散能力比化学分散法低。溶剂分散法常采用含苯环结构有机溶剂，基于相似相溶原理，直接采用超声方法分散石墨烯，这种方法不需要添加分散剂，但同样分散能力不强，且含苯环结构的有机溶剂一般具有毒性。

采用合理的分散方法将石墨烯分散后，通过高速搅拌的方式可直接将石墨烯分散至固化剂体系或树脂中。在石墨烯基涂料的制备中，要考虑各成分之间是否会发生反应，如分散剂与树脂间的反应或分散剂与其他成分反应。以环氧树脂涂层体系为例，石墨烯分散剂所含的基团存在与环氧树脂产生开环反应的可能性，导致石墨烯分散能力降低，另外，石墨烯分散剂也存在与固化剂发生反应的可能性。同时，涂层体系的黏度会影响到石墨烯在树脂中分散的稳定性、石墨烯分散剂会影响到涂料储存的稳定性，这些都会对涂料的性能产生一定影响。

重防腐涂料的成膜物质大部分采用环氧树脂体系，石墨烯可以提高这种环氧树脂体系的复合涂层对金属基底的防护能力。国内相关机构研究发现，石墨烯复合环氧涂层具有优异的物理阻隔性能，分散后的石墨烯环氧涂层有望作为中间漆，服务于海洋重防腐涂层体系中。

（3）石墨烯基涂层应用实例。中国科学院宁波材料技术与工程研究所与国网浙江省电力公司宁波供电公司合作，将石墨烯基重防腐涂层应用到输电铁塔的防腐示范工程中，根据输电铁塔服役的特殊环境，采用封闭底漆、石墨烯阻隔中间漆和石墨烯耐候面漆的三层涂装工艺，所设计的封闭底漆能够对输电铁塔进行带锈涂装，涂料能够与铁锈发生反应，底漆和基材、中间漆和底漆、面漆和中间漆之间的层间附着力都为0级，这种涂装方式对铁架的防护寿命预计可达到8年以上，防腐效果优异。

在实际应用中需要考虑的问题和需要优化的工艺还有很多，如石墨烯基涂料的设计配方、黏度、附着力及施工性能等。同时，石墨烯重防腐涂层体系对输电铁塔进行防护时，目前只能采用人工刷涂方式，涂装工艺每道漆的成膜厚度要综合考虑，也要注意涂装时间间隔，避免对附着力产生较大影响。

2.氟碳防腐涂层

氟碳涂料是目前耐候性和抗腐蚀最优异的材料之一，拥有优越的防潮抗温变、抗氧化性、耐臭氧、高化学稳定性、防紫外线、优异的抗老化性以及耐油拒水等性能。我国FEVE常温固化氟碳涂料近十年发展迅猛，因其突出的防腐性能广泛应用于石油平台、建筑外墙、船舶等重防腐领域。氟碳涂料凭借优异的耐候防腐性能，在恶劣环境下也具有优秀的防腐效果，因此逐渐受到电力行业的关注。

（1）氟碳性质。氟碳涂料的主成膜物质是通过加工改性的氟烯烃或含氟共聚树脂与其他单体共聚物。

树脂分子链中大量含有C–F键，这种化学键是迄今为止有机物中最强的分子键，分子结构极其稳定。由于氟碳树脂分子中的C–C主链受到C–F键环绕保护，且C–F键的键能很高，因而氟碳树脂分子的结构极其稳定，使得这种物质在宏观上表现出优秀的化学惰性，如耐氧化、耐酸、碱、盐等化学物质等。

因此，碳氟涂料与其他常规涂料相比，具有极高的耐化学腐蚀性能、耐自然老化性、耐热性、耐寒性、耐酸碱性、自熄性、自润滑性、不粘性和抗辐射性等优良性能。

（2）氟碳防腐涂料。氟碳涂料在1938年研制成功，为大家熟知的特氟隆（Teflon）涂层，即聚四氟乙烯（PTFE）、聚全氟丙烯（FEP）等共聚合物。1965年美国Pennwalt公司开发成功以聚偏二氟乙烯（PVDF）为基料的建筑用氟碳涂料，实现了商业化，但由于不能常温固化，还是无法在现场使用，制约了推广。直到1982年，日本旭硝子公司开发出氟烯烃－乙烯基醚共聚物（FEVE），实现了常温下溶解于芳烃、脂类、酮类溶剂的常温固化氟碳树脂，能够常温固化，大大扩展了氟碳涂料的应用范围。

基于氟碳涂料的使用特点，电力设备的金属防腐工艺主要分为四个步骤。第一步为除锈，采用动力工具或手工刀具，钢构件表面处理后要达到st3标准，即无可见的油脂和污垢，并且没有附着不牢的氧化皮、铁锈和旧漆皮等，钢构表面具有金属光泽，钢构件夹角等不宜清理部位也要达到st2标准。第二步为氟碳底漆涂覆，除锈完成后要立即涂覆第一道底漆，时间不宜超过4h，所使用的底漆为低表面处理漆，能够应用于表面比较复杂的电网设备，封闭底材以及表面锈孔。第三步为氟碳中间漆涂覆，其作用是保护封闭衬底涂层、提高氟碳涂层强度以及覆盖厚度。第四步为氟碳面漆涂覆，氟碳面漆具有极强的耐腐蚀性和耐候性，保证了涂层的有效使用寿命。

使用FEVE氟碳涂料防护电网设备具有以下特点：具有优良的防腐蚀性能，隔绝腐蚀性物质，为电网设备提供有效保护；具有免维护和自清洁的特点，电网设备的表面灰尘通过风、雨自洁，具有极好的疏水性；具有超强保色性，由于氟碳涂料对紫外线等外界影响具有很高的耐受性，能使电网设备的线路牌、色标等标示性色泽长期清晰；具有超长耐候性和超强的稳定性，使用寿命可长达20年。

（3）氟碳防腐涂料应用实例。我国氟碳涂料起步发展的较晚，但近十几年发展迅速。20世纪90年代我国开始引入市场，2000年左右国内企业自行研发出不同功能性氟树脂涂料，目前能够生产常温固化氟碳树脂已有十余家公司，而生产常温固化氟碳涂料的企业已有一百余家，年产能两万吨左右。我国企业的发展成功打破了国际大公司垄断氟碳树脂的格局，氟碳涂料的市场使用成本大大降低，应用领域不断推广。

我国一些国家重大工程项目，如2008年北京奥运会的国家体育场、世博会中国馆、青藏铁路混凝土箱梁涂装、上海浦东国际机场、世界最长跨海大桥—杭州湾跨海大桥、东北第一桥—辽河特大桥等都采用氟碳涂料作为防腐涂料，另外，在电网系统中，浙江舟山的世界第一高输电铁塔也采用氟碳涂料作为防腐涂料。

相比普通涂料，氟碳涂料应用于输电铁塔等电网设备，能够在20年的运行维护中节约50%的防腐成本及减少2～4次的施工，并减少了每次涂料施工中约40%的有机气体排放。因此，使用FEVE氟碳涂料对电网设备进行防护具有重要的经济价值和环保价值，值得推广。

3.纳米防腐涂层

由于纳米颗粒的表面能很高，纳米微粒应用于防腐涂料具有很好的协同作用，易于同其他原子结合，涂层与纳米颗粒形成比较强的氢键结合，增加了纳米涂层的致密性和抗离子渗透性。另外，加入纳米颗粒还能够改善涂料的流变性，有效提高涂层的抗老化性能、附着力、光洁度和涂膜硬度，是重防腐涂料的重要发展方向之一。

（1）纳米微粒性质。由纳米微粒所组成的粉体材料的尺寸为1～100nm，这一尺寸范围与物质中的许多特征长度相当，决定了纳米粉体材料的性质和特征：既不同于分子、原子等微观结构，又不同于宏观物质的许多性质。对于纳米涂料的防腐蚀性能有重要影响的纳米微粒性质如下。

纳米微粒的体积效应。由于固化后的一般常规涂层微观上的结构是高分子网状结合大颗粒颜料，而纳米粉体粒子在微观结构上尺寸为1～100nm，正是一般常规涂料的成膜物质结构孔的微孔尺寸，所以纳米微粒正好填充了常规这些结构孔，纳米涂层形成几乎无孔的致密结构。因此，可有效阻隔环境中的各种腐蚀性介质的侵蚀渗入。

纳米微粒的表面效应。纳米微粒的粒径为纳米级，粒子表面的原子数快速增加，且纳米粒子的比表面积与表面能都会快速增加。由于粒径小、比表面积大，表面原子数多，化学活性也就大幅增加，这大大提高了纳米防腐涂层与金属之间的不饱和健的结合强度，涂层和金属的结合力大大增加。

纳米微粒的光学效应。涂料中添加的纳米材料具有吸收和散射紫外线的功能，能有效抵御紫外线照射对有机高分子涂层的降解作用，防止涂层老化，有效增加了防腐涂层的寿命。

（2）纳米防腐涂料。纳米涂料可分为两个类型，完全的纳米涂料和嫁接改性纳米涂料。完全的纳米涂料为结构纳米涂料，尚未见报道，一般纳米防腐涂料均为嫁接改性纳米涂料。嫁接改性纳米涂料的制备过程主要是选用合理的防腐涂料作为嫁接改性母体，添加纳米微粒，选择活性基团少的高分子聚合物作为成膜剂，如环氧类、聚氨酯、乙烯类树脂等。

纳米防腐涂料所添加的纳米微粒主要有SiO_2、TiO_2、ZnO三类。

纳米SiO_2是一种无定形白色粉末，在纳米SiO_2的表面残存大量的羟基及不饱和残键，利于对其进行表面改性。另外，SiO_2的分子状态为三维硅石网络结构，其表面活性高，在涂层中适量添加该微粒，还能有效提升涂层的耐候性、热稳定性和耐化学品性等性能。

纳米TiO_2的颗粒尺寸小，具有紫外线吸收能力强、光学性能稳定、分散性好、比表面积大和表面结合能高等特点。该微粒应用于涂料，能够提高涂料的性能稳定，包括光学性能、磁性能、电性能、力学性能等，同时能够提升涂料的附着力、柔韧性、抗冲击能力和抗老化能力等。

纳米ZnO是一种新型多功能无机材料，因为该晶粒的细微化，使其晶体结构和表面电子结构发生变化，产生宏观物质所不具有的量子尺寸效应、表面效应、体积效应及宏观隧道效应等特性，同时使其具有极好的抗腐蚀性能、良好的机电耦合、紫外线屏蔽能力及杀菌除臭性等。因此，纳米ZnO在生物、医药、陶瓷、电子、化工和涂料等领域有着广泛的应用。

纳米防腐涂料制备的技术难点主要有纳米材料表面改性技术和纳米微粒在基料中的分散技术。纳米微粒材料与树脂基体性能有较大差异，只有对纳米微粒进行表面改性处理，改变其表面形态、极性、表面能、晶态、表面化学组成以及去除表面弱边界层，调整到与基体树脂的表面性能相匹配，提高两者的相容性，浸润性、反应性及黏结性能，才有可能制得性能优异的复合材料。由于纳米颗粒细小，表面能很高，表面活性大，颗粒表面存在化学键力、氢键作用力、范德华引力以及毛细管作用力，使得纳米颗粒很容易发生团聚，将降低或者失去其纳米效应。因此，为了使颗粒在分散体系中充分地打开，均匀分散，除了采用机械分散法和超声波分散外，也可以通过表面改性方法达到均匀分散的作用。

（3）纳米防腐涂料应用实例。有关纳米防腐涂料的应用案例在各个领域有许多，其中电力系统也有应用纳米防腐涂料并取得显著成效的相关报道。例如截至2009年6月底，国网陕西电力公司在330kV级别的32座变电站及11条线路、110kV级别的112座变电站及60条线路上采用了纳米防腐技术，有效地解决了腐蚀和年年重复投资的问题，保证了设备处于良好状态，美化了设备外观。同时，采用长效RTV（室温硫化硅橡胶长效防污闪涂料的简称）喷涂了35座330kV变电站、120座110kV变电站、4座35kV变电站，遏止了污闪、雾闪事故的发生，有力地提升了陕西电网的安全运行水平。截至2009年6月底，陕西电网运行稳定，经受住了当年迎峰度夏1062万kW历史最大负荷的考验。

因此，纳米防腐涂料凭借其优异的防腐蚀性能，完全可以作为重防腐涂料广泛应用于电网设备的防腐涂装，应用前景广阔。

5.4　3D打印技术在零部件加工中的应用

5.4.1　概述

3D打印技术又称增材制造技术，是基于材料堆积法的一种高新制造技术，集机械工程、CAD、逆向工程技术、分层制造技术、数控技术、材料科学技术和激光技术于一体。

与传统的加工制造方式不同，3D打印直接根据计算机的三维图形数据，通过直接添加材料的方法，层层堆积，生成任何形状的物体，整个制造过程无需原胚和模具，简化了产品的制造程序，缩短了产品的研发周期，提高效率并且降低了成本，特别适合形状复杂、个性化的零件制造。

3D打印实现过程中的具体操作各不相同，但基本原理都是相同的，大致上可以分为软件建模、转化成STL文件和实现打印过程三个步骤。第一步先使用相应的计算机辅助软件建模，设计出零件的模型。常用的软件有达索旗下的Solidworks、CATIA、Pro/E，应用这些软件，可以绘制出预想中的模型。第二步就是要把之前建立的模型转化为由3D Systems 公司开发的一种称为STL的文件格式，STL文件格式利用最简单的多边形和三角形逼近模型表面，从而将各种情况下的模型转化为可以通过有限的打印动作而制作的实体。第三步是将STL文件传输到3D打印机，接着打印设备会以层层堆积的方式制成3D工件。

3D打印机的构成主要可以分为三个部分，即机械结构系统、硬件控制系统和软件控制系统。机械结构系统主要包括电机、导轨、电源、丝杠、加热板、喷头、传动机构与打印框架等。硬件控制系统主要包括硬件电路系统、传感器系统及其他辅助系统等。软件控制系统主要包括系统控制软件、3D打印模型处理软件及接口软件：其中系统控制软件用于对机械硬件部分进行控制，以及对各个传感器反馈回的数据进行及时处理；3D打印模型处理软件对上传到打印设备的模型数据进行切片、分层、工艺规划等操作；接口软件主要完成上位机与下位机之间的接口驱动。

5.4.2 主流3D打印技术及材料

1.熔融沉积成型技术

熔融沉积成型技术（FDM），也叫挤出成型技术，是将丝状塑性打印材料在打印机喷头内加热熔化再逐层挤出固化，并与周围材料黏结成型。

熔融沉积成型技术的工作原理是：缠绕在供料辊的热熔性丝材由步进电机驱动，通过主、从动辊间的摩擦作用送出至挤出机喷头。喷头上方一般有电阻丝式加热器，将送入喷头腔体的丝材加热到熔融状态，然后通过挤出机挤压到工作台上，同时喷头在计算机的控制下作平面运动，当材料冷却后就形成了工件的截面轮廓。完成一个面后，工作台下降一个层厚或喷头上升一层，再继续进行下一层涂覆，如此反复直到完成打印工作。

熔融沉积成型工艺使用的热熔性材料主要包括ABS、ABSi医学专用ABS、E20、ICW06熔模铸造用蜡、造型材料和可机加工蜡等。FDM工艺对材料的要求主要是熔融温度低、黏度低、黏结性好和收缩率小。

热熔喷头是熔融沉积成型技术的关键，其温度的控制要求较高，要满足热熔材料挤出时既保持一定的形状又有良好的黏结性能。熔融沉积成型技术的优点是污染小、材料可回收、成型精度高、成型实物强度高、可以彩色成型，适用于中、小型工件成型，广泛应用于制作塑料件、铸造用蜡模、零部件的样件和模型等。这种技术存在的主要问题是成型后的工件表面粗糙度低，表面光洁度较差。

2. 立体光固化技术

立体光固化技术（SLA）基于液态光敏树脂的光聚合原理来进行固化成型。在一定波长和强度的紫外光照射下，这种液态材料能迅速发生光聚合反应，使其内部分子量快速增大并交联形成空间网状结构，最终转变为固态材料。

立体光固化技术的工作原理是：计算机控制下的紫外光根据零件的各层截面信息对液态光敏树脂表面进行连点扫描，使被扫描区的树脂薄层产生光聚合反应发生固化，而形成零件的一个薄层截面，其他地方未被照射仍是液态。当一层固化完成后，工作台向下移动一层厚度，在已经固化好的树脂表面再敷上一层新的液态树脂并进行下一层扫描，使新固化的一层牢固地粘在上一层上，重复此过程直到整个工件堆积成型，完成零件的原型制造。然后进行原型的清理、去除支撑、后固化以及必要的打磨等工序即可。

用于光固化快速成型的材料为液态光固化树脂，其成分中主要包括齐聚物、反应性稀释剂及光引发剂。液态光固化树脂可按照光引发剂的引发机理分为自由基光固化树脂、阳离子光固化树脂以及混杂型光固化树脂这三类。立体光固化技术对材料的要求是具有固化速度快、流平快、黏度低、溶胀小和收缩小等性能。

立体光固化技术的成型效率高，成型工件表面光洁度较好，适宜制作结构异常复杂的模型，且能够直接制作面向熔模精密铸造的中间模等。但立体光固化技术成型的尺寸有较大的限制，因此不适合加工制造体积庞大的零部件，成型过程中所发生的物理、化学变化存在导致工件变形的可能性，因此在成型过程中需要提供支撑结构。

3. 选择性激光烧结技术

选择性激光烧结技术（SLS）是采用特定波长与强度的激光将粉末材料逐层烧结成型。选择性激光烧结技术采用二氧化碳激光器作为能源，使用的材料多为各种粉末，通过粉末烧结后的层层堆积形成工件。

选择性激光烧结技术的工作原理是：首先通过压辊将一层粉末材料铺平到工作台或已成型工件的上表面，然后计算机控制激光束根据工件该层截面轮廓在粉末层上扫描照射，使扫描区的温度达到材料的熔点，从而进行烧结并与下层已成型的工件实现黏合。当本层截面烧结完后，工作台将下降一个层厚，再通过压辊均匀铺平一层粉末材料并进行这一截面的激光烧结，重复此过程直到工件成型。由于成型过程中，未经烧结的粉末对模型的空腔和悬臂有一定的支撑作用，因此SLS成型技术不需要像SLA成型技术的支撑结构。

选择性激光烧结技术使用的材料主要有陶瓷、聚碳酸酯、石蜡、尼龙、纤细尼龙、合成尼龙以及金属等。

选择性激光烧结技术材料利用率高，可成型材料种类多，且工件成型过程中无需支撑结构。但是存在的问题是设备和材料的价格比较高，烧结前材料要进行预热，材料在烧结过程中会产生异味，因此设备工作环境的要求相对严格。

4.激光选取熔化成型技术

激光选取熔化成型技术（SLM）基本原理和加工过程与SLS相似，采用特定波长与强度的激光逐层将粉末材料烧结成型。该技术使用材料大多为不同金属组成的混合物，各个成分在烧结的过程中能够相互补偿，有助于保证制作工件的精度。为了保证金属粉末材料快速达到熔点，SLM技术要采用高功率密度激光器。

SLM技术是目前具有很好发展前景的金属零件3D打印技术，成型材料一般为金属粉末，包括奥氏体不锈钢、钛基合金、镍基合金、钴—铬合金和贵金属等。

SLM技术可以直接获得几乎任意形状、具有完全冶金结合特性、致密、高精度的金属零部件，主要的缺陷是加工过程中的球化和翘曲。其成型精度高、性能好，且不需要模具，属于典型的数字化加工过程，目前其应用范围扩展到精密机械、航空航天、微电子、石油化工、交通运输等高端制造行业，应用前景广阔。

5.4.3 3D打印技术加工零部件典型案例

1.3D打印制造复杂的零部件

航空航天产品是结构复杂的代名词，具有工作环境恶劣、重量轻以及零件加工精度高、表面粗糙度低和可靠性要求高等一系列特点，这对零件的制造工艺提出了较高的要求。同时，航空航天产品的研制准备周期长、品种多、更新快、生产批量较小，因此其制造技术也要满足小批量、多品种的生产特点。3D打印的制造方式比较适合上述的工作情况。

3D打印技术在航空航天领域已经发展了一段时间，其中，喷射发动机的制造是3D打印技术一个关键的应用场景。通用电气公司在增材制造技术领域投入了大量的研究，尤其是在燃料喷嘴方面的研究。在过去的几年里，通用电气公司应用3D打印技术为其Leap喷气发动机制造了超过85000个燃料喷嘴。而在使用3D打印技术之前，生产这样一个喷嘴需要20个不同的零件进行组装，且需要一条人工生产线来完成。传统的加工方式因为是减材制造技术，会浪费大量的材料，而3D打印技术则不会造成如此大的浪费，图5-8即为GE公司采用SLM技术制造的发动机喷油嘴。

图5-8　发动机喷油嘴

但是，由于3D打印技术发展还不完善，其打印成型零件的物理性能（如强度、刚度、耐疲劳性等）及化学性能在某些方面还有缺陷。特别地，由于3D打印采用“分层制造，层层叠加”的增材制造工艺，层与层之间的结合再紧密，也无法和传统的基于模具整体浇铸而成的零件相媲美，因此目前3D打印零件不适用于载荷较大的情况。

2.陶瓷材料的3D打印

陶瓷材料是工业界常用的三大基本材料之一，其理化特性优良，因而被广泛利用。传统的陶瓷制备工艺方式较为单一，因而使得常规工业陶瓷制品只具备简单的三维形状，限制了陶瓷在复杂情况下的使用。随着3D打印技术的发展，复杂陶瓷产品的发展成为可能。目前已经成功应用于陶瓷材料的三维打印工艺包括喷嘴挤压成型、立体光刻成型、粘合剂喷射成型、选择性激光烧结或熔融成型等。

电网设备中，传感器电路的使用必不可少，而作为传感器电路的重要组成之一的高压陶瓷电容器的使用量也是相当可观的，如图5-9所示。同时，电子式互感技术要创新，也离不开高压陶瓷电容的进步。而高压陶瓷电容的制造势必会对陶瓷制造技术产生更高的要求。相较于传统的陶瓷制造技术，3D陶瓷打印技术无需模具、开发周期短、节约时间成本、可实现复杂形状的构建成型，这对于高压陶瓷电容器的制造无疑是具有极大好处的。

图5-9　高压陶瓷电容器

但是目前的3D打印技术在规模化生产方面仍然不具备优势，尚不能取代传统制造业完成大批量、规模化的制造，尤其是在高压陶瓷电容器这种需要极大批量生产的方面，仍然不具备优势。

3.3D打印在智能电网设备研发中的应用

随着智能电网项目的快速推进，提升电网设备的智能化程度是其中一个重要环节。而智能电容器是其中关键一员，智能电容器可以有效地在节能方面做出贡献，同时对于整个电网设备的智能化也能起到一定的推动作用。

智能电容器的顶盖设计在该产品的设计过程中占有极其重要的位置，其使用环境相对严酷，因此在制造材料的选用、组件的连接上都要充分考虑。在设计完顶盖后，先采用FDM技术制作了顶盖的主体和部分零件，如图5-10所示，用于初步的实物校验，确认了顶盖的设计功能都可以达到之后，再次使用FDM

技术制造了零件的塑料模具，与模型进行了对比分析后，最后制作可以投入大批量生产的金属模具。

图5-10　智能电容器

相对于传统的注塑产品研发流程，采用FDM技术免去了机加工对基材的大量要求，也避免了对零件进行分体加工、生产周期长、人工成本高的问题，不需要传统的刀具、夹具、机床或任何模具，就能直接把计算机的创建的三维图形制作成实物产品。FDM和CAD技术协同开发模式大大缩短了研发周期，三周内就实现了产品的设计以及批量生产，时间缩短至传统研制方法周期的30%以下。但是在制造完金属模具后，最终的批量生产还是得由传统的模具方式生产，3D打印在制造规模上仍然需要很大的进步。

5.4.4　电网设备应用3D打印技术现状及展望

1.电网设备应用3D打印技术现状

目前，电力系统也在进行应用3D打印技术的尝试，如电力金具的一体化制造、高电气性能设备附件的制造、拓扑型难加工换热结构的高效制造等方面。但由于3D打印技术的一些条件限制，尚没有形成规模化生产。

（1）电力金具的一体化制造。3D打印技术的特点之一是可以在同一工作台上一体化制造装配式零部件，不同于传统加工先制作零件再装配的过程。例如采用3D打印技术一体化制造的电力金具，省去了传统结构中的连接螺栓、金属插销，结构更加简单，机械性能也比较可靠，但是目前3D打印加工一体化金具的速度较低，且打印材料成本较高，因此不能进行规模化生产。

（2）高电气性能电力设备附件的制造。变压器、断路器、互感器等高性能电力设备的某些关键部件一般性能要求较高，例如位于油浸式主变压器内部的绝缘蝶形放油阀，采用3D打印技术可一体化快速加工变压器导电连接部位，有效降低螺栓紧固连接环节的不可靠性，显著提高零部件的可靠性和寿命。

但是，一些工艺要求较高的零部件采用3D打印技术目前难以达到要求，例如高压断路器的灭弧栅和触头，这两种零部件对于表面粗糙度有较高要求，但是3D打印制件的表面粗糙度不理想，与产品要求的性能还有一定的差距，难以投入实际应用。

（3）拓扑型难加工换热结构的高效制造。换热结构是电力电子系统的重要组成部分，能够有效解决大功率电器的热量扩散问题。拓扑型优化的换热结构，特征尺寸小、外形结构复杂，铣床加工、拉挤成型等传统加工工艺无法整体制作这种结构，而焊接工艺存在连接可靠性和热传递连续性的问题。采用3D打印技术能够精确控制加工过程，可简化加工工艺，不受形状限制，实现薄壁零件以及精确温控件的制造。

2.电网设备应用3D打印技术展望

目前3D打印技术在打印材料、技术性能以及打印设备等方面还不足以实现规模化生产应用，要满足电网设备规模化应用3D打印技术的相关需求，3D打印技术还应该在以下方面实现突破。

（1）打印材料方面。对3D打印材料的制备工艺进行提升和创新，同时通过开发其他3D打印材料，降低3D打印的材料成本。另外，还应开发和制备复合打印材料，提高打印材料的综合性能。

（2）打印技术方面。研究和推广超大规模零部件的精细打印技术和微尺度3D打印技术。此外，要研究和提升3D打印的环境适应性和打印机的控制技术等方面，研发出能适应复杂大气环境以及复杂电磁环境的精确打印技术和设备，使3D打印技术不受环境限制，实现电力设备现场维修和损坏零部件的现场制造。

（3）打印设备方面。研究和开发智能化3D打印制造设备，增强3D打印系统的前处理和后处理功能，使计算机智能识别和控制零部件的表面特征和技术要求，以解决制造过程中工艺参数与材料的匹配性的问题，实现3D打印件的一致性制造。

参考文献

[1] 李立碑，孙玉福.金属材料物理性能手册[M].北京：机械工业出版社，2011.

[2] 罗继相，王志海.金属工艺学[M].武汉：武汉理工大学出版社，2016.

[3] 戴枝荣，张远明.工程材料及机械制造基础（Ⅰ）—工程材料[M].北京：高等教育出版社，2014.

[4] 乐兑谦.金属切削刀具[M].北京：机械工业出版社，1993.

[5] 介万奇.铸造技术[M].北京：高等教育出版社，2013.

[6] 胡绳荪.现代弧焊电源及其控制[M].北京：机械工业出版社，2007.

[7] 程巨强.金属锻造加工基础[M].北京：化学工业出版社，2012.

[8] 郑佩祥.电网设备金属材料监督与检测[M].北京：中国电力出版社，2014.

[9] 刘骥.低压开关柜的柜体结构和工艺特点[J].电气开关，2003（04）：6-7.

[10] 王凌旭，蒋欣，等.220kV断路器用弹簧异常开裂失效分析[J].机械工程材料，2016，40（10）：104-107.

[11] 樊志彬，李辛庚.输电杆塔钢构件腐蚀防护技术现状和发展趋势[J].山东电力技术，2013（01）：30-34.

[12] 姜招喜.紧固件制备与典型失效案例[M].北京：国防工业出版社，2015.

[13] 杨堃，宋杲，等.隔离开关触头寿命的试验研究[J].智能电网，2014，2（02）：63-66.

[14] 郎丽香，万泉，等.动触头加工工艺的研究[J].制造技术与机床，2011（05）：89-91.

[15] 李小欣，徐仲勋，等.GIS筒体环焊缝X射线和超声波检测对比研究[J].热加工工艺，2017，46（01）：243-246+254.

[16] 王炯耿，姚晖，等.铝制容器焊缝超声阵列成像方法研究[J].实验力学，2018，33（04）：517-523.

[17] 王斌，吕伟桃，等.氟碳涂料应用于输电铁塔防腐分析概述[J].电子世界，2013（18）：63–64.

[18] 曹春博，王慧源.隔离开关触指镀银层现场修复新工艺的应用[J].内蒙古电力技术，2017，35（06）：66–69.

[19] 张杰，俞培祥，等.氰化电镀与无氰刷镀下触头镀银层性能比较[J].腐蚀与防护，2014，35（11）：1131–1134.

[20] 李文钊，王波，等. 纳米颗粒在防腐蚀涂料中的应用[J].四川兵工学报，2013，34（07）：129–132.

[21] 郝庆辉，于清章，等. 纳米复合涂料的发展现状及未来发展趋势[J].中国涂料，2014，29（05）：13–16.

[22] 范志刚，祝德春，等. 3D打印在电网设备结构设计与制造中的应用概述[J].机械制造与自动化，2016，45（06）：56–59.